创新型人才培养"十三五"规划教材

群体智能与仿生计算
Matlab 技术实现
（第2版）

● 杨淑莹　郑清春　著

电子工业出版社.

Publishing House of Electronics Industry

北京·BEIJING

内 容 简 介

本书广泛吸取群体智能计算、模式识别、统计学、数据挖掘、机器学习、人工智能等学科的先进思想和理论，以一种新的体系，系统、全面地介绍各种群体智能算法理论、仿生计算方法及其聚类应用。全书共分为 11 章，内容包括进化计算、人工免疫算法、混合蛙跳算法仿生计算、猫群算法仿生计算、细菌觅食算法仿生计算、人工鱼群算法仿生计算、蚁群算法仿生计算、蜂群算法仿生计算、量子遗传算法和禁忌搜索算法聚类分析。

本书内容新颖，实用性强，理论与实际应用密切结合，以手写数字聚类分析为应用实例，介绍将理论运用于实践的实现步骤及实现过程中相应的 Matlab 代码，为广大研究人员和工程技术人员对相关理论的应用提供借鉴。

本书可作为高等院校计算机工程、信息工程、生物医学工程、智能机器人学、工业自动化、模式识别等学科本科生、研究生的教材或教学参考书，也可供相关工程技术人员参考。

图书在版编目（CIP）数据

群体智能与仿生计算：Matlab 技术实现/杨淑莹，郑清春著 . —2 版 . —北京：电子工业出版社，2020. 4

创新型人才培养"十三五"规划教材

ISBN 978-7-121-35865-4

Ⅰ. ①群… Ⅱ. ①杨… ②郑… Ⅲ. ①计算机辅助计算-Matlab 软件-高等学校-教材 Ⅳ. ①TP391. 75

中国版本图书馆 CIP 数据核字（2018）第 292327 号

责任编辑：牛平月（niupy@ phei. com. cn）

印　　刷：大厂聚鑫印刷有限责任公司

装　　订：大厂聚鑫印刷有限责任公司

出版发行：电子工业出版社

　　　　　北京市海淀区万寿路 173 信箱　邮编　100036

开　　本：787×1 092　1/16　印张：17. 75　字数：454.4 千字

版　　次：2012 年 6 月第 1 版

　　　　　2020 年 4 月第 2 版

印　　次：2020 年 12 月第 2 次印刷

定　　价：78. 00 元

前　言

　　天空中的鸟群，海洋中的鱼群，池塘中的蛙群，陆地上的昆虫、动物，经常要成群结队地觅食，在觅食中会遭受捕食者的攻击，对这些动物而言，能否协调合作关系到生死存亡。群体智能就是在许多个体的合作与竞争过程中产生的一种共享的或群体的智慧，这种群体的智慧在细菌、动物、人类及计算机网络中形成，并以多种形式的、协商一致的决策模式出现。"群体智慧"在这个世界上以不同的形式发挥着作用：个体微不足道，群体却充满智慧，没有领导，没有组织者，所有的分工却秩序井然，群体协调能力令人瞠目结舌。

　　一直以来，人类从大自然中不断得到启迪，通过发现自然界中的一些规律，或模仿其他生物的行为模式，获得灵感以解决各种问题。群体智能仿生计算就是通过模拟自然界的生物群体行为来实现人工智能的一种方法。仿生智能优化算法大多以模仿自然界中不同生物种群的群体体现出来的社会分工和协同合作机制为目标，而非模仿生物的个体行为，属于群体智能的范畴，因而也被称为群体智能优化算法。群体智能优化算法的基本思想是用分布搜索优化空间中的点来模拟自然界中的个体，用个体的进化或觅食过程类比随机搜索最优解的过程，用求解问题的目标函数度量个体对于环境的适应能力，根据适应能力采取优胜劣汰的选择机制，类比用好的可行解代替差的可行解，将整个群体逐步向最优解靠近的过程类比迭代的随机搜索过程。本书综合运用人工智能、认知科学、社会心理学、演化计算等学科知识，提出了一些非常有价值的新见解，并将这些见解应用到实际中，以解决较难的工程问题。书中首先探讨了群体智能的理论，并将这些理论和模型应用于实际，详尽展示了仿生计算的实现方法，提供了强有力的优化、学习和解决问题的方法。

　　群体智能与仿生计算已经成为当代高科技研究的重要领域，其相关技术迅速扩展，已经应用在人工智能、机器人、系统控制、数据分析等领域，在国民经济、国防建设、社会发展的各个方面均得到了广泛应用，产生了深远的影响。

　　群体智能涉及深奥的理论，往往使实际工作者感到困难。国内外论述群体智能技术的书籍并不少，但大部分内容是罗列各种算法，未涉及算法的实际效果和各种算法对比的结果，而这正是读者和实际工作者所需要了解和掌握的内容。目前缺少一本关于群体智能技术在实际应用方面的具有系统性、可比性和实用性的参考书。

　　本书的特点如下：

　　（1）选用新技术。除了介绍许多重要的经典内容以外，本书还介绍了最近十几年才发展起来的并经实践证明有用的新技术、新理论，比如进化计算、人工免疫算法、蛙跳算法、猫群算法、细菌觅食算法、人工鱼群算法、蚁群算法、蜂群算法、量子遗传算法等，并将这些新技术应用于模式识别的聚类分析中，提供了这些新技术的实现方法和源代码。

　　（2）实用性强。针对实例介绍理论和技术，使理论和实践相结合，避免了空洞的理论

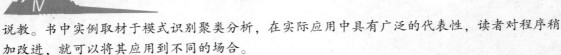

说教。书中实例取材于模式识别聚类分析，在实际应用中具有广泛的代表性，读者对程序稍加改进，就可以将其应用到不同的场合。

（3）讲解全面。针对每一种群体智能技术，书中通过基本原理、实例应用、编程代码三方面进行讲解。在掌握了理论之后，按照实例的应用方法，可以了解算法的实现思路和方法，通过进一步体会短小精悍的核心代码，读者可以很快掌握模式识别技术。所有算法都用 Matlab 编程实现，便于读者学习和应用。

本书的内容基本涵盖了目前群体智能的重要理论和方法，但不是简单地将各种理论方法堆砌起来，而是将作者自身的研究成果和实践经验传授给读者。在介绍各种理论和方法时，本书将不同的算法应用于实际中，含有需要应用群体智能技术解决的问题，有理论的讲解和推理，有将理论转化为编程的步骤，有计算机能够运行的仿生源代码，有计算机运行算法程序后的效果，有将不同算法应用于同一个问题的效果对比。使读者不至于面对如此丰富的理论和方法无所适从，而是有所学就会有所用。

本书由杨淑莹、郑清春著。由于作者业务水平和实践经验有限，书中缺点与错误在所难免，欢迎读者予以指正。

作者将不辜负广大读者的期望，努力工作，不断充实新的内容，为方便广大读者，提供了技术支持电子邮箱：ysying1262@126.com，读者可通过该邮箱及时与作者取得联系，获得技术支持。

杨淑莹

2019 年 **9** 月于天津

目　录

第1章 绪 论

1. 群体智能优化算法

在现实生活中许多重要问题都涉及从众多方案中选取一个最佳方案，在不改变现有条件的情况下，进一步提高生产效率，这样的问题可以归结为优化问题。随着科学技术的进步和生产经营的发展，优化问题几乎遍布了人类生产和生活的各个方面，成为现代科学的重要理论基础和不可缺少的方法，被广泛地应用到各个领域，发挥着越来越重要的作用，对优化问题的研究具有十分重要的意义。

长期以来，人们不断地探讨和研究优化方法，希望找到高效且系统的寻优方案，早在17世纪的欧洲就有人提出了求解最大值和最小值的问题，并给出了一些求解法则，但是没有形成系统的理论。传统的优化算法，如线性规划、非线性规划、整数规划和动态规划等算法，这些算法复杂度较大，一般只适用于求解小规模问题，往往不适合在实际工程中应用。随着生物技术的不断发展，人们尝试着从生物学角度出发，解决一些复杂的优化问题。20世纪50年代中期人们摆脱了一些经典数学规划方法的束缚，从生物进化的激励中受到启发，创立了仿生学，提出采用模拟人、自然及其他生物种群的结构特点、进化规律、思维结构、觅食过程的行为方式，按照自然机理方式，直观构造计算模型，解决优化问题。

随着对生物学的深入研究，人们逐渐发现自然界中个体的行为简单、能力非常有限，但当它们一起协同工作时，表现出并不是简单的个体能力的叠加，而是非常复杂的行为特征。例如，蜂群能够协同工作，完成诸如采蜜、御敌等任务；在个体能力有限的蚂蚁组成蚁群时，能够完成觅食、筑巢等复杂行为；鸟群在没有集中控制的情况下能够很好地协同飞行。1999 年，Bonabeau、Dorigo 和 Theraulaz 在《Swarm Intelligence：From Natural to Artificial Systems》中对群体智能进行了详细的论述和分析，给出了群体智能的一种不严格定义：任何一种由昆虫群体或其他动物社会行为机制而激发设计出的算法，或分布式解决问题的策略，均属于群体智能。在后来的研究中，群体智能中的群被详细阐述为"一组相互之间可以进行直接或间接通信的主体"。群体智能则是指"无智能或简单智能的主体通过任何形式的聚集协作而表现出智能行为的特性"，它是一组简单的智能体集体智能的涌现。群体智能优化算法在没有集中控制并且不提供全局模型的前提下，利用群体的优势，分布搜索，这种方法一般能够比传统的优化方法更快地发现复杂优化问题的最优解，为寻找复杂问题的最佳方案提供了新的思路和新方法。

一直以来，人类从大自然中不断得到启迪，通过发现自然界中的一些规律，或模仿其他生物的行为模式，从而获得灵感解决各种问题。仿生智能优化算法大多以模仿自然界中不同生物种群的群体体现出来的社会分工和协同合作机制为目标，而非生物的个体行为，属于群体智能的范畴，因而也被广泛称为群体智能优化算法。群体智能优化算法的基本思想是用分布搜索优化空间中的点来模拟自然界中的个体，用个体的进化或觅食过程类比随机搜索最优解的过程，用求解问题的目标函数度量个体对于环境的适应能力，根据适应能力采取优胜劣汰的选择机制类比用好的可行解代替差的可行解，将整个群体逐步向最优解靠近的过程类比为迭代的随机搜索过程。以下为几种常用的群体智能优化算法，在优化领域这些算法称为仿生智能优化算法，它们为采用传统的优化算法难以处理的问题提供了切实可行的解决方案。

（1）进化算法（Evolutionary Algorithm，EA）

进化算法是通过模拟自然界中生物基因遗传、种群进化的过程和机制，而产生的一种群体导向随机搜索技术和方法。它的基本思想来源于达尔文的生物进化学说，认为生物进化的主要原因是基因的遗传与突变，以及"优胜劣汰、适者生存"的生存竞争机制。进化算法基于其发展历史，有 4 个重要的分支：遗传算法（Genetic Algorithm，GA）、进化规划（Evolution Programming，EP）、进化策略（Evolution Strategy，ES）和差分进化（Differential Evolution，DE）。进化算法在搜索过程中能够自动获取和积累有关搜索空间的知识，并能利用问题固有的知识来缩小搜索空间，自适应地控制搜索过程，动态有效地降低问题的复杂度，从而求得原问题的真正最优解或满意解。进化算法具有适于高度并行及自组织、自适应、自学习和"复杂无关性"等特征，因而有效地克服了传统方法在解决复杂问题时的障碍和困难。另外，由于进化算法效率高、易于操作、简单通用，广泛应用于各种不同的领域中。

（2）人工免疫算法（Artificial Immune Algorithm，AIA）

在人工智能不断向生物智能学习的过程中，人们逐渐意识到生物免疫能力的重要性，并对其进行了一定的研究。人工免疫算法是受生物免疫系统启发，在原有进化算法理论框架的基础上引入免疫机制，通过模仿自然免疫系统功能而形成的一个新的进化理论。生物免疫系统是通过从不同种类的抗体中构造一个自己-非己的非线性自适应网络系统，在处理动态变化的环境中发挥作用，是一个分布式的自适应动态平衡系统，具有学习、记忆和识别的功能。人工免疫算法充分利用优秀抗体或免疫疫苗含有解决问题的关键信息，把群体的进化建立在适应度较高的可行解基础上，变盲目地产生子代个体为有指导地产生子代个体，一旦某些抗体达到一定的亲和力，人工免疫算法就会启动记忆功能和克隆功能，通过免疫细胞的分裂和进化作用，产生大量的抗体来抵御各种抗原，产生多样性。当有新的抗原入侵或某些抗体大量复制而破坏免疫平衡时，通过免疫系统的调节，抑制浓度过高或相近抗体的再生能力，并实施精细进化达到重新平衡，具有自我调节能力。抗体的多样性与进化算法在解决实际问题时产生的可行解多样性是相对应的，可保证算法具有全局搜索能力，避免未成熟收敛到局部最优。利用抗体的自我调节能力可动态调节进化算法求解实际问题时的局部搜索能力。免疫记忆功能促使进化算法做到最优个体适应度并一直处于最优状态，不会出现退化的现象，从而逐渐收敛到实际问题的最优解。

（3）Memetic 算法（Memetic Algorithm，MA）

Memetic 算法是一种结合遗传算法和局部搜索策略的新型智能算法，因此很多人又将 Memetic 算法称为混合遗传算法、遗传局部优化等。1976 年，英国科学家 Dawkins 在《The Selfish Gene》中首次提出了模因（Meme）的概念，它是仿照基因（Gene）一词拼写的，代表的是一个文化传播或模拟单位，是人们交流传播的信息单元。Memetic 算法提出的是一种框架，通过与局部优化策略的结合，局部调整进化后产生的新个体，强化了算法的局部搜索能力。采用不同的搜索策略可以构成不同的 Memetic 算法，如全局搜索可以采用遗传算法、进化规划、进化策略等，局部搜索策略可以采用模拟退火、爬山算法、禁忌搜索等。对于不同的问题，可以灵活地构建适合该问题的 Memetic 算法。Memetic 算法采用的这种全局搜索和局部搜索相结合的机制使得其搜索效率在某些问题领域比传统的遗传算法快几个数量级，显示出了较高的寻优效率，并被尝试应用于求解各种经典的优化问题及各类工程优化问题。

（4）粒子群算法（Particle Swarm Optimization，PSO）

粒子群算法是一种有效的全局寻优算法，最早由美国的 Kenedy 和 Eberhart 于 1995 年提出，设想模拟鸟群觅食的过程，后来从这种模型中得到启示，并将粒子群算法用于解决优化问题。粒子群算法是基于群体智能理论的优化算法，通过群体中粒子间的合作与竞争，实现复杂空间中最优解的搜索，具有进化计算和群智能的特点。与传统的进化算法相比，粒子群算法保留了基于种群的全局搜索策略，但其采用速度–位移模型，操作简单，避免了复杂的遗传操作，具有记忆全局最优解和个体自身所经历的最优解功能，能够动态跟踪当前的搜索情况，调整搜索策略。由于每代种群中的个体具有"自我"学习和向"他人"学习的双重提高的优点，从而能在较少的迭代次数内找到最优解。粒子群算法目前已广泛应用于函数优化、数据挖掘、神经网络训练等应用领域。

（5）混合蛙跳算法（Shuffled Frog Leaping Algorithm，SFLA）

混合蛙跳算法通过模拟现实自然环境中青蛙群体在觅食过程中所体现出的协同合作和信息交互行为，来完成对问题的求解过程，是一种全新的启发式群体智能进化算法。现实生活中的一群青蛙生活在池塘中，整个蛙群被分为不同的子群体，并且分布着许多的石头，每只青蛙都具有自己对食物源远近的判断能力，并且为了靠近目标而努力。通过在不同的石头间跳跃去寻找食物较多的地方，提高自己寻找食物的能力，而青蛙个体之间是通过思想的交流与共享实现信息的交互的。混合蛙跳算法采用模因分组算法，模拟青蛙的聚群行为，通过分群与重组实现青蛙的跳跃，采用类似于粒子群算法中的速度–位移模型，实现个体之间的信息共享和交流机制，进行启发式搜索，从而找到最优解。该算法具有高效的并行计算性能和优良的全局搜索能力，由 Eusuff 和 Lansey 在 2003 年首次提出，并用来成功解决管道网络扩充中的管道尺寸最小化问题。关于蛙跳算法的研究目前还比较少，近年来国内外一些学者提出将混合蛙跳算法用于多进程控制的优化调整、全局优化、旅行商问题、连续优化问题和模糊控制器设计等。

（6）猫群算法（Cat Swarm Optimization，CSO）

猫群算法是模拟在日常生活中猫的行为动作而产生的一种群体智能算法，由台湾人 Shu-Chuan Chu 最早提出。在日常生活中，猫总是非常懒散地躺在某处不动，经常花费大量的时间处在一种休息、张望的状态。即使在这种情况下，它们也保持高度的警惕性，它们对于活动的目标具有强烈的好奇心，一旦发现目标便进行跟踪，并且能够迅速地捕获到猎物。猫群算法将猫的行为分为两种模式，一种是搜寻模式，此时猫处于懒散、环顾四周的搜索状态；另一种是跟踪模式，此时猫向着全局最优解逼近，类似于粒子群算法，利用全局最优解的位置来优化当前的位置。为了更好地模仿现实世界中猫的行为，处于跟踪状态的猫的数量少于处于搜索模式的猫的数量，之后采用类似于混合蛙跳算法进行重新分组。

（7）细菌觅食算法（Bacterial Foraging Optimization，BFO）

细菌觅食算法是 K. M. Passino 于 2002 年提出的一种新型仿生类群体智能算法，该算法模仿大肠杆菌在人体肠道内搜寻食物的行为过程中表现出来的群体竞争协作机制，在寻找可能存在的食物源区域时，通过先验知识判断是否进入该区域；一旦进入觅食区域，在消耗掉一定量的食物后，或者觅食区域环境变得恶劣，造成不适合生存的条件出现后，细菌死亡，或者迁移到另一个适合的觅食区域。细菌觅食算法依靠自身特有的趋化、复制、迁徙三种行为，进行细菌个体位置的更新和群体最优位置的搜索，进而实现种群的进化。该算法具有群体智能算法并行搜索、易跳出局部极小值等优点，被广泛应用于电气工程与控制、滤波器控制、人工神经网络训练及各种群智能识别等方面，已成为生物启发式计算研究领域的又一热点。

（8）人工鱼群算法（Artificial Fish School Algorithm，AFSA）

人工鱼群算法是浙江大学的李晓磊博士于 2002 年基于现实环境中的鱼群觅食行为首次提出的一种新型的仿生类群体智能全局寻优算法。人工鱼群算法主要模拟鱼群在觅食过程中表现出来的觅食、聚群和追尾三种行为，从构造单条鱼的底层行为做起，通过鱼群中各个个体的局部寻优、个体之间的协作使群体达到最优选择的目的，从而达到群体全局寻优的目的。算法实现的重点是人工鱼模型的建立和个体人工鱼行为的描述和实现，采用了自下而上的设计思想，开发人工鱼群的觅食、聚群和追尾三种算子，构造个体的底层行为。每条人工鱼个体选择执行一种行为算子，探索它当前所处的环境，通过不断调整自己的位置，最终集结在食物密度较大的区域周围，即取得全局极值。人工鱼群算法具有良好的求取全局极值的能力，并具有对初值参数选择不敏感、鲁棒性强、简单易实现等优点。目前，人工鱼群算法已经在神经网络、模式识别、参数估计辨识方法等诸多方面得到了应用，并与其他算法相结合，在解决组合优化问题上得到了广泛的认可。

（9）蚁群算法（Ant Colony Algorithm，ACA）

蚁群算法受到自然界中真实蚂蚁群集体在觅食过程中行为的启发，利用真实蚁群通过个体间的信息传递、搜索从蚁穴到食物间的最短路径的集体寻优特征，来解决一些离散系统优化中的困难问题。该算法源于意大利学者 M. Dorigo 等人于 1991 年首先提出的一种基于种群寻优的启发式搜索算法。经过观察发现，蚂蚁在寻找食物的过程中，会在它们所经过的路径上留下一种被称为信息素的化学物质，信息素能够沉积在路径上，并且随着时间逐步挥发。在蚂蚁的觅食过程中，同一蚁群中的其他蚂蚁能够感知到这种物质的存在及其强度，后续的蚂蚁会根据信息素浓度的高低来选择自己的行动方向，蚂蚁总会倾向于向信息素浓度高的方向行进，而蚂蚁在行进过程中留下的信息素又会对原有的信息素浓度进行加强，因此，经过蚂蚁越多的路径上信息素浓度就会越强，而后续的蚂蚁选择该路径的可能性也就越大。通常在单位时间内，越短的路径会被越多的蚂蚁所访问，该路径上信息素的强度也越来越强，因此，后续的蚂蚁选择该短路径的概率也就越大。经过一段时间的搜索后，所有的蚂蚁都将选择这条最短的路径。也就是说，当蚁穴与食物之间存在多条路径时，整个蚁群能够通过搜索每只个体蚂蚁留下的信息素痕迹，寻找到蚁穴和食物之间的最短路径。目前，该算法已被用于求解 NP 难度的旅行商问题（Traveling Salesman Problem，TSP）的最优解答，以及指派问题和调度问题等，取得了较好的实验结果。虽然研究时间不长，但是目前的研究表明蚁群算法在求解复杂优化问题，特别是离散优化问题时有一定的优势，蚁群算法是一种很有发展前景的优化算法。

（10）人工蜂群算法（Artificial Bee Colony Algorithm，ABCA）

蜜蜂是一种群居昆虫，单个蜜蜂的行为极其简单，但是由单个简单的个体组成的群体却表现出极其复杂的行为。现实生活中的蜜蜂能够在任何环境下，以极高的效率获得食物；同时它们能够适应环境的改变。在蜂群算法中，蜜源的位置代表了所求优化问题的可行解，蜜源的丰富程度表示可行解的质量。将当前蜜源的位置看做引领蜂找到的蜜源，在舞蹈区将蜜源的信息与跟随蜂共享，根据贪婪原则，吸引不同数量的跟随蜂。跟随蜂对蜜源邻域进行搜索，若没有找到更好的解，此时引领蜂变成侦察蜂，并且由侦察蜂随机在解空间中产生一个新的蜜源来代替原来的蜜源。Seeley 于 1995 年最先提出了蜂群的自组织模拟模型，在该模型中，蜜蜂以"摆尾舞"、气味等多种方式在群体中进行信息的交流，使得整个群体可以完成诸如喂养、采蜜、筑巢等多种工作。Karaboga 于 2005 年将蜂群算法成功地应用于函数的数值优化问题。Basturk 等人在 2006 年又进一步将人工蜂群算法理论应用到限制性数值优化问题上，并且取得了比较好的测试成果。

2. 群体智能优化算法的分类

目前已经开发的群体智能优化算法有进化计算、人工免疫算法、粒子群算法、蚁群算法、蛙跳算法、人工鱼群算法、猫群算法、蜂群算法、细菌觅食算法、Memetic 算法、量子进化计算等。这些算法依据对生物模仿着眼点的不同，可分为两类：仿生过程算法和仿生行为算法。

（1）仿生过程算法

仿生过程算法是以模仿生物种群进化发展的过程而形成的一类仿生智能算法。

模仿生物进化过程的基本流程是：种群初始化（随机分布个体）→交叉、重组、变异（更新个体）→适应度计算（评价个体）→选择（群体更新）。

生物种群通过每一代之间的遗传物质传递，构成生物进化的基础，保持优良基因和性状的稳定性；通过基因的突变，维持种群的多样性，通过优胜劣汰的选择竞争机制确保种群的进化向最优解移动。这种进化机制体现了随机搜索最优解的一般过程。

仿生过程算法以遗传算法为基础，在此基础上发展了进化规划算法、进化策略及差分进化算法，从而形成了进化计算的体系。在进化算法理论框架的基础上引入了生物免疫机制，仿照生物免疫系统在进化过程中形成的能够保护自身免受异物侵袭，维持机体环境平衡所具有的能力，而形成一个新的人工免疫算法。微观世界的微观粒子具有波粒二象性、叠加性、纠缠性等量子相干特性，将微观粒子的量子态特性引入进化计算理论框架中，形成一种崭新的量子进化算法。

（2）仿生行为算法

仿生行为算法着眼于自然界中不同生物在漫长的进化中逐渐形成的特有的社会行为模式和协同合作机制，是仿生算法中最主要，也是最庞大的一类。在现有的仿生行为算法中，大多是学者们模仿不同生物种群在觅食过程中呈现的行为模式而开发的新算法。本书所介绍算法大多属于这一类，如粒子群算法、人工鱼群算法、混合蛙跳算法、蜂群算法、猫群算法、蚁群算法、细菌觅食算法。这些算法的共同特点是，种群内部的个体通过各自特有的行为模式和协作机制，指导个体的位置移动，从而趋向食物源附近觅食，即找到优化问题的最优解。而这些算法各自的特色在于不同的搜索方式，例如，粒子群算法模仿自然界中鸟群的觅食方式，依据速度-位移公式，实现搜索位置的更新；人工鱼群算法中每条鱼都尝试三种搜索机制，即觅食行为、追尾行为、聚群行为，实现位置更新；蜂群算法通过蜜蜂职能的划分（引领蜂、跟随蜂、侦察蜂），实现不同的位置更新方式，它们依靠群体的随机分布搜索机制完成对解空间的全局搜索，个体受到全局最优解或局部最优解的吸引而产生位移，完成局部搜索。

这两类算法普遍具有较强的搜索能力，可比传统的优化方法更快地发现复杂优化问题的最优解，同时能够较好地跳出局部最优解，因此在优化问题的求解和其他领域得到了广泛的应用。

3. 群体智能优化算法的仿生计算机制

群体智能优化算法的仿生计算一般由初始化种群、个体更新和群体更新三个过程组成，下面分别介绍这三个过程的仿生计算机制。

1）初始化种群

在任何一种群体智能算法中，都包含种群的初始化。种群的初始化是对所求优化问题的解空间进行分布操作，产生若干个体，人为地认为这些群体中的每一个个体为所求问题的解。因此，一般需要对所求问题的解空间进行编码操作，将具体的实际问题以某种解的形式给出，便于对问题的描述和求解。初始化种群的产生通常有两种方式：一种是完全随机产生的方法，另一种是结合先验知识产生初始种群。在没有任何先验知识的情况下往往采用第一种方式，而第二种方式可以使得算法较快地收敛到最优解。种群的初始化主要包括问题解形式的确定、算法参数的选取、评估函数的确定等。

（1）问题解形式的确定

对于任何一类优化问题，在应用群体智能算法求解之前都需要对问题的解空间进行编码操作，将具体问题以一定的形式给出。不同的群体智能算法所对应的问题解的形式有所不同，在传统的进化计算算法中，问题的解通常是以染色体的形式给出；在粒子群算法中，问题的解是用粒子所经历的位置来表示的；而在蜂群算法中，往往通过蜜源来代表所求优化问题的可行解。各种解形式的编码方式一般有二进制编码、十进制编码、浮点数编码等，根据具体问题选择合适的编码方式可以加快算法的收敛速度。

（2）算法参数的选取

合理选取算法的参数对算法的求解有着重要的作用，好的参数值能够提高算法的准确性。在群体智能算法中，有关算法参数的选取，最为关键的就是种群的规模和算法终止条件中关于最大迭代次数的确定。对于种群的规模也需要根据具体问题来确定，规模过大，将会增加算法的时间复杂度，降低算法的效率；规模过小，又不容易使算法找到最优解，很容易使算法出现"早熟"现象。对于算法的最大迭代次数，需要根据多次实验来指导确定，合理地选取最大迭代次数才可使算法收敛到全局最优解，并且提高执行效率。

不同的群体智能算法对应不同的控制参数。在传统的进化计算算法中主要的控制参数还有交叉概率、变异概率，交叉概率用来控制两个个体之间信息的交互能力，变异概率用来控制产生新个体的能力，两种操作都增加了解的多样性。在传统遗传算法中，适应度值高的个体在一代中被选择的概率高，相应的浓度高；适应度值低的个体在一代中被选择的概率低，相应的浓度低，没有自我调节功能。而在免疫遗传算法中，除了抗体的适应度，还引入了免疫平衡算子，参与到抗体的选择中。免疫平衡算子对浓度高的抗体进行抑制，反之，对浓度较低的抗体进行促进。根据抗体的适应度和浓度确定选择概率，它们的比例系数决定了适应度与浓度的作用大小。

粒子群算法中的主要参数有惯性权重、速度调节参数，惯性权重使得粒子保持运动惯性，速度调节参数表示粒子向自身最优和全局最优位置的加速项权重。在蚁群算法中，以前蚂蚁所留下的信息将会逐渐消失，比较重要的参数有信息素挥发系数，它直接影响算法的全局搜索能力及收敛速度。

猫群算法中的主要参数有分组率、记忆池大小、个体上每个基因的改变范围，由于自然界中的猫总是非常懒散的，经常花费大量的时间处在一种休息、张望的状态，称之为搜寻模式；一旦发现目标便进行跟踪，并且能够迅速地捕获到猎物，称之为跟踪模式，分组率控制了仿照真实世界中猫的行为模式。在蜂群算法中，为了保证蜜源的质量，将对蜜源的开采次数进行限制，开采次数过少不利于进行深入的局部搜索，开采次数过多容易造成蜜源枯竭，不利于跳出局部最优解。混合蛙跳算法采用模因分组算法模拟青蛙的聚群行为，模因组参数控制青蛙群体分成若干个小群体的数量。人工鱼群算法中的参数包含尝试次数、感知范围、步长、拥挤度因子、人工鱼群数目等。细菌觅食算法中，趋化、繁殖、迁徙三种算子决定了算法的性能。相比其他算法，细菌觅食算法需要调节的参数较多，包括种群大小、前进步长、最大前进次数、趋化算子次数、繁殖算子次数、迁徙算子次数、迁徙概率，细菌觅食算法的优化能力和收敛速度与这些参数值的选择紧密相关。

在群体智能算法中，参数的选取都是在算法开始执行之前设定的，对算法的性能和效率有很大的影响，如果参数选取不当，会使得算法的适应性变差，甚至影响算法的整体性能。例如，变异概率，如果取值太小就没有个体的更新机会，不容易产生新解；如果取值太大，容易造成个体发散。实践证明，没有绝对的最优参数，针对不同的问题只有通过反复试验，才能选取较合适的参数，获得更好的收敛性能。

（3）评估函数的确定

在所有的群体智能算法中，对于所求得的问题的解，都需要进行评价，可以帮助群体在迭代过程中选择出优良个体并且及早地剔除较差的个体，搜索出问题的最优解。在群体智能算法中，一般用适应度来评价个体（即问题的解）的好坏。对于适应度函数的确定，需要根据不同的问题进行设定。例如，在解决函数优化问题中，一般将目标函数直接作为适应度函数，通过求得它的值作为个体评价的标准；在手写数字识别问题中，用待识别数字与模板数字特征距离的倒数作为评估函数，此值越小说明特征越接近，其评价函数也就越高。

合理地选取评估函数对算法的求解有着重要的作用，好的评估函数不但可以提高评价的准确性，而且还会降低算法的时间复杂度，提高算法的执行效率。

2）个体更新

个体更新是群体智能算法中的关键一步，是群体质量提高的驱动力。在自然界中，个体的能力非常有限，行为也比较简单，但是当多个简单的个体组合成一个群体之后，将会有非常强大的功能，能够完成许多复杂的工作。例如，蚁群能够完成筑巢、觅食，蜂群能高效地完成采蜜、喂养、保卫，鱼群能够快速地寻找食物、躲避攻击等。

在群体智能算法中，采用简单的编码技术来表示一个个体所具有的复杂结构，在寻优搜索过程中，对一群用编码表示的个体进行简单的操作，本书将这些操作称为"算子"，对不同的群体智能算法仿生构造了不同的算子，个体依靠这些算子实现更新。如进化算法中的交叉算子（Crossover）、重组算子（Recombination）或变异算子（Mutation），具有繁殖子代（OffSprings）的功能，选择算子（Selection）具有挑选后代的功能；蚁群算法中的蚂蚁移动算子具有产生新个体的功能，信息素更新算子具有信息素强度更新的功能。

个体更新的方式主要分为两种：一种是依靠自身的能力在解空间中寻找新的解；另一种是受到其他解（如当前群体中的最优解或邻域最优解）的影响更新自身。

（1）依靠自身的能力进行局部搜寻

这类算法主要有传统的进化计算算法、Memetic 算法、猫群算法中的搜寻模式、蜂群算法中跟随蜂和侦察蜂的位置更新、细菌觅食算法、人工鱼群算法等。对于不同的算法，依靠自身的能力进行更新的方式又有所不同，下面介绍相关算法中个体更新的机制。

在传统的进化计算算法中，个体的位置更新主要有交叉、变异操作，交叉是模仿生物界的繁殖过程，对于完成选择操作的配对染色体以一定的概率通过某种方式互换部分基因；变异则是通过一定的概率改变个体的基因来产生新的个体的。

Memetic 算法的个体更新方式与传统的进化计算算法稍有不同，即在完成遗传操作后，需要对群体中的所有个体进行局部搜索，使得解的质量进一步提高。局部搜索的策略有很多，如爬山法、模拟退火法、禁忌搜索算法等，具体问题应选取合适的搜索策略以提高自身解的质量。

在猫群算法中，当猫处于搜寻模式时，是通过对自身位置进行复制的，对复制出来的每一个副本进行类似于进化计算算法的变异操作，之后进行适应度计算，选取最好的解来代替当前解。

蜂群算法中跟随蜂的位置更新是在引领蜂位置基础上加一个随机扰动实现的，当蜜源枯竭时，即当前位置附近没有比引领蜂所在位置有更好的蜜源，则引领蜂更换角色，变为侦察蜂，侦察蜂随机地在解空间中产生一个新的解。

细菌觅食算法中的迁徙算子，满足迁徙概率的细菌执行迁徙操作，在整个解空间中随机地产生一个新解。

在人工鱼群算法中，当每条鱼尝试聚群算子和追尾算子后，若其适应度没有得到改善，则执行觅食算子，然而在尝试一定次数的觅食算子后，其适应度还是没有得到改善，此时人工鱼将在解空间中随机地游到一个新的位置，作为一个新解。

我们看到，如果仅仅是在原有解的基础上进行变异操作或加上一个随机扰动或做搜索操作，属于在原有解的附近做局部寻优，这种方式带来的个体位置更新范围不大；若直接将任意一个解赋给该个体，则具有较强的随机性，一定程度上增加了对于解空间的搜索范围，有利于求得全局最优解，但这也往往造成了一种盲目搜索。因此，在实际的问题求解中，要权衡这两者之间的矛盾，以便于更好地搜寻到全局最优解。

（2）受到其他解的影响来更新自身

这类算法主要有免疫算法、猫群算法中的跟踪模式、粒子群算法、混合蛙跳算法、蚁群算法、蜂群算法中引领蜂的更新。

在免疫算法中，个体的更新过程通过将上一代个体的优秀基因作为疫苗直接注射到下一代个体的相应基因位上，以此方式更新自身，使得下一代的个体优于上一代，不断地提高解的质量。

在猫群算法中，当猫处于跟踪模式时，其位置更新并不是无目的的随机搜索，而是朝着最优解的方向不断逼近，通过猫所记忆的当前群体中的全局最优解来更新自身，提高算法的搜索能力。

粒子群算法中个体的更新方式分为全局模式和局部模式。在全局模式中，粒子追随自身极值和全局极值，使得粒子向着最优解的方向前进，具有较快的收敛速度，但鲁棒性较差；而在局部模式中，粒子只受自身极值和邻近粒子的影响，它具有较高的鲁棒性，但收敛速度相对较慢。

在混合蛙跳算法中，利用子群中处于最优位置的青蛙和处于全局最优位置的青蛙来更新蛙群中最差青蛙的位置，最差青蛙通过与这两者的交互使得自身位置不断地更新，向着最优解靠拢。

在蚁群算法中，蚂蚁在觅食的过程中会根据先前蚂蚁在所行路径上留下的一种叫做信息素的东西来指引自己的路径，信息素越多表明该路径越好，使得后来的蚂蚁以较大的概率选择该路径，所有的蚂蚁都是通过这种特殊的消息交互机制实现个体进化的。

蜂群算法中跟随蜂搜索到的位置是以引领蜂为核心，在引领蜂所引领的位置，加上引领蜂与群体中随机位置的偏差乘以随机数实现的；而引领蜂通过跟随蜂所搜寻到的最优位置实现自身更新。

通过与群体中其他个体的交流，使得自身的位置不断地得到更新，这种方式具有向优秀个体学习的机制，加快了算法的收敛速度和效率。

3）群体更新

在基于群体概念的仿生智能算法中，群体更新是种群中个体更新的宏观表现，它对于算法的搜索和收敛性能具有重要作用。在不同的仿生群体智能优化算法中，存在着不同的群体更新方式。

（1）个体更新实现群体更新

这种群体的更新主要依靠个体更新来实现。在仿生群体智能优化算法中，群体是由多个个体构成的，这些个体作为算法实行搜索的载体，代表了搜索问题的解空间，个体通过相同或不同的更新方式，改变自身的位置，使个体以较大的概率得到改善。

而纵观不同的进化时代，群体更新代表了群体的流动方向。这种更新方式大多采用贪婪选择机制，即比较个体更新前后的评估值，保留较优的个体，使个体自身不断优化，趋向最优解，从而使群体的质量得到改善。

例如，在人工鱼群算法中，每条人工鱼通过一定的规则尝试执行聚群行为、追尾行为、觅食行为，并选择改善最大的行为，进行位置的移动，实现个体更新。通过这种方式，使得在每次迭代时，所有人工鱼都能以较大的概率得到优化，从而实现整个种群质量的提高。

（2）子群更新实现群体更新

在仿生群体智能优化算法中，有些算法将整个群体划分成多个子群，不同子群进行独立搜索，有些算法的每个子群运行相同的搜索模式，并实行子群间的协同合作与信息交互。例如，在混合蛙跳算法中，算法将群体分为若干小群，在每一次迭代过程中，每个子群作为一个独立的进化单元，运行相同的搜索模式。子群在执行完一定次数的进化后，子群间的青蛙发生跳跃，子群体混合成新的群体，实现种群的整体进化。

有些算法的每个子群则执行不同的搜索模式，如在猫群算法中，根据一定比例将整个猫群分为搜寻模式与跟踪模式两个子群，在每一次迭代过程中猫的行为模式都会重新进行随机分配，不同子群运行不同的行为模式，在一定程度上提高了算法的全局搜索能力，使得整个群体解的质量不断地提高。

在蜂群算法中，群体的划分主要是根据蜜蜂工作职能的不同来进行的。在蜂群算法中蜜蜂主要分为引领蜂、跟随蜂和侦察蜂，三种蜜蜂的位置更新方式不同，引领蜂是通过跟随蜂所搜索到的最优位置进行更新的，而跟随蜂是在所跟随的引领蜂位置附近进行搜索实现更新的，侦察蜂则在解空间中随机移动。这充分结合了全局搜索与局部搜索的特点和优点，并通过种子群功能的划分提高了算法的寻优性能。

这种划分子群的机制很大程度上提高了解的搜索范围，增加了解的多样性，虽然其群体更新方式较为复杂，但对于求解一些复杂的优化问题具有很好的效果。

（3）选择机制实现群体更新

在前面介绍的两类算法中，个体更新后一般都能以较大的概率取得更为优秀的新个体，而群体的更新主要通过选择算子来实现，若一味地选择适应度较高的个体，易造成种群内部的多样性枯竭，使算法出现早熟，搜索陷入局部最优。这是种群内部个体多样性缺失的表现，需要其他方式来弥补这一缺点。由于即便是较差个体也保存着一些优秀基因，为避免产生退化现象，有必要让一些较差个体保留下来。

在进化计算体系中，个体更新后允许较差个体的出现，以此来扩充种群多样性，同时保证种群进化的整体方向。例如，在遗传算法中，父代个体通过交叉、变异等遗传算子产生子代个体，但是由于交叉、变异算子一般属于随机搜索，不能保证子代个体的质量，不可避免地会产生退化现象。遗传算法采用轮盘赌方式选择算子、依据个体的适应度进行择优保留，并且以概率方式选择个体，而不是确定性的选择。这使得算法一方面保证了群体向更优的方向进化，向最优解逼近，从而实现群体的优化更新；另一方面保证基因库的多样性，为搜索出更优秀的个体提供基础。

4. 群体智能优化算法的优势

群体智能算法是一种概率搜索算法，与传统的优化方法有很大的不同。群体智能算法在进行问题求解时，其最大的特点是不依赖于问题本身的严格数学性质，它不要求所研究的问题是连续、可导的，不需要建立关于问题本身的精确数学描述模型，不依赖于知识表示，一般不需要关于命题的先验知识的启发，而是在信号或数据层直接对输入信息进行处理，适于求解那些难以有效建立形式化模型、使用传统方法难以解决或根本不能解决的问题。

与传统的优化方法相比，群体智能算法具有以下优势。

（1）渐进式寻优

群体智能算法从随机产生的初始可行解出发，一代一代地反复迭代计算，使新一代的结果优越于上一代，逐渐得出最优的结果，这是一个逐渐寻优的过程，但是却可以很快地找出所要求的最优解。

（2）体现"适者生存，劣者消亡"的自然选择规律

在搜索过程中，借助群体选择操作，或个体变化前后的比较操作，无须添加任何额外的

作用，就能使群体的品质不断地得到改进，具有自动适应环境的能力。

（3）有指导的随机搜索

群体智能算法是一种随机概率型的搜索方法，这种随机搜索既不是盲目的搜索，也不是穷举式的全面搜索，而是一种有指导的随机搜索，指导算法执行搜索的依据是适应度，也就是它的目标函数。在适应度的驱动下，利用概率来指导其搜索方向，概率被作为一种信息来引导搜索过程朝着更优化的区域移动，使算法逐步逼近目标值。虽然表面看起来群体智能算法是一种盲目的搜索方法，但实际上有着明确的搜索方向，这种不确定性使其能有更多的机会求得全局最优解。群体智能算法充分利用了个体局部信息和群体全局信息，具有协同搜索的特点，搜索能力强。

（4）并行式搜索

群体智能算法具有并行性，表现在两个方面：一是内在并行性，即搜索过程是从一个解集合开始的，每一代运算都针对一组个体同时进行，不容易陷入局部最优解，使其本身适合大规模的运算，让多台计算机各自独立运行种群的进化运算，适合在目前所有的并行机或分布式系统上并行处理，且容易实现，提高了算法的搜索速度；二是内含并行性，各种群分别独立进化，不需要相互之间进行信息交换，可以同时搜索解空间的多个区域，并相互交流信息，使得算法能以较少的代价获得较大的收益。

（5）黑箱式结构

群体智能算法直接表达问题的解，只研究输入与输出的关系，结构简单，并不深究造成这种关系的原因。算法根据所解决问题的特性，用字符串表达问题及选择适应度，个体的字符串表达如同输入，适应度计算如同输出，一旦完成这两项工作，其余的操作都可按固定方式进行。因此，从某种意义上讲，群体智能算法是一种只考虑输入与输出关系的黑箱问题，便于处理因果关系不明确的问题。群体智能算法对初值、参数选择不敏感，鲁棒性较强。

（6）全局最优解

由于群体智能算法采用群体搜索的策略，多点并行搜索，扩大了解的搜索空间，而且每次迭代模仿生物进化或觅食方式产生多种操作算子，在操作算子的作用下产生新个体，不断扩大搜索范围，具有极好的全局搜索性能。群体具有记忆个体最优解的能力，将搜索重点集中于性能高的部分，能够以很大的概率找到问题最优解。同时，算法中仅使用了问题的目标函数，对搜索空间有一定的自适应能力。因此群体智能算法很容易搜索出全局最优解而不是局部最优解，具有较好的全局寻优能力，提高了解的质量。

（7）通用性强

传统的优化算法，需要将所解决的问题用数学式表示，而且要求该函数的一阶导数或二阶导数存在。采用群体智能算法，只用某种编码表达问题，然后根据适应度区分个体优劣，其余的操作都是统一的，由计算机自动执行。因此有人称群体智能算法是一种框架式算法，它只有一些简单的原则要求，在实施过程中，无需额外的干预，算法具有较强的通用性，使其不过分依赖于问题的信息。

（8）智能性

确定进化方案之后，群体智能算法不需要事先描述问题的全部特征，利用得到的信息自行组织搜索，基于自然选择策略，优胜劣汰，具备根据环境的变化自动发现环境的特征和规律的能力，可用来解决未知结构的复杂问题。也就是说，群体智能算法能适应于不同的环境、不同的问题，并且在大多数情况下都能得到比较有效的解。群体智能算法提供了噪声忍耐、无教师学习、自组织等进化学习机理，能够明晰地表达所学习的知识和结构，具有一些优良特性，如分布式、并行性、自学习、自适应、自组织、鲁棒性和突显性等。除此之外，群体智能算法的优点还包括过程性、不确定性、非定向性、整体优化、稳健性等多个方面。群体智能算法在寻优等方面有着收敛速度快、鲁棒性好、全局收敛、适应范围宽等优势，可适用于多种类型的优化问题。

（9）具有较强的鲁棒性

群体智能算法具有极强的容错能力，算法的初始种群可能包含与最优解相差很远的个体，但算法能通过选择策略，剔除适应度很差的个体，使可行解不断地向最优解逼近。个体之间通过非直接的交流方式进行合作，确保了系统具有更好的可扩展性和安全性；整个问题的解不会因为个体的故障受到影响，没有集中控制的约束，使得系统具有较强的鲁棒性。

（10）易于与其他算法相结合

相较于其他优化算法，群体智能算法控制参数少，原理相对简单，完全采用分布式来控制个体与个体、个体与环境之间的信息交互，具有良好的自组织性。由于系统中单个个体的能力十分简单，只需要最小智能，这样每个个体的执行时间较短。算法对问题定义的连续性无特殊要求，实现简单，易于与其他智能计算方法相结合，可以方便地将其他方法特有的一些操作算子直接并于其中，当然也可以很方便地与其他各种算法相结合产生新的优化算法。

5. 群体智能优化算法的发展趋势

目前，群体智能算法还存在一些不足之处，有待于进一步的研究探讨。群体智能算法的理论基础还比较薄弱，缺乏普遍意义的理论分析。算法中的参数都是按照经验确定的，没有确切的理论依据，对于问题的依赖性比较大。对于算法融合的研究不足，并且算法融合也基本都是针对某一具体问题提出的，因此算法融合也存在着很大的差异，不具备系统性和一般性。

现有的群体智能算法在应用领域的成功，使研究者对仿生算法的研究有了更大的信心，各种新的群体智能算法正在不断地涌现出来。目前，对经典智能算法的改进和应用研究比较广泛，针对各种具体问题提出了大量对经典算法的改进，使得这些群体智能算法得以满足各个领域的需求。

为拓宽群体智能优化算法的应用领域，开发新的智能工具，将群体智能优化算法进行融合，是当前一个研究的热点和研究趋势，有着固有的内在需求。群体智能算法的融合并不是简单的几种算法的组合，而是按照一定的融合模式进行的，需要为其寻求支撑的理论基础。

实践表明，不存在适应于任何问题的群体智能算法，对于算法的应用领域和算法融合还需要更深入的研究，这也是一个非常有理论价值和应用价值的课题，对于群体智能算法的拓展有极大的推动作用。

本书对若干群体智能算法加以分析，剖析这些算法的机理，挖掘群体智能算法所具有的普遍意义的理论模型。书中以图像中的物体聚类分析为例，介绍用群体智能算法解决聚类问题的仿生计算方法，并提供开发这些群体智能算法的仿生计算代码，为读者应用群体智能算法提供借鉴和引导。

第2章 进化计算

本章要点：

- ☑ 进化计算概述
- ☑ 遗传算法仿生计算
- ☑ 进化规划算法仿生计算
- ☑ 进化策略算法仿生计算
- ☑ 差分进化算法仿生计算

2.1 进化计算概述

一直以来，人类从大自然中不断得到启迪，通过发现自然界中的一些规律，或模仿其他生物的行为模式，从而获得灵感解决各种问题。进化算法（Evolutionary Algorithm，EA）是通过模拟自然界中生物基因遗传与种群进化的过程和机制，而产生的一种群体导向随机搜索技术和方法。它的基本思想来源于达尔文的生物进化学说，认为生物进化的主要原因是基因的遗传与突变，以及"优胜劣汰、适者生存"的竞争机制。能在搜索过程中自动获取搜索空间的知识，并积累搜索空间的有效知识，缩小搜索空间范围，自适应地控制搜索过程，动态有效地降低问题的复杂度，从而求得原问题的最优解。另外，由于进化算法具有高度并行性、自组织、自适应、自学习等特征，效率高、易于操作、简单通用，有效地克服了传统方法解决复杂问题时的困难和障碍，因此被广泛应用于不同的领域中。

进化算法仿效生物的进化和遗传，与生物学的进化法则一样，也是一种迭代进化法。每一次迭代被看成一代生物个体的繁殖，因此被称为一个"代"（Generation）。在进化算法中，一般是从原问题的一群解出发，改进到另一群较好的解，然后重复这一过程，直到达到全局的最优值。每一群解被称为一个"解群"（Population），每一个解被称为一个"个体"（Individual），每个个体要求用一组有序排列的字符串来表示，因此它是用编码方式进行表示的。进化计算的运算基础是字符串或字符段，相当于生物学的染色体，字符串或字符段由一系列字符组成，每个字符都有自己的含义，相当于基因。

生物学的基本原则在进化计算中有相应的体现，进化算法无须了解问题的全部特征，就可以通过体现进化机制的进化过程来完成对问题的求解。进化计算的迭代过程相当于生物学的逐代进化，进化计算中的选择算子体现生物界中的"自然竞争、优胜劣汰"机制，进化计算的交叉、重组相当于生物界的交配，进化计算的变异相当于生物界的变异。此外，生物学中的等位基因、显性性状、隐性性状、表现型、基因型等术语，在进化计算中都有相应的体现。

进化算法采用简单的编码技术来表示一个个体所具有的复杂结构，在寻优搜索过程中，对一群用编码表示的个体进行简单的操作算子，如由交叉算子（Crossover）、重组算子（Recombination）、变异算子（Mutation）繁殖出子代（OffSprings），然后对子代进行性能评价（Evaluation），由选择算子（Selection）挑选出下一代的父代（Parents）。在初始化参数后，进化计算能够在进化算子的作用下进行自适应调整，并采用优胜劣汰的竞争机制来指导对问题空间的搜索，最终达到最优值。进化计算的算法流程如图 2-1 所示。

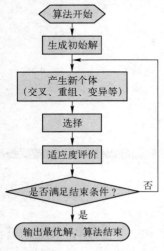

图 2-1 进化计算的算法流程

通过进化计算流程可知，实现进化计算需要完成以下几个关键步骤。

① 原问题中的解需要用编码表示；

② 设置初始参数，定义环境选择机制，定义技术参数，如变异概率、种群大小；

③ 产生若干个体；

④ 定义适应度函数，评价每个个体的性能；

⑤ 定义交叉算子、重组算子和变异算子；

⑥ 定义选择算子；

⑦ 找出当代最优解。

进化计算具有以下优点。

① 渐进式寻优。它和传统的方法有很大的不同，它不要求所研究的问题是连续、可导的；进化计算从随机产生的初始可行解出发，一代一代地反复迭代，使新一代的结果优越于上一代，逐渐得出最优的结果，这是一个逐渐寻优的过程，但是却可以很快得出所要求的最优解。

② 体现"适者生存，劣者消亡"的自然选择规律。进化计算在搜索过程中，借助进化算子操作，无须添加任何额外的作用，就能使群体的品质不断得到改进，具有自动适应环境的能力。

③ 有指导的随机搜索。既不是盲目式的乱搜索，也不是穷举式的全面搜索，而是一种有指导的随机搜索。指导进化计算执行搜索的依据是适应度，也就是它的目标函数。在适应度的驱动下，使进化计算逐步逼近目标值。

④ 并行式搜索。进化计算每一代运算都针对一组个体同时进行，而不是只对单个个体。因此，进化计算是一种多点齐头并进的并行算法，这大大提高了进化计算的搜索速度。并行式计算是进化计算的一个重要特征。

⑤ 直接表达问题的解，结构简单。进化计算根据所解决问题的特性，用字符串表达问题及选择适应度，一旦完成这两项工作，其余的操作都可按固定方式进行。

⑥ 黑箱式结构。进化计算只研究输入与输出的关系，并不深究造成这种关系的原因，具有黑箱式结构。个体的字符串表达如同输入，适应度计算如同输出。因此，从某种意义上讲，进化计算是一种只考虑输入与输出关系的黑箱问题，便于处理因果关系不明确的问题。

⑦ 全局最优解。进化计算由于采用多点并行搜索，而且每次迭代借助交换和突变产

生新个体,不断扩大搜索范围,因此进化计算很容易搜索出全局最优解而不是局部最优解。

⑧ 通用性强。传统的优化算法需要将所解决的问题用数学式表示,而且要求该函数的一阶导数或二阶导数存在。采用进化计算,只用某种字符表达问题,然后根据适应度区分个体优劣。其余的交叉、变异、重组、选择等操作都是统一的,由计算机自动执行。因此有人称进化计算是一种框架式算法,它只有一些简单的原则要求,在实施过程中,无需额外的干预。

进化计算基于其发展历史,有 4 个重要的分支:遗传算法(Genetic Algorithms,GA)、进化规划(Evolution Programming,EP)、进化策略(Evolution Strategy,ES)和差分进化(Differential Evolution,DE)。

遗传算法最初的发展是在美国,Holland 教授于 1975 年出版了《自然系统和人工系统的自适应性》一书,对生物的自然遗传现象与人工自适应系统行为之间的相似性进行探讨,提出模拟生物自然遗传的基本原理,借鉴生物自然遗传的基本方法研究和设计人工自适应系统。遗传算法在 20 世纪 80 年代以后被广泛研究和应用,取得了丰硕的成果,并且在实际应用中得到了很大的完善和发展。

L. J. Fogel 最早提出进化规划算法,在 1966 年 L. J. Fogel 出版了《基于模拟进化的人工智能》一书,阐述了进化规划算法的基本思想。但是当时这一技术未能得到广泛接受,直到 20 世纪 90 年代,才逐步被认可,并在一定范围内开始解决一些实际问题。D. B. Fogel 将进化规划思想拓展到实数空间,使其能够用来求解实数空间中的优化计算问题,并在变异运算中引入正态分布技术,从而使进化规划成为一种优化搜索算法,并作为进化计算的一个分支在实际领域中得到了广泛的应用。进化规划可应用于求解组合优化问题和复杂的非线性优化问题,它只要求所求问题是可计算的,使用范围比较广。

进化策略是独立于遗传算法和进化规划外,在欧洲独立发展起来的。1963 年,德国柏林技术大学的两名学生 I. Reehenberg 和 H. P. Schwefel 进行风洞实验时,由于设计中描述物体形状的参数难以用传统的方法进行优化,因此提出按照自然突变和自然选择的生物进化思想,对物体的外形参数进行随机变化并尝试其效果,获得了良好的效果。随后,他们便对这种方法进行了深入的研究和发展,形成了进化计算的另一个分支——进化策略。进化策略的思想便由此诞生。

差分进化算法是由 Rainer Storn 和 Kenneth Price 为求解切比雪夫多项式而于 1996 年共同提出的一种采用浮点矢量编码在连续空间中进行随机搜索的优化算法。差分进化算法的原理简单,受控参数少,实施随机、并行、直接的全局搜索,易于理解和实现。差分进化算法已成为一种求解非线性、不可微、多极值和高维复杂函数的一种有效和鲁棒的方法,引起了人们的广泛关注,在国外的各研究领域得到了广泛的应用,已成为进化计算的一个重要分支。

进化计算的各种实现方法是相对独立提出的,相互之间有一定的区别,各自的侧重点不尽相同,生物进化背景也不同,虽然各自强调了生物进化过程的不同特性,但本质上都是基于进化思想的,都是较强的计算机算法,适应面比较广,因此统称为进化计算。近年来,进化计算已经在最优化、机器学习和并行处理等领域得到越来越广泛的应用。

2.2 遗传算法仿生计算

2.2.1 遗传算法

1. 基本原理

遗传算法（Genetic Algorithm，GA）是一种新近发展起来的搜索最优解方法，它模拟生命进化机制，即模拟自然选择和遗传进化中发生的繁殖、交配和突变现象，从任意一个初始种群出发，通过随机选择、交叉和变异操作，产生一群新的更适应环境的个体，使群体进化到搜索空间中越来越好的区域。这样一代一代不断繁殖、进化，最后收敛到一群最适应环境的个体上，求得问题的最优解。遗传算法对于复杂的优化问题无须建模和进行复杂运算，只要利用遗传算法的三种算子就能得到最优解。

遗传算法进化过程的基本流程为：种群初始化（随机分布个体）→交叉（更新个体）→变异（更新个体）→适应度计算（评价个体）→选择（群体更新）。

经典遗传算法的一次进化过程示意图如图 2-2 所示，该图给出了第 n 代群体经过选择、交叉、变异，生成第 $n+1$ 代群体的过程。

2. 术语介绍

从图 2-2 可见，遗传算法涉及一些基本概念，下面对这些概念进行解释。

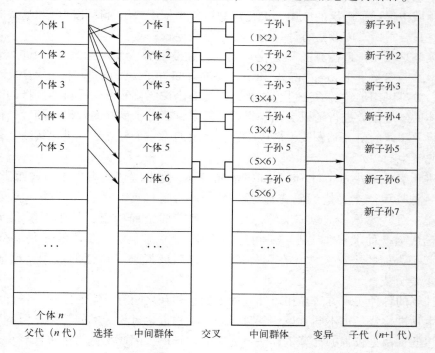

图 2-2　遗传算法的一次进化过程

- ➤ 个体（Individual）：遗传算法所处理的基本对象、结构。
- ➤ 群体（Population）：个体的集合。
- ➤ 位串（Bit String）：个体的表示形式，对应于遗传学的染色体（Chromosome）。
- ➤ 基因（Gene）：位串中的元素，表示不同的特征，对应于生物学中的遗传物质单位，以 DNA 序列形式把遗传信息译成编码。
- ➤ 基因位（Locus）：某一基因在染色体中的位置。
- ➤ 等位基因（Allele）：表示基因的特征值，即相同基因位的基因取值。
- ➤ 位串结构空间（Bit String Space）：等位基因任意组合构成的位串集合，基因操作在位串结构空间进行，对应于遗传学中的基因型的集合。
- ➤ 参数空间（Paremeters Space）：位串空间在物理系统中的映射，对应于遗传学中的表现型的集合。
- ➤ 适应值（Fitness）：某一个体对于环境的适应程度，或者在环境压力下的生存能力，取决于遗传特性。
- ➤ 选择（Selection）：在有限资源空间上的排他性竞争。
- ➤ 交叉（Crossover）：一组位串或染色体上对应基因段的交换。
- ➤ 变异（Mutation）：染色体水平上的基因变化，可以遗传给子代个体。

为了说明这些术语的含义，对个体进行形象化表示，则个体结构如图 2-3 所示。

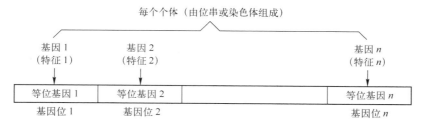

图 2-3　个体结构（由位串或染色体组成）

3. 基本流程

采用遗传算法进行问题求解的基本步骤如下。

① 编码：遗传算法在求解之前，先将问题解空间的可行解表示成遗传空间的基因型串结构数据，串结构数据的不同组合构成了不同的可行解。

② 生成初始群体：随机产生 N 个初始串结构数据，每个串结构数据成为一个个体，N 个个体组成一个群体，遗传算法以该群体作为初始迭代点。

③ 适应度评估检测：根据实际标准计算个体的适应度，评判个体的优劣，即该个体所代表的可行解的优劣。

④ 选择算子：从当前群体中选择优良的（适应度高的）个体，使它们有机会被选中进入下一次迭代过程，舍弃适应度低的个体，体现了进化论的"适者生存"原则。

⑤ 交叉算子：遗传操作，下一代中间个体的信息来自父辈个体，体现了信息交换的原则。

⑥ 变异算子：随机选择中间群体中的某个个体，以变异概率 P_m 的大小改变个体某位基

因的值。变异为产生新个体提供了机会。

经典的遗传算法流程图如图 2-4 所示，算法完全依靠三个遗传算子进行求解，当停止运算条件满足时，达到最大循环次数，同时最优个体不再进化。

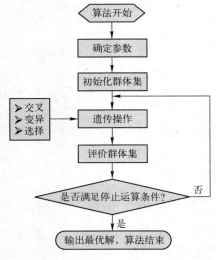

图 2-4　经典的遗传算法流程图

4. 遗传算法的构成要素

1）染色体的编码

所谓编码，就是指将问题的解空间转换成遗传算法所能处理的搜索空间。在进行遗传算法求解前，必须对问题的解空间进行编码，以使它能够被遗传算法的算子操作。例如，用遗传算法进行模式识别，将样品标识后，各个样品的特征及所属的类别构成了聚类问题的解空间。编码是应用遗传算法时要解决的首要问题，也是关键问题，它决定了个体染色体中基因的排列次序，也决定了遗传空间到解空间的变换解码方法。编码的方法也影响到了遗传算子（选择、交叉、变异）的计算方法。好的编码方法能够大大提高遗传算法的效率。

如何确定编码没有统一的标准，Dejong 曾给出两条参考原则。

➤ 有意义积木块编码原则：易于产生与所求问题相关且具有低阶、短定义、长模式的编码方案。模式是指具有某些基因相似性的个体集合，具有最短定义长度、低阶、确实硬度较高的模式称为构造优良个体的积木块或基因块，可以将该原则理解为应采用易于生成高适应度个体的编码方案。

➤ 最小字符集编码原则：能使问题得到自然表示，或其描述具有最小编码字符集的编码方案。

这两条仅仅是指导原则，并不一定适应于所有场合。在实际应用中，对编码方法、遗传算子等应统一考虑，以获得一种描述方便、计算效率高的方案。

常用的编码方法有以下几种。

（1）二进制编码

二进制编码是遗传算法编码中最常用的方法，其编码符号集是二值符号集 $\{0，1\}$，其个体基因是二值符号串。

在二进制编码中，符号串的长度与问题的求解精度相关。设某一参数 x 的变化范围是 $[a，b]$，编码长度为 n，则编码精度为 $(b-a)/(2^n-1)$。

二进制编码、解码操作简单易行，遗传操作便于实现，符合最小字符集编码原则。

（2）符号编码方法

符号编码方法是指个体染色体串中的基因值取自一个无数值意义、只有代码含义的符号集，这个符号集可以是一个字母表，如 $\{A，B，C，…\}$，也可以是一个序号表 $\{1，2，3，…\}$，其优点是符合有意义的积木块原则，便于在遗传算法中利用所求问题的专门知识。

（3）浮点数编码

在浮点数编码方案中，个体的每个基因值是一个浮点数，一般采用决策变量的真实值。

该方法适合在遗传算法中表示较大的数，应用于高精度的遗传算法，搜索空间较大，改善了算法的复杂性。

2）适应度函数

在遗传算法中，模拟自然选择的过程主要是通过评估函数 CalculateObjectValue( ) 和适应度函数 CalculateFitnessValue( ) 来实现的。前者计算每个个体优劣的绝对值，后者计算每个个体相对于整个群体的相对适应度。个体适应度的大小决定了它继续繁衍还是消亡，适应度高的个体被复制到下一代的可能性高于适应度低的个体。

适应度函数是整个遗传算法中极为关键的一部分，好的适应度函数能够指导我们从非最优的个体进化到最优个体，并且能够用来解决一些遗传算法中的问题，如过早收敛与过慢结束的矛盾。

如果个体的适应度很高，大大高于个体适应度的均值，它将得到更多的机会被复制，所以有可能在没有达到最优解甚至没有得到可接受解的时候，就因为某个或某些个体的副本充斥整个群体而过早地收敛到局部最优解，失去了找到全局最优解的机会，这就是所谓的过早收敛问题。要解决过早收敛问题，就要调整适应度函数，对适应度的范围进行压缩，防止那些"过于适应"的个体过早地在整个群体中占据统治地位。

与之相对应，在遗传算法中还存在着结束缓慢的问题。也就是说，在迭代许多代以后，整个种群已经大部分收敛，但是还没有稳定的全局最优解。整个种群的平均适应度值较高，而且最优个体的适应度值与全体适应度均值间的差别不大，这就导致没有足够的力量推动种群遗传进化找到最优解。解决该问题的方法是扩大适应度函数值的范围，拉大最优个体适应度值与群体适应度均值的距离。另外，还有适应度函数缩放方法、适应度函数排序法、适应度窗口技术、锦标赛选择等方法。

3）选择算子

遗传算法中的"选择"算子用来确定如何从父代群体中按照某种方法，选择哪些个体作为子代的遗传算子。选择算子是建立在对个体适应度进行评价的基础上的，目的是为了避免基因损失，提高全局收敛性和计算效率。常用选择算子的操作方法有以下几种。

（1）赌轮选择方法

赌轮选择方法又称比例选择方法，其基本思想是个体被选择的概率与其适应度值大小成正比。由于选择算子是随机操作，这种算法的误差比较大，有时适应度最高的个体也不会被选中。各个样品按照其适应度值占总适应度值的比例组成面积为1的一个圆盘，指针转动停止后，指向的个体将被复制到下一代，适应度高的个体被选中的概率大，适应度低的个体也有机会被选中，这样有利于保持群体的多样性。

（2）排序选择法

排序选择法是指在计算每个个体的适应度之后，根据适应度大小对群体中的个体进行排序，再将事先设计好的概率表分配给各个个体，所有个体按适应度的大小排序，选择概率与适应度无关。

（3）最优保存策略

最优保存策略的基本思想是：适应度最高的个体尽量保留到下一代群体中，其操作过程如下：

① 找出当前群体中适应度最高的和最低的个体；

② 用迄今为止最好的个体替换最差的个体；

③ 若当前个体适应度比总的迄今为止最好的个体适应度还要高，则用当前个体替代总的最优个体。

该策略保证最优个体不被破坏，能够被复制到下一代，是遗传算法收敛性的一个重要保证条件；另一方面，它也会使一个局部最优解不易被淘汰而迅速扩散，导致算法的全局搜索能力不强。

4）交叉算子

在进化计算中，交叉算子是遗传算法保留原始性特征所独有的。遗传算法的交叉算子模仿自然界有性繁殖的基因重组过程，其作用是将原有的优良基因遗传给下一代个体，并生成包含更复杂结构的新个体。交叉操作一般分为以下几个步骤。

① 从交配池中随机地取出要交配的一对个体；

② 根据位串长度 L 对要交配的这对个体随机地选取一个或多个整数作为交叉位置；

③ 根据交叉概率 P_c（$0 < P_c \leq 1$）实施交叉操作，配对个体在交叉位置相互交换各自的部分内容，从而形成一个新的个体。

通常使用的交叉算子有一点交叉、两点交叉、多点交叉和一致交叉等。

（1）一点交叉

一点交叉指在染色体中随机地选择一个交叉点，如图 2-5（a）所示，交叉点在第五位，然后第一个父辈交叉点前的位串和第二个父辈交叉点及其以后的位串组成一个新的染色体，第二个父辈交叉点前的位串和第一个父辈交叉点及其以后的位串组合成另一个新的染色体，如图 2-5（b）所示。

2 3 2 4	1 1 3 2 4 3 2 1	父代 1
2 1 1 4	4 3 2 3 2 1 4 2	父代 2

（a）交叉点在父代染色体的第五位

2 3 2 4	4 3 2 3 2 1 4 2	子代 1
2 1 1 4	1 1 3 2 4 3 2 1	子代 2

（b）交叉后得到的子代个体

图 2-5 一点交叉示意图

（2）两点交叉

两点交叉就是在父代的染色体中随机选择两个交叉点，如图 2-6（a）所示，然后交换父代染色体中交叉点间的基因，得到下一代个体，如图 2-6（b）所示。

2 3 2 4	1 1 3 2	4 3 2 1	父代 1
2 1 1 4	4 3 2 3	2 1 4 2	父代 2

（a）父辈的交叉点在第五位和第九位

2 3 2 4	4 3 2 3	4 3 2 1	父代 1
2 1 1 4	4 3 2 3	2 1 4 2	父代 2

（b）交叉后得到的子代个体

图 2-6 两点交叉示意图

（3）一致交叉

在这种方法中，子代的每一位随机地从两个父代中的对应位取得。

5）变异算子

变异算子模拟自然界生物体进化中，染色体上某位基因发生的突变现象，从而改变染色体的结构和物理性状。变异是遗传算法中保持物种多样性的一个重要途径，它以一定的概率选择个体染色中的某一位或几位，随机地改变该位的基因值，以达到变异的目的。

在遗传算法中，由于算法执行过程中的收敛现象，可能使整个种群染色体上的某位或某几位都收敛到固定值。如果整个种群所有的染色体中有 n 位取值相同，则单纯的交叉算子所能够达到的搜索空间只占整个搜索空间的 $(1/2)^n$，大大降低了搜索能力，所以，引进变异算子改变这种情况是必要的。生物学家一般认为变异是更为重要的进化方式，并且认为只通过选择与变异就能进行生物进化的过程。

5. 控制参数选择

在遗传算法的运行过程中，存在着对其性能产生重大影响的一组参数，这组参数在初始阶段和群体进化过程中需要合理地选择和控制，以使遗传算法以最佳的搜索轨迹达到最优解。主要参数有染色体位串长度 L、群体规模 N、交叉概率 P_c 和变异概率 P_m。

（1）位串长度 L

位串长度的选择取决于特定问题解的精度。要求精度越高，位串越长，但需要更多的计算时间。为了提高运行效率，可采用变长位串的编码方法。

（2）群体规模 N

大群体含有较多的模式，为遗传算法提供了足够的模式采样容量，可以改善遗传算法的搜索质量，防止在成熟前收敛。但是大群体增加了个体适应性的评价计算量，从而降低了收敛速度。一般情况下专家建议 $N = 20 \sim 200$。

（3）交叉概率 P_c

交叉概率控制着交叉算子使用的频率，在每一代新的群体中，需要根据交叉概率 P_c 进行交叉操作。交叉概率越高，群体中结构变化的引入就越快，已获得的优良基因结果的丢失速度也相应地提高，而交叉概率太低则可能导致搜索阻滞。一般取 $P_c = 0.6 \sim 1.0$。

（4）变异概率 P_m

变异操作是保持群体多样性的手段，交叉结束后，中间群体中的全部个体位串上的每位基因值按变异概率 P_m 随机改变，因此每代中大约发生 $P_m \times N \times L$ 次变异。变异概率太小，可能使某些基因位过早地丢失信息，无法恢复；变异概率过高，则遗传算法将变成随机搜索。一般取 $P_m = 0.005 \sim 0.05$。

实际上，上述参数与问题的类型有着直接的关系。问题的目标函数越复杂，参数选择就越困难。从理论上讲，不存在一组适应于所有问题的最佳参数值，随着问题特征的变化，有效参数的差异往往非常显著。如何设定遗传算法的控制参数，以使遗传算法的性能得到改善，还需要结合实际问题深入研究。

6. 遗传算法群体智能搜索策略分析

1）个体行为及个体之间信息交互方法分析

在遗传算法中，主要的个体操作算子是交叉算子和变异算子。在遗传算法中，交叉算子是不同的父代个体之间进行基因位的交换，从而达到扩充种群多样性和优化种群的目的。使用交叉算子表明遗传算法注重个体之间的信息交互，具有个体之间进行信息交互的机制。

使用变异算子进行自身位置的局部更新，采用均匀变异算子属于完全随机的一种变异行为，是随机搜索的一类智能算法，没有考虑到自身信息，容易丧失优秀个体的先进性，不利于算法的快速收敛。因此，通常采用较小的变异概率，保证其在小范围内具有局部搜索的能力。

2）群体更新机制

在遗传算法中，群体更新机制是依靠选择算子实现的。选择算子的对象是父代经过交叉、变异后生成的子代个体，在生成子代后，父代个体即被抛弃。由于是随机搜索的一类智能算法，通过交叉、变异后的个体不可避免地会出现一些退化现象，而相对较为优秀的父代个体的信息将无法得到保留，这将影响算法的收敛。为了扩充种群的多样性，在每一代个体中，选择算子不仅要让适应度高的个体被选中，而且应该确保适应度低的个体也有被选中的机会。

2.2.2 遗传算法仿生计算在聚类分析中的应用

一幅图像中含有多个物体，在图像中进行聚类分析时需要对不同的物体分割标识，如图 2-7 所示，手写了"1 2 3 4 4 2 3 3 3 4 4 4"共 12 个待分类样品，要分成 4 类，如何让计算机自动将这 12 个样品归类呢？

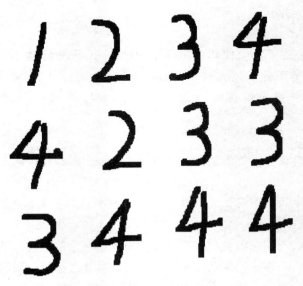

图 2-7　待分类的样品数字

　　这就是聚类算法所要解决的问题，即将相同的物体归为一类。聚类问题的特点是事先不了解一批样品中每一个样品的类别或其他的先验知识，而唯一的分类根据是样品的特性，利用样品的特性来构造分类器。聚类算法的重点是寻找特征的相似性。许多学科要根据所测得的相似性数据进行分类，把探测数据归入各个聚合类中，并且在同一个聚合类中的模式比不同聚合类中的模式更相似，从而对模式间的相互关系做出估计。聚类分析的结果可以被用来对数据提出初始假设，分类新数据，测试数据的同类型及压缩数据。

　　传统的优化算法往往直接利用问题中参数的实际值本身进行优化计算，通过调整参数的值找到最优解。但是遗传算法通过将参数编码，在求解问题的决定因素和控制参数的编码集上进行操作，因而不受函数限制条件（如导数的存在、连续性、单调性等）的约束，可以解决传统方法不能解决的问题。遗传算法求解是从问题的解位串集开始搜索的，而不是从单个解开始搜索的，遗传算法的三个遗传算子（选择、交叉、变异）是随机的，搜索空间范围大，降低了陷入局部最优的可能性。遗传算法仅使用目标函数来进行搜索，不需要其他辅助信息，隐含并行性、可扩展性，易于同别的技术结合，这大大扩展了遗传算法的应用范围。本节以图像中的物体聚类分析为例，介绍用遗传算法解决聚类问题的仿生计算方法。

1. 构造个体

　　对图 2-7 所示的 12 个物体进行编号，样品编号如图 2-8 所示，在每个样品的右上角，不同的样品编号不同，而且编号始终固定。

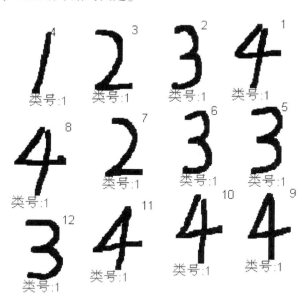

图 2-8　待测样品的编号

　　采用符号编码，位串长度 L 取 12 位，基因代表样品所属的类号（1～4），基因位的序号代表样品的编号，基因位的序号是固定的，也就是说某个样品在染色体中的位置是固定的，而每个样品所属的类别随时在变化。如果基因位为 n，则其对应第 n 个样品，而第 n 个基因位所指向的基因值代表第 n 个样品的归属类号。

　　每个个体包含一种分类方案。设初始时某个个体的染色体编码为（2，3，2，1，4，4，2，3，1，3，2，3），其含义为：第 1、3、7、11 个样品被分到第 2 类；第 2、8、10 和 12 个样品被分到第 3 类；第 4、9 个样品被分到第 1 类；第 5、6 个样品属于第 4 类。这时还处于假设分类情况，不是最优解，如表 2-1 所示。

表 2-1　初始某个个体的染色体编码

样品值	(4)	(3)	(2)	(1)	(3)	(3)	(2)	(4)	(4)	(4)	(4)	(3)
基因值（分类号）	2	3	2	1	4	4	2	3	1	3	2	3
基因位	1	2	3	4	5	6	7	8	9	10	11	12
样品编号	1	2	3	4	5	6	7	8	9	10	11	12

　　经过遗传算法找到的最优解如图 2-9 所示。遗传算法找到的最优染色体编码如表 2-2 所示。通过样品值与基因值对照比较，会发现相同的数据被归为一类，分到相同的类号，而且全部正确。

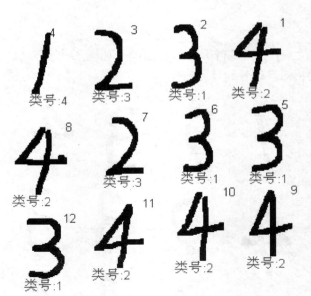

图 2-9　经过遗传算法找到的最优解

表 2-2　遗传算法找到的最优染色体编码

样品值	(4)	(3)	(2)	(1)	(3)	(3)	(2)	(4)	(4)	(4)	(4)	(3)
基因值（分类号）	2	1	3	4	1	1	3	2	2	2	2	1
基因位	1	2	3	4	5	6	7	8	9	10	11	12
样品编号	1	2	3	4	5	6	7	8	9	10	11	12

2. 设定评估函数

评估函数 CalObjValue( ) 的结果为评估值，代表每个个体优劣的程度。

对初始群体中的每个染色体分别计算其评估值 m_pop(i).value，实现步骤如下。

① 通过人工干预获得聚类类别总数，centerNum 为聚类类别总数（$2 <= $ centerNum $<= N-1$，N 是总的样品个数）。

② 找出染色体中相同类号的样品，$X^{(i)}$ 表示属于第 i 个类的样品。

③ 统计每一个类的样品个数 n，n_i 是第 i 个类别的个数，样品总数为 $N = \sum\limits_{i=1}^{centerNum} n_i$。

④ 计算同一个类的中心 C，C_i 是第 i 个类的中心，$C_i = \dfrac{1}{n_i} \sum\limits_{k=1}^{n_i} X_k^{(i)}$，$i = 1$，$2$，$\cdots$，centerNum。

⑤ 在同一个类内计算每一个样品到中心的距离，并将它们累加求和。

采用 K-均值模型为聚类模型，计算公式如下：

$$D_i = \sum_{j=1}^{n_i} \| X_j^{(i)} - C_i \|^2 \tag{2-1}$$

显然，当聚类类别总数 centerNum $= N$ 时，累加和 $\sum D_i$ 为 0。因此，当聚类数目 centerNum 不定时，必须对目标函数进行修正。实际上，式（2-1）仅为类内距离之和，因此可以使用类内距离与类间距离之和作为目标函数，即

$$D = \min\left[w * \sum_{i=1}^{centerNum} \sum_{j=1}^{n_i} \| X_j^{(i)} - C_i \|^2 + \sum_{i=1}^{centerNum} \sum_{j=i}^{centerNum} \| C_i - C_j \|^2 \right] \tag{2-2}$$

其中，w 是权重，反映决策者的偏爱。

⑥ 将不同类计算出的 D_i 求和后赋给 m_pop(i).value，以 m_pop(i).value 作为评估值。

$$\text{m\_pop}(i).\text{value} = \sum_{i=1}^{centerNum} \sum_{j=1}^{n_i} \| X_j^{(i)} - C_i \|^2 = \sum_{i=1}^{centerNum} D_i \tag{2-3}$$

m_pop(i).value 越小，说明这种分类方法的误差越小，该个体被选择到下一代的概率也就越大。

3. 设定适应度函数

适应度函数是整个遗传算法中极为关键的一部分，好的适应度函数能够从非最优个体进化到最优个体，能够解决早收敛与过慢结束的矛盾。

适应度函数 CalFitnessValue( ) 的结果代表每个个体相对于整个群体的相对适应性，个体适应度的大小决定了它继续繁衍还是消亡。适应度高的个体被复制到下一代的可能性高于适应度低的个体。

以 m_pop(i).value 作为适应度，其选择机制在遗传算法中存在两个问题：

➤ 群体中极少数适应度相当高的个体被迅速选择、复制遗传，引起算法提前收敛于局部最优解。

➢ 群体中个体适应度彼此非常接近，算法趋向于纯粹的随机选择，使优化过程趋于停止。

这里不以 m_pop(i). value 直接作为该分类方法的适应度值，采用的方法是适应度排序法。不管个体的 m_pop(i). value 是多少，被选择的概率只与序号有关，这样避免了一代群体中过于适应或过于不适应个体的干扰。

适应度函数的计算步骤如下。

① 按照原始的 m_pop(i). value 由小到大排序，依次编号为 1，2，…，N，index 是排序序号。

② 计算适应度值：

$$\text{m\_pop}(i).\text{fitness} = a\,(1-a)^{\text{index}-1} \tag{2-4}$$

a 的取值范围是（0，1），取 $a=0.6$。

4. 遗传算子

（1）选择算子

建立选择数组 cFitness[N]，循环统计从第 1 个个体到第 i 个个体适应度值之和占所有个体适应度值总和的比例 cFitness(i)，以 cFitness(i) 作为选择依据。

$$\text{cFitness}\,(i) = \frac{\displaystyle\sum_{k=1}^{i} \text{m\_pop}(k).\text{fitness}}{S} \tag{2-5}$$

式中，$S = \displaystyle\sum_{i=1}^{\text{popSize}} \text{m\_pop}(i).\text{fitness}$。

循环产生随机数 rand，当 rand<cFitness（i）时，对应的个体复制到下一代中，直到生成 n 个中间群体为止。例如，由 4 个个体组成的群体，$a=0.6$，cFitness（i）计算方式如表 2-3 所示。

表 2-3　选择依据计算方式

index	适应度值：$a(1-a)^{\text{index}-1}$	选择依据：cFitness(i)
1	$0.6(1-0.6)^0 = 0.6$	0.6/S
2	$0.6(1-0.6)^1 = 0.6 \times 0.4 = 0.24$	$(0.6+0.6 \times 0.4)/S$
3	$0.6(1-0.6)^2 = 0.6 \times 0.4 \times 0.4 = 0.096$	$(0.6+0.6 \times 0.4+0.6 \times 0.4 \times 0.4)/S$
4	$0.6(1-0.6)^3 = 0.6 \times 0.4 \times 0.4 \times 0.4 = 0.038\,4$	$(0.6+0.6 \times 0.4+0.6 \times 0.4 \times 0.4+0.6 \times 0.4 \times 0.4 \times 0.4)/S$

（2）交叉算子

以概率 P_c 生成一个 "一点交叉" 的交叉位 point，随机不重复地从中间群体中选择两个个体，对交叉位后的基因进行交叉运算，直到中间群体中的所有个体都被选择过。

（3）变异算子

对所有个体，循环每一个基因位，产生随机数 rand，当概率 rand<P_m 时，对该位基因进行变异运算，随机产生 1 ～ centerNum 的一个数赋值给该位，生成子代群体。

变异概率一般很小，P_m 在 0.001 ～ 0.1 之间，如果变异概率过大，则会破坏许多优良品种，也可能无法得到最优解。

5. 实现步骤

① 设置相关参数。

初始化初始人群总数为 popSize、交叉概率为 0.6，变异概率为 0.05，从对话框得到用户输入的最大迭代次数 MaxIter，以及聚类中心数 centerNum。

② 获得所有样品个数及特征。

③ 群体初始化。

④ 计算每个个体的评估值 m_pop(i).value。

⑤ 计算每个个体的适应度值 m_pop(i).fitness。

⑥ 生成下一代群体。

> 选择算子：建立适应度数组 cFitness[popSize]，计算 cFitness(i)。循环产生随机数 p，当 $p<$cFitness(i) 时，将对应的个体复制到下一代中，直到生成 popSize 个中间群体。

> 交叉算子：以概率 $P_c=0.6$ 生成一个"一点交叉"的交叉位 point，从中间群体中随机选择两个个体，对交叉位后的基因进行交叉运算，直到中间群体中的所有个体都被选择过。

> 变异算子：对所有个体，循环每一个基因位，产生随机数 rand，当概率 rand$<P_m=$ 0.05 时，对该位基因进行变异运算，随机产生 1 ～ centerNum 的一个数赋值给该位，生成子代群体。

⑦ 调用 EvaPop() 函数对新生成的子代群体（popSize 个）进行评估。

⑧ 调用 FindBW() 函数保留精英个体，若新生成的子代群体中的最优个体 D 值低于总的最优个体 D 值（相互之间距离越近，D 越小），则用当前最好的个体替换总的最好的个体，否则用总的最好个体替换当前最差个体。

⑨ 若已达到最大迭代次数，则退出循环，否则到第⑥步"生成下一代群体"继续运行。

⑩ 将总的最优个体的染色体解码，返回给各个样品的类别号。

遗传算法应用于聚类分析的程序总体流程图如图 2-10 所示。

6. 编程代码

编程代码见作者撰写的《模式识别与智能计算——MATLAB 技术实现（第 4 版）》一书。

7. 效果图

这里给读者提供两个实例效果图，一个是基于数字聚类的结果图，如图 2-11 所示；另一个是基于图形聚类的结果图，如图 2-12 所示。这两个图也比较复杂，但从结果可以看出，应用遗传算法解决聚类问题的效果非常好（注意：图右上角显示样品编号，左下角显示该样品所属类别）。

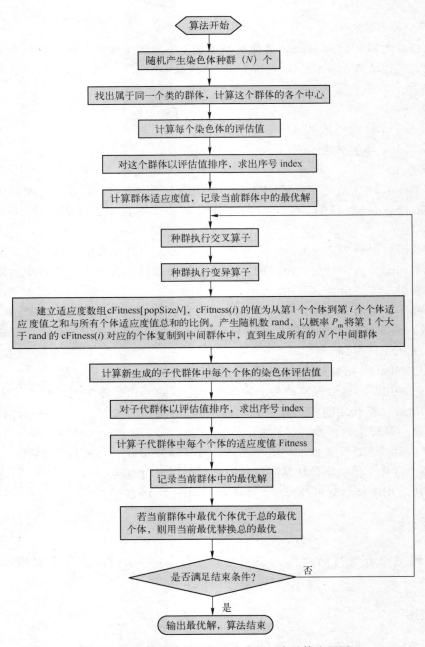

图 2-10　基于遗传算法的聚类分析程序总体流程图

（a）待分类的样品　　　　　　　　　　（b）输入聚类中心数和最大迭代次数

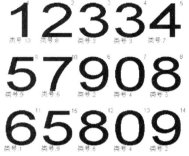

（c）显示在第几代出现最优解　　　　　（d）输出聚类结束

图 2-11　遗传算法应用于数字聚类分析结果图

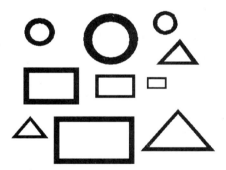

（a）图形聚类源　　　　　　　　　　　（b）分 3 类、迭代 10 次

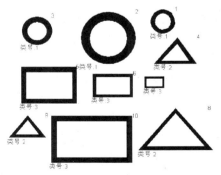

（c）显示在第几代出现最优解　　　　　（d）聚类结果

图 2-12　遗传算法应用于图形聚类分析结果图

2.3 进化规划算法仿生计算

2.3.1 进化规划算法

1. 基本原理

进化规划（Evolutionary Programming，EP）是进化计算的一个分支，起源于 20 世纪 60 年代，是通过模拟自然进化过程得到的一种随机搜索方法。在最初的发展中，进化规划并没有得到足够的重视，直到 20 世纪 90 年代，D. B. Fogel 将进化规划思想拓展到实数空间，使其能够用来求解实数空间中的优化计算问题，并在变异运算中引入正态分布技术，从而使进化规划成为一种优化搜索算法，并作为进化计算的一个分支在实际领域中得到了广泛的应用。进化规划可应用于求解组合优化问题和复杂的非线性优化问题，它只要求所求问题是可计算的，使用范围比较广。

进化规划算法进化过程的基本流程如下：

种群初始化（随机分布个体）→变异（更新个体）→适应度计算（评价个体）→选择（群体更新）。

作为进化计算的一个重要分支，进化规划算法具有进化计算的一般流程。在进化规划中，不使用平均变异方法，而大多使用高斯变异算子，实现种群内个体的变异，保持种群中丰富的多样性。高斯变异算子根据个体适应度获得高斯变异的标准差，适应度差的个体变异范围大，扩大搜索的范围；适应度高的个体变异范围小，表明在当前位置处局部小范围的搜索，以实现变异操作。在选择操作上，进化规划算法采用父代与子代一同竞争的方式，采用锦标赛选择算子最终选择适应度较高的个体。

与其他进化计算相比，进化规划也有其自己的特点。虽然同为进化计算，都是对生物进化过程的模拟，但是在进化规划算法中，不使用交叉、重组之类体现个体之间相互作用的算子，而变异操作是最重要的操作。

2. 基本流程

进化规划算法的基本流程如下。

① 初始化种群，假设其种群规模为 N。

② 进入迭代操作。

③ 通过高斯变异算子，生成 N 个新个体。

④ 计算父代与子代个体的适应度值。

⑤ 令父代与子代个体（共 $2N$ 个）一同参加锦标赛选择，最后依据积分和排名选择较好的 N 个个体，组成下一代的种群。

⑥ 记录种群中的最优解。

⑦ 判断是否满足停止条件，如果是，则输出最优解，并退出；反之，则跳转到步骤③继续迭代。

进化规划算法的流程如图 2-13 所示。

3. 进化规划算法的构成要素

进化规划的基本思想源于对自然界中生物进化过程的一种模仿，主要构成要素包括染色体构造、适应度评价、变异算子、选择算子、停止条件。其中，染色体构造、适应度评价和停止条件与遗传算法中的类似，这里不再赘述。

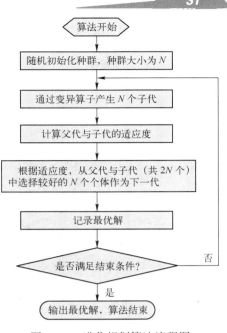

图 2-13　进化规划算法流程图

1) 变异算子

在进化规划算法中，变异操作是最重要的操作，也是唯一的搜索方法，这是进化规划的独特之处。在标准进化规划中，变异操作使用的是高斯变异（Gauss Mutation）算子。在变异过程中，计算每个个体适应度函数值的线性变换的平方根，获得该个体变异的标准差 σ_i，将每个分量加上一个服从正态分布的随机数。

X 为染色体个体解的目标变量，σ 为高斯变异的标准差。每部分都有 L 个分量，即染色体的 L 个基因位。

染色体由目标变量 X 和标准差 σ 两部分组成，$(X, \sigma) = ((x_1, x_2, \cdots, x_L), \sigma)$。形式如下：

$$X(t+1) = X(t) + N(0, \sigma)$$

X 和 σ 之间的关系是：

$$\begin{cases} \sigma(t+1) = \sqrt{\beta F(X(t)) + \gamma} \\ x_i(t+1) = x_i(t) + N(0, \sigma(t+1)) \end{cases} \tag{2-6}$$

式中，$F(X(t))$ 表示当前个体的适应值，这里越靠近目标解的个体适应度值越小；$N(0, \sigma)$ 是概率密度为 $p(\sigma) = \dfrac{1}{\sqrt{2\pi}} \exp\left(-\dfrac{\sigma^2}{2}\right)$ 的高斯随机变量；系数 β_i 和 γ_i 是待定参数，一般将 β 和 γ 的值设为 1 和 0。通过式（2-6），变量 X 的每一个分量就可以达到不同的变异效果。

2) 选择算子

在进化规划算法中，选择机制的作用是根据适应度函数值从父代和子代集合的 $2N$ 个个体中选择 N 个较好的个体组成下一代种群，其形式化表示为 $s: I^{2N} \rightarrow I^N$。选择操作是按照一种随机竞争的方式进行的。进化规划算法中选择算子主要有依概率选择、锦标赛选择和精英选择三种方法，锦标赛选择方法是进化规划算法中比较常用的方法。

基于锦标赛的选择操作的具体过程如下。

① 将 N 个父代个体组成的种群 $P(t)$，以及 $P(t)$ 经过一次变异运算后产生的 N 个子代个体组成的种群 $P'(t)$ 合并在一起，组成一个共含有 $2N$ 个个体的集合 $P(t) \cup P'(t)$，记为 I。

② 对每个个体 $x_i \in I$，从 I 中随机选择 q 个个体，并将 q 个个体的适应度函数值 $F_j(j \in (1, 2, \cdots, q))$ 与 x_i 的适应度函数值相比较，计算出这 q 个个体中适应度函数值比 x_i 的适应度差的个体的数目 w_i，并把 w_i 作为 x_i 的得分，其中 $w_i \in (0, 1, \cdots, q)$。

③ 在所有的 2N 个个体都经过了这个比较过程后，按每个个体的得分 w_i 进行排序；选择 N 个具有最高得分的个体作为下一代种群。

这里要注意，$q \geqslant 1$ 是选择算法的参数。为了使锦标赛选择算子更好地发挥作用，需要设定适当的用于比较的个体数 q。q 的取值较大时，偏向确定性选择，当 $q = 2N$ 时，确定地从 2N 个个体中将适应度值较高的 N 个个体选出，容易带来早熟等弊端；相反，q 的取值较小时，偏向于随机性选择，使得适应度的控制能力下降，导致大量低适应度的个体被选出，造成种群退化。因此，为了既能保持种群的先进性，又可以避免确定性选择带来的早熟的弊端，需要依据具体问题，合适地选取 q 值。

从上面的选择操作过程可以知道，在进化过程中，每代种群中相对较好的个体被赋予了较大的得分，能够被保留到下一代的群体中。

4. 进化规划算法群体智能搜索策略分析

1）个体行为及个体之间信息交互方法分析

进化规划以 D 维实数空间上的优化问题为主要处理对象，对生物进化过程的模拟主要着眼于物种的进化过程，主要的个体操作算子是变异算子，所以它不使用交叉算子等个体重组方面的操作算子。相比遗传算法，由于只使用变异算子，不用交叉算子，进化规划算法不注重个体之间的信息交互，而是着眼于依据自身信息进行的个体更新。所以，变异算子的选择显得尤为重要。平时使用的均匀变异算子在这里不能达到很好的效果，因为它属于完全随机的一种变异行为，没有考虑到自身信息，容易丧失优秀个体的先进性，不利于算法的快速收敛。所以，标准进化规划算法中常采用高斯变异算子，它是在个体的某个（或多个）基因位上加上一个服从高斯变异的随机数 $N(0, \sigma_i)$，而其方差的确定与个体本身的适应度相关。在充分考虑到自身优劣性的信息后，高斯变异算子使得适应度较差的个体变异范围较大，而相对靠近全局最优解的优秀个体则采用较小的变异，保证其先进性。进化规划直接以问题的可行解作为个体的表现形式，无须再对个体进行编码处理，也无须再考虑随机扰动因素对个体的影响，更便于进化规划在实际中的应用。

2）群体更新机制

在遗传算法中，选择算子的对象是父代经过交叉变异后生成的子代个体，在生成子代后，父代个体即被抛弃。由于是随机搜索的一类智能算法，通过交叉、变异后的个体，不可避免地会出现一些退化现象，而相对较为优秀的父代个体的信息将无法得到保留，这影响了算法的收敛。

相比遗传算法，进化规划算法将父代和子代一同加入选择，使得父代中的优秀个体也有可能得到保留，继续进化。而参与竞争个体的数目的合理设定，则平衡了选择的确定性与随机性，使得选择既能保留群体中的优秀信息，又能将一小部分适应度差的个体被选中，用来扩充种群的多样性。进化规划中的选择运算着重于群体中各个体之间的竞争选择，但当竞争数目 q 较大时，这种选择就类似于进化策略中的确定选择过程；而当竞争数目 q 较小时，这种选择又趋向于随机选择，难以保证群体的优化。

2.3.2 进化规划算法仿生计算在聚类分析中的应用

本节以图像中的物体聚类分析为例，介绍采用进化规划算法解决聚类问题的仿生计算方法。与常规搜索算法相比较，进化规划在每次迭代过程中都保留一群候选解，从而有较大的机会摆脱局部极值点，可求得多个全局最优解；种群中的个体分别独立进化，不需要相互之间进行信息交换，具有并行处理特性，易于并行实现；在确定进化方案之后，算法将利用进化过程中得到的信息自行组织搜索；基于自然选择策略，优胜劣汰；具备根据环境的变化自动发现环境的特征和规律的能力，不需要事先描述问题的全部特征，可用来解决未知结构的复杂问题。也就是说，算法具有自组织、自适应、自学习等智能特性。除此之外，进化规划的优点还体现在过程性、不确定性、非定向性、内在学习性、整体优化、稳健性等多个方面。

1. 构造个体

在进化规划中，采用符号编码，位串长度为 L，搜索空间是一个 L 维空间，与此相对应，搜索点就是一个 L 维向量。算法中，组成进化群体的每个染色体 X 就直接用这个 L 维向量来表示。

例如，对于待聚类的样品图（见图 2-14），图中每个个体包含一种分类方案。L 取 12，基因代表样品所属的类号（1 ～ 4），基因位的序号代表样品的编号，基因位的序号是固定的，也就是说某个样品在染色体中的位置是固定的，而每个样品所属的类别随时在变化。如果基因位为 n，则其对应第 n 个样品，而第 n 个基因位所指向的基因值代表第 n 个样品的归属类号。

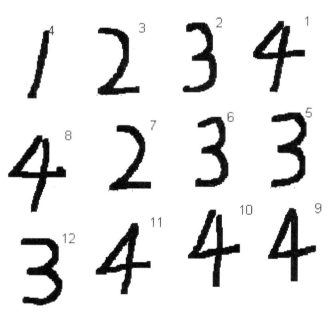

图 2-14　待聚类样品图

假设初始某个个体的染色体编码为（1，3，4，1，2，4，2，3，1，3，2，1），其含义为：第 5、7、11 个样品被分到第 2 类；第 2、8、10 个样品被分到第 3 类；第 1、4、9、12 个样品被分到第 1 类；第 3、6 个样品属于第 4 类。这时还处于假设分类情况，不是最优解，如表 2-4 所示。

表 2-4　初始某个个体的染色体编码

样品值	(4)	(3)	(2)	(1)	(3)	(3)	(2)	(4)	(4)	(4)	(4)	(3)
基因值（分类号）	1	3	4	1	2	4	2	3	1	3	2	1
基因位	1	2	3	4	5	6	7	8	9	10	11	12
样品编号	1	2	3	4	5	6	7	8	9	10	11	12

2. 评价适应度

函数 Calfitness( ) 的结果为适应度值 m_pop(i). fitness，代表每个个体优劣的程度。其计算过程类似于遗传算法中适应度值的计算方法。计算公式如下：

$$\text{m\_pop}(i).\text{fitness} = \sum_{i=1}^{\text{centerNum}} \sum_{j=1}^{n_i} \| \boldsymbol{X}_j^{(i)} - \boldsymbol{C}_i \|^2 = \sum_{i=1}^{\text{centerNum}} D_i \tag{2-7}$$

式中，centerNum 为聚类类别总数，n_i 为属于第 i 类的样品总数，$\boldsymbol{X}_j^{(i)}$ 为属于第 i 类的第 j 个样品的特征值，$\boldsymbol{C}_i$ 为第 i 个类中心，其计算公式为：

$$\boldsymbol{C}_i = \frac{1}{n_i} \sum_{k=1}^{n_i} \boldsymbol{X}_k^{(i)} \tag{2-8}$$

m_pop(i). fitness 越大，说明这种分类方法的误差越小，即其适应度值越大。

3. 变异算子

通过让每个子代个体的每一个分量 newpop(i). string$(1,j)$，加上一个服从 $N(0,\sigma_i)$ 的正态分布随机数，以达到变异的效果，即

$$\text{newpop}(i).\text{string}(1,j) = \text{newpop}(i).\text{string}(1,j) + N(0,\sigma_i)$$

4. 选择算子

将父代 m_pop 与子代 newpop 组合在一起，成为 totalpop，并从中任选 q 个个体组成测试群体，将测试个体的序号存在 competitor 中。然后将 totalpop(i) 的适应度与这 q 个测试个体的适应度进行比较，记录 totalpop(i) 优于或等于 q 内各个体的次数，得到 totalpop(i) 的得分 score。

5. 实现步骤

① 设置相关参数。

初始化初始种群中的个体个数 popSize。从对话框得到用户输入的最大迭代次数 MaxIter、聚类中心数 centerNum，以及进行锦标赛竞争时用来进行比较的个体数 q。

② 获得所有样品个数及特征。

③ 调用 GenIniPop( ) 函数，群体初始化。

④ 调用 CalFitness( ) 函数，计算每一个个体的适应度值 m_pop(i). fitness。

⑤ 生成下一代群体。

调用 Mutation( ) 函数，对所有个体，循环每一个基因位，对该位基因进行变异运算，按照高斯变异产生 1 ～ centerNum 的一个数并赋值给该位，生成子代群体。

⑥ 计算新生成的子代群体的适应度值。

⑦ 将父代与子代个体组成 totalpop，并根据适应度值进行排序。

⑧ 调用 Selection( ) 函数，随机从 totalpop 中选择 q 个个体。循环每个个体，让每个个体与这 q 个个体逐个进行适应度值比较。以这 q 个个体中适应度值低于当前个体适应度值的个数作为当前个体的得分，最后选择评分最高的 popSize 个个体，作为下一代的父代。

⑨ 调用 FindBW( ) 函数保留精英个体，若新生成的子代群体中的最优个体适应度值低于总的最优个体适应度值（相互之间距离越近，适应度值越小），则用当前最好的个体替换总的最好的个体。

⑩ 若已经达到最大迭代次数，则进行下一步，退出循环；否则，返回第⑤步"生成下一代群体"继续运行。

⑪ 输出结果，返回给各个样品的类别号。

该算法的基本流程如图 2-15 所示。

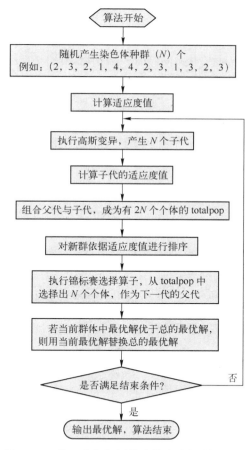

图 2-15 基于进化规划算法的聚类问题流程图

6. 编程代码

（1）初始化各个参数

```
%%%%%%%%%%%%%%%%%%%%%%%%%%%%%%%%%%%%%%%%%%%
%函数名称:C_EP()
%参数:m_pattern,样品特征库;patternNum,样品数目
%返回值:m_pattern,样品特征库
%函数功能:按照进化规划算法对全体样品进行聚类
%%%%%%%%%%%%%%%%%%%%%%%%%%%%%%%%%%%%%%%%%%%
function [ m_pattern ] = C_EP( m_pattern,patternNum)
disType = DisSelDlg();%获得距离计算类型
[centerNum MaxIter popSize q] = InputClassDlg();%获得类中心数和最大迭代次数
%初始化种群体结构
for i = 1:popSize
    m_pop(i).string = zeros(1,patternNum);%个体位串
    m_pop(i).fitness = 0;%适应度值
    m_pop(i).score = 0;%适应度
end
for i = 1:popSize * 2
    totalpop(i).string = zeros(1,patternNum);%个体位串
    totalpop(i).fitness = 0;%适应度值
    totalpop(i).score = 0;%适应度
end
%初始化全局最优最差个体
cBest.string = zeros(1,patternNum);%其中 cBest 的 index 属性记录最优个体出现在第几代中
cBest.fitness = 0;
cBest.score = 0;
cBest.index = 0;
```

其中，函数 DisSelDlg() 和 InputClassDlg() 用来由用户输入距离计算类型、类中心数、最大迭代次数、种群大小和进行锦标赛选择算子中用来比较的个体个数。

参数初始化效果如图 2-16 所示。

图 2-16 参数设置对话框

（2）群体初始化

调用 GenIniPop() 函数初始化群体，随机生成全体群体的染色体值。

相关代码如下：

%%%

%函数名称:GenIniPop( )

%参数:m_pop,种群结构;popSize,种群规模;patternNum,样品数目;

%　　　centerNum,类中心数;m_pattern,样品特征库

%返回值:m_pop,种群结构

%函数功能:初始化种群

%%%

```
function [ m_pop ] = GenIniPop( m_pop,popSize,patternNum,centerNum,m_pattern)
    for i = 1:popSize
            m_pop(i).string = fix( rand( 1,patternNum) * centerNum+ones( 1,patternNum) );
    end
```

(3) 变异算子

对所有个体,对染色体中的每一位进行变异运算,生成子代群体。

%%%

%函数名称:Mutation( )

%参数:m_pop,种群结构;newpop,子代结构;popSize,种群规模;pm,变异概率;

%　　　patternNum,样品数量;centerNum,类中心数

%返回值:m_pop,种群结构

%函数功能:变异操作

%%%

```
function [ newpop ] = Mutation( m_pop,newpop,popSize,patternNum,centerNum)
for i = 1:popSize
    for j = 1:patternNum
        r = rand( 1,centerNum) ;
        gauss = sum( r) /centerNum;
        topbound = centerNum;
        bottombound = 1;
        if m_pop(i).string( 1,j)−bottombound>topbound−m_pop(i).string( 1,j)
            bottombound = m_pop(i).string( 1,j) * 2−topbound;
        else
            topbound = m_pop(i).string( 1,j) * 2−bottombound;
        end
        gauss = gauss * ( topbound−bottombound) +bottombound;
        newpop(i).string( 1,j) = mod( round( ( gauss) ),centerNum) +1;
    end
end
```

(4) 评价群体

调用 CalFitness( ),计算每个个体的适应度值,这里以 fitness 值作为适应度值。

%%%

%函数名称:CalFitness( )

%参数:m_pop,种群结构;popSize,种群规模;patternNum,样品数目;

```
%        enterNum,类中心数;m_pattern,样品特征库;disType,距离类型
%返回值:m_pop,种群结构
%函数功能:计算个体的适应度值
%%%%%%%%%%%%%%%%%%%%%%%%%%%%%%%%%%%%%%%%%%%%
function [ m_pop ]=CalFitness( m_pop,popSize,patternNum,centerNum,m_pattern,disType)
global Nwidth;
for i=1:popSize
    for j=1:centerNum%初始化聚类中心
        m_center(j).index=i;
        m_center(j).feature=zeros(Nwidth,Nwidth);
        m_center(j).patternNum=0;
    end
    %计算聚类中心
    for j=1:patternNum
        m_center(m_pop(i).string(1,j)).feature=m_center(m_pop(i).string(1,j)).feature+m_
pattern(j).feature;
        m_center(m_pop(i).string(1,j)).patternNum=m_center(m_pop(i).string(1,j))
.patternNum+1;
    end
    d=0;
    for j=1:centerNum
        if(m_center(j).patternNum~=0)
            m_center(j).feature=m_center(j).feature/m_center(j).patternNum;
        else
            d=d+1;
        end
    end
    m_pop(i).fitness=0;
    %计算个体适应度值
    for j=1:patternNum
        m_pop(i).fitness=m_pop(i).fitness+GetDistance(m_center(m_pop(i).string(1,j)),m_
pattern(j),disType)^2;
    end
    m_pop(i).fitness=1/(m_pop(i).fitness+d);
end
```

（5）排序

将父代与子代个体组合在一起，并根据适应度值排序。

```
%组合父代与变异后代
for i=1:popSize*2
    if i<=popSize
        totalpop(i)=m_pop(i);
    else
```

```
            totalpop(i) = newpop(i-popSize);
        end
    end
%根据适应度值排序
temp = m_pop(1);
for i = 1:popSize * 2-1
    for j = i+1:popSize * 2
        if totalpop(i). fitness<totalpop(j). fitness
            temp = totalpop(j);
            totalpop(j) = totalpop(i);
            totalpop(i) = temp;
        end
    end
end
```

(6) 选择算子

执行锦标赛选择算子，从 totalpop 中选择 popSize 个个体，作为下一代的父代。具体过程是：从 totalpop 中随机选择 q 个个体作为竞赛的比较个体，然后分别令 totalpop 中的每个个体与这 q 个个体进行适应度值的比较，如果某个个体 totalpop(i) 的适应度值高于一个竞赛个体，则其分数加 1 分。待每个个体都进行了这一过程以后，都会有自己的得分。这样，选择得分较高的 popSize 个个体，作为下一代的父代。

编程代码如下：

```
%%%%%%%%%%%%%%%%%%%%%%%%%%%%%%%%%%%%%%%
%函数名称:Selection( )
%参数:m_pop,种群结构;popSize,种群规模;totalpop,组合种群;
%      q,用于锦标赛选择中比较的个体个数
%返回值:m_pop,种群结构
%函数功能:选择操作
%%%%%%%%%%%%%%%%%%%%%%%%%%%%%%%%%%%%%%%
function [m_pop] = Selection(m_pop,totalpop,popSize,q)
%选择:锦标赛竞争选择
competitor = randperm(popSize * 2);
for i = 1:popSize * 2
    score = 0;
    for j = 1:q
        if i<= competitor(j)    %由于已经经过排序,因此排序越靠前(越小),适应度值越高
            score = score+1;
        end
    end
    totalpop(i). score = score;
end
temp = totalpop(1);
```

```
for i = 1:popSize * 2
    for j = i+1:popSize * 2
        if totalpop(i). score<totalpop(j). score
            temp = totalpop(j);
            totalpop(j) = totalpop(i);
            totalpop(i) = temp;
        end
    end
end
for i = 1:popSize
    m_pop(i) = totalpop(i);
end
```

（7）寻找最优个体

```
%%%%%%%%%%%%%%%%%%%%%%%%%%%%%%%%%%%%%%%%%%
%函数名称:FindBW( )
%参数:m_pop,种群结构;popSize,种群规模;
%        cBest,最优个体;Iter,当前代数
%返回值:cBest,最优个体
%函数功能:寻找最优个体,更新总的最优个体
%%%%%%%%%%%%%%%%%%%%%%%%%%%%%%%%%%%%%%%%%%
function [cBest] = FindBW(m_pop,popSize,cBest,Iter)
%初始化局部最优个体
best = m_pop(1);
for i = 2:popSize
    if( m_pop(i). fitness<best. fitness)
        best = m_pop(i);
    end
end
if( Iter = = 1)
    cBest = best;
    cBest. index = 1;
else
    if( best. fitness>cBest. fitness)
        cBest = best;
        cBest. index = Iter;
    end
end
```

（8）返回最优解

到达最大迭代次数后，输出最优个体的聚类情况。

```
%%%%%%%%%%%%%%%%%%%%%%%%%%%%%%%%%%%%%%%%%%
%返回最优解
```

```
for i = 1:patternNum
    m_pattern(i).category = cBest.string(1,i);
end
%显示结果
str = ['最优解出现在第' num2str(cBest.index) '代'];
msgbox(str,'modal');
```

7. 效果图

分类结果与最优解出现的代数如图 2-17 所示。

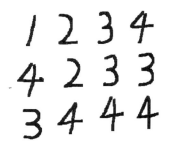

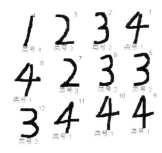

（a）待聚类样品　　　　　　　　　　（b）聚类结果

（c）显示第几代出现最优解

图 2-17　效果图

2.4 进化策略算法仿生计算

2.4.1 进化策略算法

1. 基本原理

20 世纪 60 年代，德国柏林技术大学的 I. Reehenberg 和 H. P. Schwefel 等人在进行风洞实验时，由于设计中描述物体形状的参数难以用传统方法进行优化，因而利用生物变异的思想来随机改变参数值，获得了较好的结果。随后，他们对这种方法进行了深入的研究和发展，形成了一种新的进化计算方法——进化策略。

进化策略算法的基本流程如下：

种群初始化（随机分布个体）→重组（更新个体）→变异（更新个体）→适应度计算（评价个体）→选择（群体更新）。

进化策略算法采用重组算子、高斯变异算子实现个体更新。在进化策略的早期研究中，种群里只包含一个个体，并且只使用变异操作。在每一代中，变异后的个体与其父代进行比较。并选择较好的一个，这种选择策略被称为（1+1）策略，这种进化策略虽然可以渐近地收敛到全局最优点，但由于点到点搜索的脆弱本质使得程序在局部极值附近容易受停滞的影响。

1981 年，Schwefel 在早期研究的基础上，使用多个亲本和子代，后来分别构成 $(\mu+\lambda)$-ES 和 (μ,λ)-ES 两种进化策略算法。在 $(\mu+\lambda)$-ES 中，由 μ 个父代通过重组和变异，生成 λ 个子代，并且父代与子代个体均参加生存竞争，选出最好的 μ 个作为下一代种群；在 (μ,λ)-ES 中，由 μ 个父代生成 λ 个子代后，只有 $\lambda(\lambda>\mu)$ 个子代参加生存竞争，选择最好的 μ 个作为下一代种群，代替原来的 μ 个父代个体。

进化策略（Evolution Strategies，ES）是专门为求解参数优化问题而设计的，而且在进化策略算法中引进了自适应机制。进化策略是一种自适应能力很好的优化算法，因此更多地应用于实数搜索空间。进化策略在确定了编码方案、适应度函数及遗传算子以后，算法将根据"适者生存，不适者淘汰"的策略，利用进化过程中获得的信息自行组织搜索，从而不断地向最佳解方向逼近。隐含并行性和群体全局搜索性是它的两个显著特征，而且具有较强的鲁棒性，对于一些复杂的非线性系统求解具有独特的优越性能。因此研究这一算法的原理、算法步骤，以及它的优缺点，对于在各领域解决实际问题和进一步完善算法，都有很大的益处。目前，这种算法已广泛应用于各种优化问题的处理，如神经网络的训练与设计、系统识别、机器人控制和机器学习等领域。

2．基本流程

进化策略的基本流程如下。

① 初始化种群，假设其种群规模为 μ。

② 进入迭代操作。

③ 产生新个体：

➢ 通过重组算子，生成 λ 个新个体。

➢ 通过高斯变异算子，令这 λ 个新个体进一步改变。

④ 计算父代与子代个体的适应度值。

⑤ 选择算子：

➢ 对于 $(\mu+\lambda)$-ES 进化策略，令 μ 个父代与 λ 个子代个体一同参加选择，确定性地选择 μ 个最好个体，组成下一代的种群。

➢ 对于 (μ,λ)-ES 进化策略，从子代（λ 个）个体中，确定性地选择 μ 个最好的个体，组成下一代的种群。

⑥ 记录种群中的最优解。

⑦ 判断是否满足停止条件，如果是，则输出最优解，并退出；反之，则跳转到步骤③，继续迭代。

进化策略算法的流程图如图 2-18 所示。

3. 进化策略算法的构成要素

由图 2-18 可以看到，进化策略的基本构成包含以下几个部分：染色体种群的构造，适应度计算，重组算子，变异算子，选择和终止条件。其中适应度计算、终止条件与前面遗传算法等算法大体相同，这里不再赘述。下面将对进化策略其他特有的要素进行详细说明。

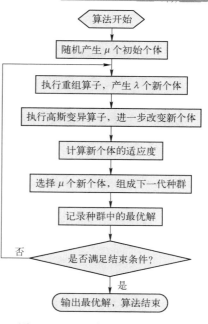

图 2-18　进化策略算法流程图

1）染色体构造

与遗传算法通常使用的二进制编码不同，进化策略采用传统的十进制实型数表达问题。为了与算法中高斯变异算子配合使用，染色体一般用二元表达方式构造。

其形式如下：

$$(X, \sigma) = ((x_1, x_2, \cdots, x_L), (\sigma_1, \sigma_2, \cdots, \sigma_L))$$

X 为染色体个体的目标变量，σ 为高斯变异的标准差。每个 X 有 L 个分量，即染色体的 L 个基因位；每个 σ 也有对应的 L 个分量，即染色体每个基因位的方差。

2）重组算子

重组（Recombination）是将参与重组的父代染色体上的基因进行交换，形成下一代的染色体的过程。

目前，常用的重组算子有离散重组、中间重组、混杂重组，下面将介绍几种重组算子。

（1）离散重组

离散重组是通过随机选择两个父代个体来进行重组产生新的子代个体的，子代上的基因随机从其中一个父代个体上复制。

$$\begin{cases} (X^i, \sigma^i) = ((x_1^i, x_2^i, \cdots, x_L^i), (\sigma_1^i, \sigma_2^i, \cdots, \sigma_L^i)) \\ (X^j, \sigma^j) = ((x_1^j, x_2^j, \cdots, x_L^j), (\sigma_1^j, \sigma_2^j, \cdots, \sigma_L^j)) \end{cases} \tag{2-9}$$

然后将其分量进行随机交换，构成子代新个体的各个分量，从而得出如下新个体：

$$(X, \sigma) = ((x_1^{iorj}, x_2^{iorj}, \cdots, x_L^{iorj}), (\sigma_1^{iorj}, \sigma_2^{iorj}, \cdots, \sigma_L^{iorj}))$$

（2）中间重组

中间重组则是通过对随机两个父代对应的基因进行求平均值，从而得到子代对应基因的方法，进行重组产生子代个体。

$$\begin{cases} (X^i, \sigma^i) = ((x_1^i, x_2^i, \cdots, x_L^i), (\sigma_1^i, \sigma_2^i, \cdots, \sigma_L^i)) \\ (X^j, \sigma^j) = ((x_1^j, x_2^j, \cdots, x_L^j), (\sigma_1^j, \sigma_2^j, \cdots, \sigma_L^j)) \end{cases} \tag{2-10}$$

$$(X, \sigma) = (((x_1^i + x_1^j)/2, (x_2^i + x_2^j)/2, \cdots, (x_L^i + x_L^j)/2), ((\sigma_1^i + \sigma_1^j)/2, (\sigma_2^i + \sigma_2^j)/2, \cdots, (\sigma_L^i + \sigma_L^j)/2))$$

这时，新个体的各个分量兼容两个父代个体信息，而在离散重组中则只含有某一个父代个体的因子。

（3）混杂（Panmictic）重组

混杂重组方式的特点在于父代个体的选择上。混杂重组时先随机选择一个固定的父代个体，然后针对子代个体的每个分量再从父代群体中随机选择第二个父代个体。也就是说，第二个父代个体是经常变化的。至于父代两个个体的组合方式，既可以采用离散方式，也可以采用中值方式，甚至可以把中值重组中的 1/2 改为 [0，1] 之间的任一权值。

3）变异算子

变异（Mutation）的实质是在搜索空间中随机搜索，从而找到可能存在于搜索空间中的优良解，经过多次尝试，从而找到全局的最优解。若变异概率过大，则会使搜索个体在搜索空间内大范围跳跃，算法的启发式和定向性作用就不明显，随机性增强，算法接近于完全的随机搜索；但若变异概率过小，则搜索个体仅在很小的邻域范围内跳动，发现新基因的可能性下降，优化效率很难提高。

进化策略的变异是在旧个体的基础上添加一个正态分布的随机数，从而产生新个体的。

X 为染色体个体的目标变量，σ 为高斯变异的标准差。每部分都有 L 个分量，即染色体的 L 个基因位。X 和 σ 之间的关系是：

$$X(t+1) = X(t) + N(0,\sigma) \tag{2-11}$$

即

$$\begin{cases} \sigma_i(t+1) = \sigma_i(t) \cdot \exp(N(0,\tau') + N_i(0,\tau)) \\ x_i(t+1) = x_i(t) + N(0,\sigma_i(t+1)) \end{cases} \tag{2-12}$$

式中，$(x_i(t)$，$\sigma_i(t))$——父代个体的第 i 个分量；$(x_i(t+1)$，$\sigma_i(t+1))$——子代新个体的第 i 个分量；$N(0,1)$——服从标准正态分布的随机数；$N_i(0,1)$——针对第 i 个分量重新产生一次符合标准正态分布的随机数；τ' 和 τ——全局系数和局部系数，通常都取 1。

上式表明，新个体是在旧个体基础上添加一个独立的随机变量 $N(0,\sigma(t))$ 变化而来的。二元表达方式简单易行，得到了广泛的应用。

4）选择算子

选择机制（Selection）为进化规定了方向：只有那些具有高适应度的个体才有机会进行繁殖。在进化策略里，选择过程是确定性的。

在不同的进化策略中，选择机制也有所不同。

➤ $(\mu+\lambda)$-ES，在原有 μ 个父代个体及新产生的 λ 个新子代个体（共 $\mu+\lambda$ 个个体）中，再择优选择 μ 个个体作为下一代群体，也被称为精英机制。

➤ (μ,λ)-ES，这种选择机制是依赖于出生过剩的基础上的，因此要求 $\lambda>\mu$。在新产生的 λ 个新子代个体中择优选择 μ 个个体作为下一代父代群体。无论父代的适应度和子代相比是好是坏，在下一次迭代时都被遗弃。

在 $(\mu+\lambda)$-ES 选择机制中，上一代的父代和子代都可以加入下一代父代的选择中，$\mu=\lambda$ 或 $\mu>\lambda$ 都是可能的，这种选择机制对子代数量没有限制，这样就最大程度地保留了那些具有最佳适应度的个体。但是它可能会增加计算量，降低收敛速度。

在 (μ,λ)-ES 选择机制中，只有最新产生的子代才能加入选择机制中。从 λ 中选择出最好的 μ 个个体，作为下一代的父代，而适应度较低的 $\lambda-\mu$ 个个体被放弃。

4. 进化策略算法群体智能搜索策略分析

进化策略和遗传算法及进化规划都是进化计算的一种，是通过模拟生物界自然选择和自然遗传机制的随机化搜索算法。它们都遵循达尔文的生物进化理论"物竞天择、优胜劣汰"，且求解过程都相同，即从随机产生的初始可行解出发，经过进化择优，逐渐逼近最优解。三者都是渐进式搜索寻优，经过多次的反复迭代，不断扩展搜索范围，最终找出全局最优解。这三者的进化计算都采用群体的概念。尽管早期的进化策略中存在$(1+1)$-ES，及$(\mu+1)$-ES是基于单个个体的，但最后也发展为$(\mu+\lambda)$-ES 或 (μ,λ)-ES，可以同时驱动多个搜索点，体现并行算法的特点。此外，它们在自适应搜索、有指导的搜索及全局寻优等方面都具有很多相似之处。

1）个体行为及个体之间信息交互方法分析

从产生子代的过程来看，遗传算法使用交叉算子和变异算子，进化规划只使用变异算子，而进化策略使用了重组算子和变异算子，但是重组算子只是起到辅助作用，就如变异算子在遗传算法中的作用一样。

重组算子通过对群体中的个体两两进行基因位随机组合，产生具有两个父代个体部分基因的子代个体。通过这种方式，可以使一些优良个体的基因与其他个体进行优化组合，产生新的个体，保持种群的多样性。进化策略的重组算子，不仅可以继承不同父代个体的部分信息，还可以通过中值计算或加权的方法产生新的信息。而遗传算法的交叉算子，仅仅是交换父代个体的部分基因，不能产生新的基因。

进化策略的变异算子是最主要的进化方法，是每个个体必需的；遗传算法是对旧个体的某个基因做补运算；而进化策略的变异算子与进化规划类似，也采用了高斯变异算子，它在旧个体的基础上添加一个正态分布的随机数，从而产生新个体。与进化规划一节中介绍的高斯变异算子不同的是，它不以适应度信息作为高斯变异的方差，而是通过加上服从高斯分布的随机值实现方差的改变的，再以符合这个改变后的方差的高斯随机数实现基因值的改变。由于符合高斯分布的随机数取得均值附近的值的概率较大，因此变异幅度并不会很大，这符合自然界中细微变异远多于巨大变异的进化规律，使得个体通过渐变，逐渐趋向全局最优。

2）群体更新机制

选择作为进化计算中的重要操作算子，起到了引导群体进化方向的作用，通过确定性地或依据概率从种群中选择出优良个体，形成新的种群，从而使得种群整体趋向更优。在前面介绍的两种进化计算中，遗传算法的选择对象只有子代个体群体，并且依据个体的适应度值进行赌轮选择算子，由于每个个体都是依据选择概率被选出的，因此，即使较差的个体也有机会被选中。进化规划的选择也是一种概率性的选择，选择对象是父子两代种群，通过选择一部分个体，与种群中每个个体进行适应度的比较，并以比较结果作为依据，进行择优选择。这种选择方法受比较个体的数目和优劣程度影响较大，当数目较小或它们的适应度值偏低时，这种选择的随机性将变大；反之，当数目较大或适应度值较高时，这种选择偏向于确定性选择。

进化策略的选择则是完全确定的选择，它只依据适应度值对种群中的个体进行由高到低的排序，并选择较好的一部分个体作为下一代的种群。选择对象可以是父子两代种群，也可以单是子代种群。依据选择对象可分为两种选择方式，从 λ 个个体或 $\mu+\lambda$ 个个体中挑选 μ 个个体组成新群体。$(\mu+\lambda)$-ES 与进化规划算法类似，选择的对象是父子两代的个体；而 (μ,λ)-ES 则只从新生成的子代个体进行选择。

粗略地看，似乎 $(\mu+\lambda)$ 选择最好，它可以保证最优个体存活，使群体的进化过程呈单调上升趋势。但是，$(\mu+\lambda)$ 选择保留旧个体，有可能会是过时的可行解，妨碍算法向最优方向发展；也有可能是局部最优解，从而误导进化策略收敛于次优解而不是最优解。(μ,λ) 选择全部舍弃旧个体，使算法始终从新的基础上全方位进化，容易进化至全局最优解。$(\mu+\lambda)$ 选择在保留旧个体的同时，也将进化参数 σ 保留下来，不利于进化策略中的自适应调整机制。(μ,λ) 选择则恰恰相反，可促进自适应调整机制。实践证明，(μ,λ)-ES 优于 $(\mu+\lambda)$-ES，成为当前进化策略的主流。

2.4.2 进化策略算法仿生计算在聚类分析中的应用

1. 构造个体

例如，一个待聚类样品图如图 2-19 所示，编号在每个样品的右上角，不同的样品编号不同，而且编号始终固定。

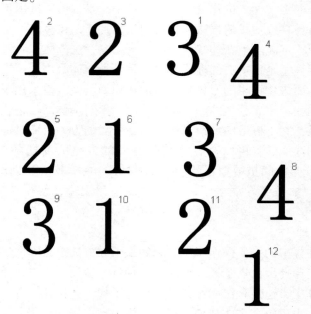

图 2-19　待聚类样品图

采用符号编码，位串长度 L 取 12，基因代表样品所属的类号（1 ～ 4），基因位的序号代表样品的编号。基因位的序号是固定的，也就是说某个样品在染色体中的位置是固定的，而每个样品所属的类别在随时变化。如果基因位为 n，则其对应第 n 个样品，而第 n 个基因位所指向的基因值代表第 n 个样品的归属类号。

每个个体包含一种分类方案。假设初始某个个体的染色体编码为（4，1，2，1，4，4，2，3，4，3，2，3），其含义为：第 3、7、11 个样品被分到第 2 类；第 8、10 和 12 个样品被分到第 3 类；第 2、4 个样品被分到第 1 类；第 1、5、6、9 个样品属于第 4 类。这时还处于假设分类情况，不是最优解，如表 2-5 所示。

表 2-5　初始某个个体的染色体编码

样品值	(3)	(2)	(4)	(4)	(2)	(1)	(3)	(4)	(3)	(1)	(2)	(1)
基因值 （分类号）	4	1	2	1	4	4	2	3	4	3	2	3
基因位	1	2	3	4	5	6	7	8	9	10	11	12
样品编号	1	2	3	4	5	6	7	8	9	10	11	12

经过进化策略算法找到的最优解如图 2-20 所示。进化策略算法找到的最优染色体编码如表 2-6 所示。通过样品值与基因值的对照比较，就会发现相同的数据被归为一类，分到相同的类号，而且全部正确。

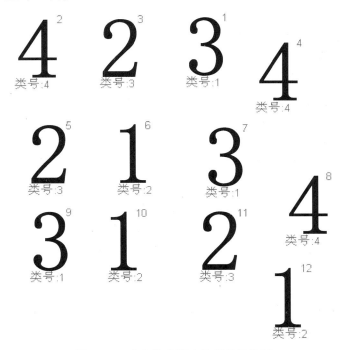

图 2-20　进化策略算法找到的最优解

表 2-6　进化策略算法找到的最优染色体编码

样品值	(3)	(4)	(2)	(4)	(2)	(1)	(3)	(4)	(3)	(1)	(2)	(1)
基因值 （分类号）	1	4	3	4	3	2	1	4	1	2	3	2
基因位	1	2	3	4	5	6	7	8	9	10	11	12
样品编号	1	2	3	4	5	6	7	8	9	10	11	12

2. 计算适应度

函数 Calfitness( ) 的结果为适应度值 m_pop(i).fitness，代表每个个体优劣的程度。其计算过程类似于遗传算法一节中适应度值的计算方法。计算公式如下：

$$m\_pop(i).\,fitness = \sum_{i=1}^{centerNum} \sum_{j=1}^{n_i} \| \boldsymbol{X}_j^{(i)} - \boldsymbol{C}_i \|^2 = \sum_{i=1}^{centerNum} D_i \tag{2-13}$$

式中，centerNum 为聚类类别总数，n_i 为属于第 i 类的样品总数，$\boldsymbol{X}_j^{(i)}$ 为属于第 i 类的第 j 个样品的特征值，$\boldsymbol{C}_i$ 为第 i 个类中心，其计算公式为：

$$\boldsymbol{C}_i = \frac{1}{n_i} \sum_{k=1}^{n_i} \boldsymbol{X}_k^{(i)} \tag{2-14}$$

$m\_pop(i).\,fitness$ 越大，说明这种分类方法的误差越小，即其适应度值越大。

3. 重组算子

前面介绍了几种重组的方法，这里用离散重组的方法，离散重组算子如图 2-21 所示。

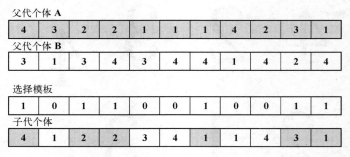

图 2-21　离散重组算子

首先随机挑选两个父代个体 A、B，再生成一个与个体等长的选择模板，选择模板每位上随机产生 0 或 1 的数，1 表示子代对应位从父代 A 上复制，0 表示子代对应位从父代 B 上复制，由此产生一个新的子代个体。依次重复 n 次，可生成 n 个子代。

4. 变异算子

循环每个子代个体的每个基因位，令 $newpop(i).\,string(1, j)$ 加上一个服从 $N(0, \sigma)$ 的随机数，从而产生变异的效果。

5. 选择算子

对于 $(\mu+\lambda)$-ES 方式，需要将 m_pop 和 newpop 两代组合成一个群体 totalpop（共 $\mu+\lambda$ 个个体），再依据适应度值进行排序，选择较好的 μ 个个体作为下一代群体 m_pop。

对于 (μ,λ)-ES 方式，在 m_pop 通过重组生成 newpop 后就被抛弃，只在新产生的 λ 个新子代 newpop 中择优选择 μ 个个体作为下一代父代群体，这时要求 $\lambda > \mu$。

6. 终止条件

进化策略经过多次的迭代，算法逐渐收敛，达到规定的最大迭代次数的时候，迭代进化终止。

7. 实现步骤

以下流程为(μ,λ)-ES方式。

① 设置相关参数。

初始化初始群体（或种群）总数 popSize=200。从对话框得到用户输入的最大迭代次数 MaxIter、聚类中心数 centerNum 和子代种群大小 newpopNum。

② 获得所有样品个数及特征。

③ 调用 GenIniPop( ) 函数，群体初始化。

④ 调用 CalFitness( ) 函数，计算每个个体的适应度值 m_pop(i).fitness。

⑤ 生成下一代群体。

➤ 重组算子：调用 Recombination( ) 函数，从 m_pop 中随机选取两个个体 a 和 b，同时产生一个一维向量 Mask，每一位上随机生成 0 或 1。当对应基因位上的 Mask(i) 为 1 时，子代的基因复制父代 a 的相应基因；否则为 0 时，子代的基因复制父代 b 的相应基因。如此执行 λ 次，共产生 λ 个子代。

➤ 高斯变异算子：调用 Mutation( ) 函数，对所有子代个体都循环每一个基因位，对该位基因执行高斯变异，即用每一位的值加上一个服从 $N(0,\sigma_i)$ 的高斯随机数，生成新的值，以达到变异的效果。

⑥ 计算新生成的子代群体的适应度值（相互之间距离越近，适应度值越大）。

⑦ 调用 Sort( ) 函数，根据适应度值进行排序，选取排序靠前的 200 个个体，作为下一代的父代。

⑧ 调用 FindBW( ) 函数保留精英个体，若新生成的子代群体中的最优个体适应度值低于总的最优个体的适应度值，则用当前最好的个体替换总的最好的个体。

⑨ 若已经达到最大迭代次数，则退出循环，否则到第⑤步"生成下一代群体"继续运行。

⑩ 输出结果，返回给各个样品的类别号。

基于进化策略算法的聚类问题流程如图 2-22 所示。

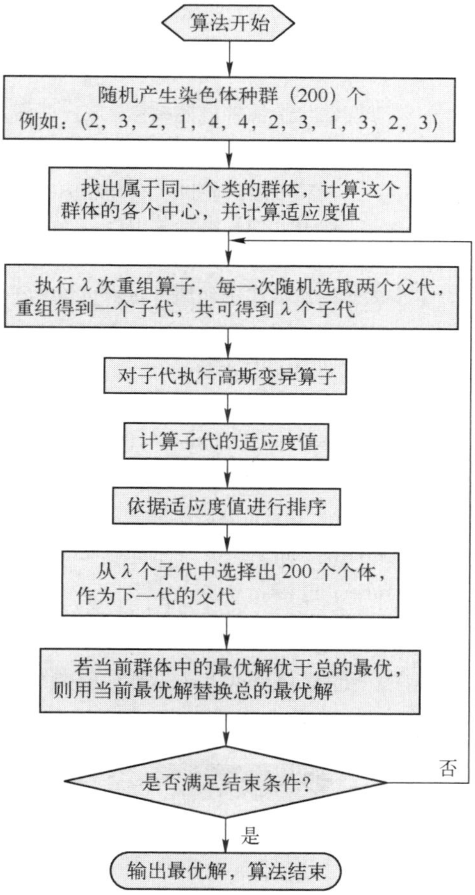

图 2-22 基于进化策略算法的聚类问题流程图

8. 编程代码

（1）初始化各个参数

```
%%%%%%%%%%%%%%%%%%%%%%%%%%%%%%%%%%%%%%%%%%%
%函数名称:C_ES( )
%参数:m_pattern,样品特征库;patternNum,样品数目
%返回值:m_pattern,样品特征库
%函数功能:按照遗传算法对全体样品进行聚类
%%%%%%%%%%%%%%%%%%%%%%%%%%%%%%%%%%%%%%%%%%%
function [ m_pattern ] = C_ES( m_pattern,patternNum)
disType = DisSelDlg( );%获得距离计算类型
selectType = SelTypeDlg( );
[ centerNum MaxIter popSize newpopNum ] = InputClassDlg( );%获得类中心数和最大迭代次数
%初始化种群结构
for i = 1:popSize
    m_pop(i). string = zeros(1,patternNum);%个体位串
    m_pop(i). fitness = 0;%适应度值
end
%初始化子代种群结构
for i = 1:newpopNum
    newpop(i). string = zeros(1,patternNum);%个体位串
    newpop(i). fitness = 0;%适应度值
end
%初始化父代子代组合种群结构
totalNum = popSize + newpopNum;
for i = 1:totalNum
    totalpop(i). string = zeros(1,patternNum);%个体位串
    totalpop(i). fitness = 0;%适应度值
end
%初始化全局最优个体
cBest. string = zeros(1,patternNum);%其中 cBest 的 index 属性记录最优个体出现在第几代中
cBest. fitness = 0;
cBest. index = 0;
```

其中，通过 DisSelDlg( )获得距离计算类型，通过 SelTypeDlg( )确定选择方式，通过 Input-ClassDlg( )获得类中心数、最大迭代次数、种群大小及产生新个体个数，如图 2-23 所示。

图 2-23　参数设置对话框

由于选择方式的不同，代码流程如下：

```
if selectType==1        %如果选择(N,λ)方式
    for iter=2:MaxIter
        [newpop]=Recombination(m_pop,newpop,popSize,newpopNum,patternNum);%重组算子
        [newpop]=Mutation(newpop,newpopNum,pm,patternNum,centerNum);%变异算子
        [newpop]=CalFitness(newpop,newpopNum,patternNum,centerNum,m_pattern,disType);%
计算个体的适应度值
        [newpop]=Sort(newpop,newpopNum);%按适应度值排序,以index值显示结果
        [m_pop]=Selection(m_pop,newpop,popSize);%仅从子代中选择
        [cBest]=FindBW(m_pop,cBest,iter);%寻找最优个体,更新总的最优个体
    end
else                    %如果选择(N+λ)方式
    for iter=2:MaxIter
        [newpop]=Recombination(m_pop,newpop,popSize,newpopNum,patternNum);%重组算子
        [newpop]=Mutation(newpop,newpopNum,pm,patternNum,centerNum);%变异算子
        totalNum=popSize+newpopNum;     %组合父代与子代
        for i=1:totalNum
            if i<=popSize
                totalpop(i)=m_pop(i);
            else
                totalpop(i)=newpop(i-popSize);
            end
        end
        [totalpop]=CalFitness(totalpop,totalNum,patternNum,centerNum,m_pattern,disType);%计
算个体的适应度值
        [totalpop]=Sort(totalpop,totalNum);%按适应度值排序,以index值显示结果
        [m_pop]=Selection(m_pop,totalpop,popSize);%从父代和子代中选择
        [cBest]=FindBW(m_pop,cBest,iter);%寻找最优个体,更新总的最优个体
    end
end
```

（2）群体初始化

调用 GenIniPop( )函数初始化群体，随机生成全体群体的染色体值。

相关代码如下：

```
%%%%%%%%%%%%%%%%%%%%%%%%%%%%%%%%%%%%%
%函数名称:GenIniPop( )
%参数:m_pop,种群结构;popSize,种群规模;patternNum,样品数目;
%      centerNum,类中心数;m_pattern,样品特征库
%返回值:m_pop,种群结构
%函数功能:初始化种群
%%%%%%%%%%%%%%%%%%%%%%%%%%%%%%%%%%%%%
function [m_pop]=GenIniPop(m_pop,popSize,patternNum,centerNum,m_pattern)
    for i=1:popSize
```

```
                m_pop(i).string=fix(rand(1,patternNum) * centerNum+ones(1,patternNum));
end
```

（3）重组算子

调用 Recombination( ) 函数对父代进行重组，产生 newpopNum 个子代。

```
%%%%%%%%%%%%%%%%%%%%%%%%%%%%%%%%%%%%%%%%%
%函数名称:Recombination()
%参数:m_pop,种群结构;popSize,种群规模
%返回值:m_pop,种群结构
%函数功能:重组操作
%%%%%%%%%%%%%%%%%%%%%%%%%%%%%%%%%%%%%%%%%
function [newpop]=Recombination(m_pop,newpop,popSize,newpopNum,patternNum)
    for i=1:newpopNum
        a=fix(rand * popSize)+1;
        b=a;
        while b==a
            b=fix(rand * popSize)+1;
        end
        mask=round(rand(1,patternNum));%随机生成(0,1)模板
        for j=1:patternNum
            if mask(1,j)==0%模板相应位控制复制哪个父代的基因
                newpop(i).string(1,j)=m_pop(a).string(1,j);
            else
                newpop(i).string(1,j)=m_pop(b).string(1,j);
            end
        end
    end
```

（4）变异算子

```
%%%%%%%%%%%%%%%%%%%%%%%%%%%%%%%%%%%%%%%%%
%函数名称:Mutation()
%参数:newpop,子代种群结构;newpopNum,种群规模;pm,变异概率;
%      patternNum,样品数量;centerNum,类中心数
%返回值:m_pop,种群结构
%函数功能:变异操作
%%%%%%%%%%%%%%%%%%%%%%%%%%%%%%%%%%%%%%%%%
function [newpop]=Mutation(newpop,newpopNum,pm,patternNum,centerNum)
for i=1:newpopNum
        for j=1:patternNum
            r=rand(1,centerNum);
            gauss=sum(r)/centerNum;
            topbound=centerNum;
            bottombound=1;
            if newpop(i).string(1,j)-bottombound>topbound-newpop(i).string(1,j)
```

$$bottombound = newpop(i).string(1,j) * 2-topbound;$$

　　　　　else

$$topbound = newpop(i).string(1,j) * 2-bottombound;$$

　　　　end

$$gauss = gauss * (topbound-bottombound) +bottombound;$$

$$newpop(i).string(1,j) = mod(round(gauss),centerNum)+1;$$

　　　end

　end

（5）计算适应度值

%%%%%%%%%%%%%%%%%%%%%%%%%%%%%%%%%%%%%

%函数名称:CalFitness( )

%参数:m_pop,种群结构;popSize,种群规模;patternNum,样品数目;

%　　　enterNum,类中心数;m_pattern,样品特征库;disType,距离类型

%返回值:m_pop,种群结构

%函数功能:计算个体的适应度值

%%%%%%%%%%%%%%%%%%%%%%%%%%%%%%%%%%%%%

function [newpop] = CalFitness(newpop,newpopNum,patternNum,centerNum,m_pattern,disType)

　　global Nwidth;

　　for i = 1:newpopNum

　　　　for j = 1:centerNum%初始化聚类中心

　　　　　　m_center(j).index = i;

　　　　　　m_center(j).feature = zeros(Nwidth,Nwidth);

　　　　　　m_center(j).patternNum = 0;

　　　　end

　　　　for j = 1:patternNum

m_center(newpop(i).string(1,j)).feature = m_center(newpop(i).string(1,j)).feature+m_pattern(j).feature;

　　　　　　m_center(newpop(i).string(1,j)).patternNum = m_center(newpop(i).string(1,j)).patternNum+1;

　　　　end

　　　　d = 0;

　　　　for j = 1:centerNum

　　　　　　if(m_center(j).patternNum ~ = 0)

　　　　　　　　m_center(j).feature = m_center(j).feature/m_center(j).patternNum;

　　　　　　else

　　　　　　　　d = d+1;

　　　　　　end

　　　　end

　　　　newpop(i).fitness = 0;

　　　　%计算个体适应度值

　　　　for j = 1:patternNum

newpop(i).fitness = newpop(i).fitness+GetDistance(m_center(newpop(i).string(1,j)),m_pattern(j),disType)^2;

```
        end
        newpop(i).fitness = 1/(newpop(i).fitness+d);
    end
```

（6）根据适应度值排序

```
%%%%%%%%%%%%%%%%%%%%%%%%%%%%%%%%%%%%%%%
%函数名称:Sort( )
%参数:m_pop,种群结构;popSize,种群规模
%返回值:m_pop,种群结构
%函数功能:在新种群中排序
%%%%%%%%%%%%%%%%%%%%%%%%%%%%%%%%%%%%%%%
function [newpop] = Sort(newpop,newpopNum)
%按照 fitness 大小排序
    temp = newpop(1);
    for i = 1:newpopNum-1
        for j = i+1:newpopNum
            if newpop(j).fitness>newpop(i).fitness
                temp = newpop(j);
                newpop(j) = newpop(i);
                newpop(i) = temp;
            end
        end
    end
```

（7）根据排序进行选择，作为下一代的父代

```
%%%%%%%%%%%%%%%%%%%%%%%%%%%%%%%%%%%%%%%
%函数名称:Selection( )
%参数:m_pop,种群结构;popSize,种群规模
%返回值:m_pop,种群结构
%函数功能:选择操作
%%%%%%%%%%%%%%%%%%%%%%%%%%%%%%%%%%%%%%%
function [m_pop] = Selection(m_pop,newpop,popSize,newpopNum)
for i = 1:popSize
    m_pop(i) = newpop(i);
end
```

（8）寻找最优解（或最优个体）

```
%%%%%%%%%%%%%%%%%%%%%%%%%%%%%%%%%%%%%%%
%函数名称:FindBest( )
%参数:m_pop,种群结构;popSize,种群规模;
%      cBest,最优个体; Iter,当前代数
%返回值:cBest,最优个体
```

%函数功能:寻找最优个体,更新总的最优个体

%%%

function [cBest] = FindBW(m_pop, popSize, cBest, Iter)

    %初始化局部最优个体

    if(m_pop(1). fitness>cBest. fitness)

        cBest = m_pop(1);

        cBest. index = Iter;

    end

（9）若已经达到最大循环次数,则退出循环,否则返回第（3）步,继续运行

（10）将总的最优个体的染色体解码,返回给各个样品的类别号

    for i = 1:patternNum

        m_pattern(i). category = cBest. string(1,i);

    end

9. 效果图

聚类结果与最优解出现的代数如图 2-24 所示。

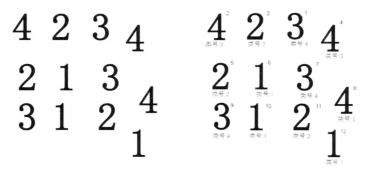

（a）待聚类样品   （b）聚类结果

（c）显示第几代出现最优解

图 2-24　聚类结果与最优解出现的代数

2.5　差分进化计算仿生计算

2.5.1　差分进化计算

1. 基本原理

差分进化计算是 Storn R 和 Price K 于 1995 年提出的一种随机的并行搜索算法。差分

进化计算和遗传算法、粒子群算法一样，都是基于群体智能理论的优化算法，利用群体内个体之间的相互合作与竞争产生的群体智能模式来指导优化搜索的进行。与其他进化计算不同的是，差分进化计算保留了基于种群的全局搜索策略，采用实数编码、基于差分的简单变异操作和一对一的竞争生存策略，降低了进化操作的复杂性。差分进化计算特有的进化操作使得其具有较强的全局收敛能力和鲁棒性，非常适合求解一些复杂环境中的优化问题。1996 年举行的第一届国际 IEEE 进化优化竞赛，对提出的各种进化方法进行了现场验证，差分进化计算被证明是速度最快的进化计算，并且差分进化计算的应用范围更广。

差分进化计算作为一种高效的并行优化算法，对其进行理论和应用研究具有重要的学术意义。经过大批学者对其进行的研究和改进，使得差分进化计算已经成为进化计算算法（EA）的一个重要分支，它可以优化非线性不可微连续空间函数，以其易用性、稳健性和强大的全局寻优能力，在人工神经元网络、信号处理、机器人、神经网络优化等众多领域得到了广泛的应用。

差分进化计算（Differential Evolution，DE）的基本流程如下：

种群初始化（随机分布个体）→变异（更新个体）→交叉（更新个体）→适应度计算（评价个体）→选择（群体更新）。

可见，差分进化计算的原理和进化流程与遗传算法十分相似，父代生成子代的操作均包括变异、交叉和选择。差分进化计算与遗传算法的不同在于：差分进化计算的变异操作采用差分变异操作，即将种群中任意两个个体的差分向量加权后，根据一定的规则加到第三个个体上，再通过交叉系数控制下的交叉操作产生新个体，差分进化计算的这种变异方式更有效地利用了群体分布特性，提高了算法的搜索能力，避免遗传算法中变异方式的不足；选择操作采用贪婪选择操作，即如果新生成个体的适应度值比父代个体的适应度值大，则用新生成个体替代原种群中对应的父代个体，否则原个体保存到下一代。以此方法进行迭代寻优。

2. 基本流程

简单差分进化计算的算法步骤可描述如下。

① 给定算法参数，包括种群大小 N、最大迭代次数 MaxIter、交叉概率 P_c、放大系数 F。

② 随机产生初始种群。

③ 判断算法终止条件是否满足。若是，则结束算法并输出优化结果；否则，继续以下步骤。

④ 计算种群中各个个体的适应度值。

⑤ 执行差分变异操作。

常见的 4 种差分算子有随机向量差分法（DE/rand/1）、最优解加随机向量差分法（DE/best/1）、最优解加多个随机向量差分法（DE/best/2）、最优解与随机向量差分法（DE/rand-to-best/1），具体实现方法将在后面讲述。

⑥ 交叉操作。

⑦ 贪婪选择操作。

⑧ 转步骤③。

该算法可用图 2-25 所示的流程图更为直观地描述。

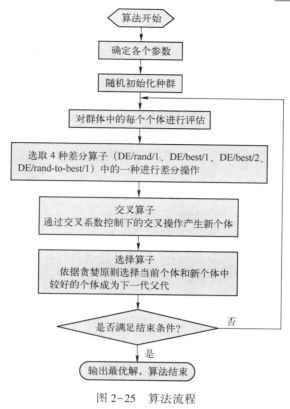

图 2-25　算法流程

3. 差分进化计算的构成要素

1）差分变异算子

在针对各种实际问题应用差分进化计算时，可以适当地扩展其具体操作方法与流程。例如，可以将不止一个差分向量加权后加到第三个向量上以获取新个体，也可引入当前种群中的最优个体以提高差分进化计算的搜索能力。

常见的差分方法有以下 4 种。

（1）随机向量差分法（DE/rand/1）

种群中除去当前个体外，随机选取的两个互不相同的个体进行向量差分，并将结果乘以放大因子，加到当前个体上。

对于当前代第 i 个个体 $X^i(t)$，$i=1$，$2\cdots$，N，经过差分变异新产生的子代 $X^i(t+1)$ 可以表示为：

$$X^i(t+1)=X^i(t)+F\cdot(X^j(t)-X^k(t)) \tag{2-15}$$

式中，j、k 表示种群中除去当前个体外，随机选取的两个互不相同的个体；放大因子 F 为差分向量 $(X^j(t)-X^k(t))$ 的加权值，一般在 ［0，2］ 之间取值。

（2）最优解加随机向量差分法（DE/best/1）

种群中除去当前个体外，随机选取的两个互不相同的个体进行向量差分，并将结果乘以放大因子，加到当前种群的最优个体上。这种方法有利于加速最优解的搜索，但同时可能会导致算法陷入局部最优解。

扰动向量由当前种群的最优个体 $X^{\text{best}}(t)$ 获得，$X^j(t)$、$X^k(t)$ 表示种群中除去当前个体外，随机选取的两个互不相同的个体，其中，j、k 为互不相同的整数。子代 $X^i(t+1)$ 的产生由下式获得：

$$X^i(t+1) = X^{\text{best}}(t) + F \cdot (X^j(t) - X^k(t)) \tag{2-16}$$

（3）最优解加多个随机向量差分法（DE/best/2）

该方法与 DE/best/1 方法基本相同，种群中除去当前个体外，随机选取的 4 个互不相同的个体，将其中两个个体向量相加，之和分别减去另外两个个体，并将向量差分结果乘以放大因子，加到当前种群的最优个体上。这种方法有利于加速最优解的搜索，但同时可能会导致算法陷入局部最优解。

扰动向量由当前种群的最优个体 $X^{\text{best}}(t)$ 获得，$X^j(t)$、$X^k(t)$、$X^m(t)$、$X^n(t)$ 表示种群中除去当前个体外，随机选取的 4 个互不相同的个体，其中，j、k、m、n 为互不相同的整数。子代 $X^i(t+1)$ 采用两个差分向量与当前种群最优个体 $X^{\text{best}}(t)$ 生成：

$$X^i(t+1) = X^{\text{best}}(t) + F \cdot (X^j(t) + X^k(t) - X^m(t) - X^n(t)) \tag{2-17}$$

（4）最优解与随机向量差分法（DE/rand-to-best/1）

该方法将当前种群的最优个体置于差分向量中，种群中除去当前个体外，取最优解与随机选取的一个个体进行向量差分，并乘以贪婪因子，同时任意选取互不相同的两个个体，并将二者的向量差分结果乘以放大因子，加到当前种群个体上。此种方法既利用了当前种群最优个体的信息，加速了搜索的速度，同时又降低了优化陷入局部最优解的危险。即

$$X^i(t+1) = X^i(t) + \lambda \cdot (X^{\text{best}}(t) - X^j(t)) + F \cdot (X^m(t) - X^n(t)) \tag{2-18}$$

式（2-18）中，变量的定义同上。λ 控制算法的"贪婪"程度。为了减少控制参数的数量，一般取 $\lambda = F$，则式（2-18）可改写为：

$$X^i(t+1) = X^i(t) + F \cdot (X^{\text{best}}(t) - X^j(t) + X^m(t) - X^n(t)) \tag{2-19}$$

2）交叉算子

为了保持种群的多样性，父代个体 $X^i(t)$ 与经过差分变异操作后产生的新个体 $X^i(t+1)$ 进行下式交叉操作：

$$x_j^i(t+1) = \begin{cases} x_j^i(t+1), & \text{rand}_j^i \geq P_c \text{ or } j = J_{\text{rand}} \\ x_j^i(t), & \text{rand}_j^i \leq P_c \text{ or } j \neq J_{\text{rand}} \end{cases} \quad P_c \in (0,1) \tag{2-20}$$

式中，$x_j^i(t)$ 表示当前第 i 个体第 j 基因位的取值，其中 $i = 1, \cdots, N$，$J = 1, \cdots, L$，rand_j^i 表示第 i 个体的第 j 位基因上产生一个符合均匀分布的随机数，目的是为了与交叉概率 P_c 进行比较，其中 $P_c \in (0, 1)$。如果 $\text{rand}_j^i \geq p_c$，则保留 $x_j^i(t+1)$ 的基因值；否则，用 $x_j^i(t)$ 代替 $x_j^i(t+1)$ 的相应基因值。这里引入一个随机基因位 J_{rand}，并强制使该位的基因取自变异后的新个体，这样使得新个体 $X^i(t+1)$ 至少有一位基因由变异后产生的新个体提供，则使得 $X^i(t)$、$X^i(t+1)$ 不会完全相同，从而更有效地提高种群多样性，保证个体的进化。

3）贪婪选择算子

经过变异、交叉操作后得到的子代个体 $X^i(t+1)$ 将与原向量 $X^i(t)$ 进行适应度的比较，只有当子代个体 $X^i(t+1)$ 的适应度优于原向量 $X^i(t)$ 时，才会被选取成为下一代的父代，否则 $X^i(t)$ 将直接进入下一代。这一比较过程称为"贪婪"选择。

4. 控制参数选择

全局探索和局部开发能力的平衡是 DE 算法的搜索性能的关键，因而算法控制参数的选取对算法具有较大的影响。相对其他进化计算而言，DE 所需调节的参数较少，包括种群规模、缩放比例因子和交叉概率等。

（1）群体大小 N

群体大小即群体中所含个体数量。N 越大，相对种群多样性越强，获得最优解的概率越大，但是同时也带来了较长的计算时间。

（2）最大迭代次数 G

迭代次数越大，最优解越精确，同时计算时间越长，要根据具体问题设定。

（3）放大因子 F

F 一般取 $0 \sim 2$ 之间的值。在实际问题的求解中，如果 F 太大，则群体的差异度不易下降，使得群体收敛速度变慢；如果 F 太小，则群体的差异度过早下降，使得群体早熟收敛。

（4）交叉概率 P_c

P_c 一般取 $0 \sim 1$ 之间的值。P_c 的增加意味着对多变量相关的处理能力加强，也意味着父代对子代的贡献增多，即个体间的非线性交互减少，不容易形成自组织系统，因而对复杂问题的演化能力下降。P_c 的选取应根据问题的变量相关程度决定。

这 4 个参数对差分进化计算的求解结果和求解效率都有很大的影响，因此，要依据需要求解的实际问题，合理设定这些参数，来确保算法寻优成功率和收敛速度。

5. 差分进化计算的群体智能搜索策略分析

1）个体行为及个体之间信息交互方法分析

差分进化的个体表示方式与其他进化计算相同，是模拟生物进化中的关键因素，即生物的染色体和基因，构造每个解的形式，构成了整个算法的基础。一切的寻优操作都是在个体的基础上进行的，最优个体是搜寻到的最优的解。

差分进化的个体行为主要体现在差分变异算子和交叉算子上。

（1）变异算子

前面介绍的三种进化计算中，变异算子不利用群体中其他个体的信息，一般是个体内部的变异，基因位的基因值依靠变异准则进行变异。例如，常见的遗传算法采用符合均匀分布的变异算子，进化规划、进化策略采用符合高斯分布的高斯变异算子等。

在差分进化计算中，每个基因位的改变值取决于其他个体之间的差值，充分利用了群体中其他个体的信息，达到了扩充种群多样性的同时，也避免了单纯在个体内部进行变异操作所带来的随机性和盲目性。在随机向量差分法中每个个体的变异取决于两个随机个体的向量差；采用最优解加随机向量差分法，每个个体由当前最优解决定，分布在当前最优解的邻域范围内，利用了当前种群最优个体的信息，加速了搜索的速度，但同时如果种群分布密度高，可能会导致算法陷入局部最优解；采用最优解与随机向量差分法，用个体局部信息和群体全局信息指导算法进一步搜索的能力，较最优解加随机向量差分法降低了陷入局部最优解的危险。当向量偏差大时，导致个体的变异强度高；反之，个体的变异强度低。差分进化计算与种群的分布密度相关，因此如果种群分布密度高，则个体的变异强度较低。

（2）交叉算子

在遗传算法中，交叉算子是不同的父代个体之间进行基因位的交换，从而达到扩充种群多样性和优化种群的作用。在差分进化计算中，虽然形式相同，但进行交叉操作的主体是父代个体和由它经过差分变异操作后得到的新个体。虽然这种方法看似没有进行个体之间的信息交互，但由于新个体经过差分变异而来，本身保存有种群中其他个体的信息，因此，差分进化的交叉算子同样具有个体之间进行信息交互的机制。

2）群体进化分析

与其他进化计算相同，差分进化计算模拟生物进化过程，使得种群的衍化向着更好的方向前进。通过每一代群体的变异、交叉操作产生新的种群，并通过贪婪选择的方式选择优秀的个体，组成下一代的进化群体。这种方式可以保证群体的优良性，并加快寻优速度，但也有其不足，即容易陷入局部最优。

差分进化计算的群体在寻优过程中，具有协同搜索的特点，搜索能力强。最优解加随机向量差分法和最优解与随机向量差分法充分利用当前最优解来优化每个个体，尤其是最优解加随机向量差分法，意图在当前最优解附近搜索，避免盲目操作。最优解与随机向量差分法利用个体局部信息和群体全局信息指导算法进一步搜索的能力。这两种方法的群体具有记忆个体最优解的能力。在进化过程中，充分利用种群繁衍进程中产生的有用信息。

差分进化计算作为一种模拟自然进化现象的随机搜索算法，虽然有可能实现全局最优搜索，但也有出现早熟的弊端。种群在开始时有较分散的随机配置，但是随着进化的进行，各代之间种群分布密度偏高，信息的交换逐渐减少，使得全局寻优能力逐渐下降。种群中各个个体的进化，采用贪婪选择操作，依靠适应值的高低作简单的好坏判断，缺乏深层的理性分析。

2.5.2　差分进化计算仿生计算在聚类分析中的应用

一幅图像中含有多个物体，在图像中进行聚类分析需要对不同的物体分割标识，如图 2-26 所示，手写了（3 1 2 3 4 2 4 1 2 1）共 10 个待分类样品，要分成 4 类，如何让计算机自动将这 10 个物体归类呢？

差分进化计算在解决这种聚类问题上表现得非常出色，算法具有较强的通用性，不过分依赖于问题的信息；具有记忆个体最优解的能力、协同搜索的能力，以及可利用个体局部信息和群体全局信息指导算法进一步搜索的能力。该算法具有运算速度快、准确率高的特点，而且控制参数较少，原理相对简单，较其他进化计算容易实现，易于与其他算法混合，构造出具有更优性能的算法。本节以图像中不同物体的聚类分析为例，介绍用差分进化计算解决聚类问题的实现方法。

1. 构造个体

对一个有 10 个待聚类样品的图编号（如图 2-26 所示），在每个样品的右上角，不同的样品编号不同，而且编号始终固定。

采用符号编码，位串长度 L 取 10 位，分类号代表样品所属的类号（1 ~ 4），样品编号是固定的，也就是说某个样品在每个解中的位置是固定的，而每个样品所属的类别随时在变化。如果编号为 n，则其对应第 n 个样品，而第 n 个位所指向的值代表第 n 个样品的归属类号。

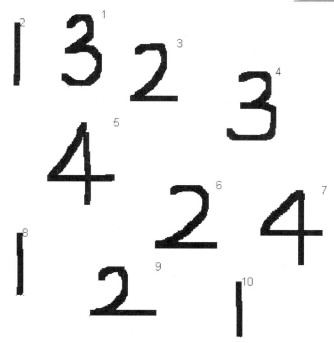

图2-26 待分类的样品数字

每个解包含一种分类方案。设初始解的编码为（2，4，4，1，4，2，2，3，1，3），这时处于假设分类情况，不是最优解，其含义为：第1、6、7个样品被分到第2类；第2、3、5个样品被分到第4类；第4、9个样品被分到第1类；第8、10个样品被分到第3类，如表2-7所示。

表2-7 初始解

样品值	(3)	(1)	(2)	(3)	(4)	(2)	(4)	(1)	(2)	(1)
分类号	2	4	4	1	4	2	2	3	1	3
样品编号	1	2	3	4	5	6	7	8	9	10

经过差分进化计算找到的最优解如图2-27所示。差分进化计算找到的最优解编码如表2-8所示。通过样品值与基因值对照比较，会发现相同的数据被归为一类，分到相同的类号，而且全部正确。

表2-8 差分进化计算找到的最优解

样品值	(3)	(1)	(2)	(3)	(4)	(2)	(4)	(1)	(2)	(1)
分类号	4	1	2	4	3	2	3	1	2	1
样品编号	1	2	3	4	5	6	7	8	9	10

2. 计算适应度

适应度函数 CalFitness( ) 的结果为评估值，代表每个解优劣的程度，与前面的遗传算法相同，这里不再赘述。

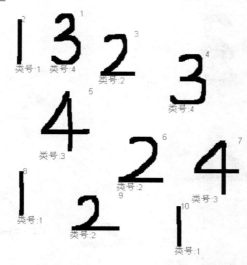

图 2-27　差分进化计算找到的最优解

3. 差分变异算子

前面已经介绍过差分变异的大体过程，这里结合 DE/rand/1 方法进行实例分析。

① 对于第 t 代的父代个体 m_pop$^t(i)$，其染色体形式如下。

m_pop$^t(i)$:

1	4	3	1	4	2	2	3	2	3

② 从剩下的父代个体中随机选择两个父代个体 m_pop^t(rand1, j)、m_pop^t(rand2, j)，形式分别如下。

m_pop^t(rand1, j):

2	4	4	1	3	1	3	4	4	2

m_pop^t(rand2, j):

1	2	1	3	3	2	4	2	4	1

③ 对 m_pop^t(rand1, j)、m_pop^t(rand2, j) 求差分向量：

1	2	3	–2	0	–1	–1	2	0	1

④ 将求得的差分向量乘以放大系数 F（0.3），再四舍五入：

0	1	1	–1	0	0	0	1	0	0

⑤ 将得到的加权后的差分向量加到 m_pop$^t(i)$ 中，得到新的子代个体 newpop$^t(i, j)$：

1	5	4	0	4	2	2	4	2	3

对于新的子代个体 newpop$^t(i, j)$ 需要进行边界控制，即超出解域范围的基因位，随机产生可行值，如：

1	3	4	2	4	2	2	4	2	3

4. 交叉算子

交叉算子操作，依据交叉概率（P_c）使得当前父代个体 m_pop$^t(i)$ 和经过差分变异生成的子代个体 newpop′(i, j) 的部分基因位进行交换, 从而生成新的子代个体, 过程如下。

m_pop′(i):

1	4	3	1	4	2	2	3	2	3

newpop′(i, j):

1	3	4	2	4	2	2	4	2	3

对每一位生成 [0, 1] 之间的随机数, 分别与交叉概率 (P_c = 0.5) 进行比较, 确定进行交叉的基因位, 即生成的随机数小于交叉概率的基因位, 进行交叉操作, 如下所示。

随机数向量:

0.87	0.15	0.28	0.82	0.57	0.54	0.78	0.18	0.32	0.72

则可知, 第 2、3、8、9 位进行交叉操作, 即用 m_pop′(i) 相应基因位替换 newpop′(i, j) 的相应基因位, 从而获得新的 newpop′(i, j), 结果如下:

1	4	3	2	4	2	2	3	2	3

5. 贪婪选择算子

如前所述, 比较经过变异、交叉操作后得到的子代个体 newpop′ 与 m_pop′ 的适应度, 如果 newpop′ 的适应度大于 m_pop′ 的适应度, 则选择其成为下一代的父代个体 m_pop′$^{t+1}$, 否则 m_pop′ 将直接进入下一代。

6. 实现步骤

① 设置相关参数。

从对话框得到用户输入的种群大小 popSize = 200、最大迭代次数 MaxIter、聚类中心数目 centerNum、交叉系数 P_c(默认为 0.5)和放大系数 F(默认为 1), 如图 2-28 所示。

② 获得所有样品个数(patternNum)及特征(m_pattern)。

③ 对群体进行初始化, 即随机分配每个个体各基因位的值。

④ 计算群体中个体的适应度值(适应度值越大, 代表分类情况越准确)。

⑤ 生成下一代群体。

➤ 差分变异算子: 调用 Mutation() 函数, 即令当前个体的每一个基因位, 加上种群中随机找到的两个不同的个体对应基因位的差值, 从而实现差分变异操作, 生成新的个体。

➤ 交叉算子: 调用 Crossover() 函数。首先随机选择一个基因位, 并设定该基因位的基因继承自变异后新生成的子代个体; 对于其他基因位, 产生 0 ~ 1 之间的随机数 rand(i), i ∈ [1, patternNum], 与交叉概率系数 P_c 进行比较来控制父代子代基因的选择, 即当 rand(i) < P_c 时, 选择父代对应的基因值, 否则选择子代(即通过差分变异后新产生的个体)对应的基因值。

⑥ 计算新生成的子代群体的适应度。

⑦ 执行贪婪选择: 比较对应的父代和子代的适应度值, 选择适应度值大的个体成为下一代的父代个体。

⑧ 调用 FindBW() 函数保留精英个体, 若新生成的子代群体中的最优个体适应度值小于总的最优个体的适应度值, 则用当前最好的个体替换总的最好的个体。

⑨ 若已经达到最大迭代次数，则退出循环，否则到第⑤步"生成下一代群体"继续运行。

⑩ 输出结果，返回给各个样品的类别号。

图 2-28　参数设置对话框

基于差分进化计算的聚类问题分析流程图如图 2-29 所示。

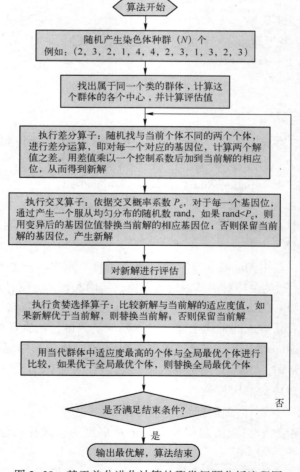

图 2-29　基于差分进化计算的聚类问题分析流程图

7. 编程代码

```
%%%%%%%%%%%%%%%%%%%%%%%%%%%%%%%%%%%%%%%%%
%函数名称:C_DE()
%参数:m_pattern,样品特征库;patternNum,样品数目
%返回值:m_pattern,样品特征库
%函数功能:按照差分进化计算对全体样品进行聚类
%%%%%%%%%%%%%%%%%%%%%%%%%%%%%%%%%%%%%%%%%
function [ m_pattern ] = C_DE( m_pattern,patternNum)
disType = DisSelDlg( );%获得距离计算类型
[popSize centerNum MaxIter pc F] = InputParameterDlg( );%获得类中心数和最大迭代次数
%初始化种群体结构
for i = 1:popSize
    m_pop(i).string = ceil( rand( 1,patternNum) * centerNum);%个体位串
    m_pop(i).fitness = 0;%适应度
end
%初始化全局最优个体
cBest.string = zeros( 1,patternNum);%个体位串
cBest.fitness = 0;%适应度
cBest.index = 0;

for i = 1:popSize
    m_pop(i) = CalFitness(m_pop(i),patternNum,centerNum,m_pattern,disType);%计算适应度大小
end
newpop = m_pop;
cBest = FindBW( m_pop,popSize,cBest,1);

%迭代计算
for iter = 2:MaxIter
    [newpop] = Mutation(m_pop,newpop,popSize,patternNum,centerNum,F);%变异
    [newpop] = Crossover( m_pop,newpop,popSize,pc,patternNum);%交叉
    [m_pop] = Selection(m_pop,newpop,popSize,patternNum,centerNum,disType,m_pattern);%选择
    cBest = FindBW( m_pop,popSize,cBest,iter);%寻优
end

for i = 1:patternNum
    m_pattern(i).category = cBest.string(1,i);
end
%显示结果
str = ['最优解出现在第' num2str( cBest.index) '代'];
msgbox( str,'modal');
```

```
%%%%%%%%%%%%%%%%%%%%%%%%%%%%%%%%%%%%%%%%%%%%
%函数名称:CalFitness()
%参数:m_pop_i,种群第 i 个个体;patternNum,样品数目;
%     centerNum,类中心数;m_pattern,样品特征库;disType,距离类型
%返回值:m_pop,种群结构
%函数功能:计算个体的评估值
%%%%%%%%%%%%%%%%%%%%%%%%%%%%%%%%%%%%%%%%%%%%
function [ m_pop_i ]=CalFitness(m_pop_i,patternNum,centerNum,m_pattern,disType)
global Nwidth;
for j=1:centerNum%初始化聚类中心
    m_center(j).index=i;
    m_center(j).feature=zeros(Nwidth,Nwidth);
    m_center(j).patternNum=0;
end
%计算聚类中心
for j=1:patternNum
    m_center(m_pop_i.string(1,j)).feature=m_center(m_pop_i.string(1,j)).feature+m_pattern(j).feature;
    m_center(m_pop_i.string(1,j)).patternNum=m_center(m_pop_i.string(1,j)).patternNum+1;
end
d=0;
for j=1:centerNum
    if(m_center(j).patternNum~=0)
        m_center(j).feature=m_center(j).feature/m_center(j).patternNum;
    else
        d=d+1;
    end
end
m_pop_i.fitness=0;
%计算个体评估值
for j=1:patternNum
    m_pop_i.fitness=m_pop_i.fitness+GetDistance(m_center(m_pop_i.string(1,j)),m_pattern(j),disType)^2;
end
m_pop_i.fitness=1/(m_pop_i.fitness+d);
%%%%%%%%%%%%%%%%%%%%%%%%%%%%%%%%%%%%%%%%%%%%
%函数名称:FindBW()
%参数:m_pop,种群结构;popSize,种群规模;
%     cBest,最优个体;Iter,当前代数
%返回值:cBest,最优个体
%函数功能:寻找最优个体,更新总的最优个体
%%%%%%%%%%%%%%%%%%%%%%%%%%%%%%%%%%%%%%%%%%%%
function [ cBest ]=FindBW(m_pop,popSize,cBest,Iter)
%初始化局部最优个体
best=m_pop(1);
```

```
for i = 2 : popSize
    if( m_pop( i). fitness>best. fitness)
        best = m_pop( i);
    end
end
if( Iter = = 1)
    cBest = best;
    cBest. index = 1;
else
    if( best. fitness>cBest. fitness)
        cBest = best;
        cBest. index = Iter;
    end
end
```

```
%%%%%%%%%%%%%%%%%%%%%%%%%%%%%%%%%%%%%%%
%函数名称:Selection( )
%参数:m_pop,种群结构;popSize,种群规模
%返回值:m_pop,种群结构
%函数功能:选择操作
%%%%%%%%%%%%%%%%%%%%%%%%%%%%%%%%%%%%%%%
function [m_pop] = Selection( m_pop,newpop,popSize,patternNum,centerNum,disType,m_pattern)
for i = 1 : popSize
    newpop( i) = CalFitness( newpop( i),patternNum,centerNum,m_pattern,disType);%计算新个体适应度
    if newpop( i). fitness>m_pop( i). fitness %贪婪选择
        m_pop( i) = newpop( i);
    end
end
```

```
%%%%%%%%%%%%%%%%%%%%%%%%%%%%%%%%%%%%%%%
%函数名称:Crossover( )
%参数:m_pop,种群结构;newpop,新生成种群结构;
%      popSize,种群规模;pc,交叉概率;patternNum,样品数量
%返回值:m_pop,种群结构
%函数功能:交叉操作
%%%%%%%%%%%%%%%%%%%%%%%%%%%%%%%%%%%%%%%
function [newpop] = Crossover( m_pop,newpop,popSize,pc,patternNum)
for i = 1 : popSize
    k = ceil( rand * patternNum);
    for j = 1 : patternNum
        if rand<pc && j~ = k
            %将变异后的个体与当前个体进行交叉,交叉概率为 pc
            newpop( i). string( 1 ,j) = m_pop( i). string( 1 ,j);
```

```
        end
      end
  end


%%%%%%%%%%%%%%%%%%%%%%%%%%%%%%%%%%%%%%
%函数名称:Mutation( )
%参数:m_pop,种群结构;newpop,新生成种群结构;
%      popSize,种群规模;patternNum,样品数量;
%      centerNum,类中心数;F,放大系数
%返回值:newpop,新种群结构
%函数功能:变异操作
%%%%%%%%%%%%%%%%%%%%%%%%%%%%%%%%%%%%%%
function [newpop] = Mutation(m_pop,newpop,popSize,patternNum,centerNum,F)
for i = 1:popSize
    pop_index_rand1 = ceil(rand * popSize);%选择一个个体 j
    while pop_index_rand1 = = i
        pop_index_rand1 = ceil(rand * popSize);
    end
    pop_index_rand2 = ceil(rand * popSize);%再选一个个体 k
    while pop_index_rand2 = = i||pop_index_rand2 = = pop_index_rand1
        pop_index_rand2 = ceil(rand * popSize);
    end
    for j = 1:patternNum
        newpop(i).string(1,j) = m_pop(i).string(1,j)+round(F * (m_pop(pop_index_rand1).string
(1,j)-m_pop(pop_index_rand2).string(1,j)));%新个体=当前个体 i+F * (个体 j-个体 k)
        if newpop(i).string(1,j)<1||newpop(i).string(1,j)>centerNum%边界控制
            newpop(i).string(1,j) = ceil(rand * centerNum);
        end
    end
end


%%%%%%%%%%%%%%%%%%%%%%%%%%%%%%%%%%%%%%
%函数名称:InputVisualDlg( )
%返回值:T,用户输入的各参数
%函数功能:用户输入各参数
%%%%%%%%%%%%%%%%%%%%%%%%%%%%%%%%%%%%%%
function [popSize centerNum MaxIter pc F] = InputParameterDlg( )
str = {'分类中心数(centerNum):','群体大小(popSize)','最大迭代次数(MaxIter)','交叉概率系数
(pc)','放大系数(F):'};
def = {'','400','50','0.5','1'};
T = inputdlg(str,'参数输入对话框',1,def);
centerNum = str2num(T{1,1});
popSize = str2num(T{2,1});
```

```
MaxIter = str2num(T{3,1});
pc = str2num(T{4,1});
F = str2num(T{5,1});
```

8. 效果图

聚类结果与最优解出现的代数如图 2-30 所示。

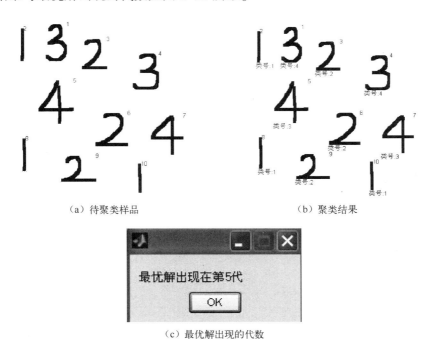

（a）待聚类样品　　　　　　　　　　　（b）聚类结果

（c）最优解出现的代数

图 2-30　聚类结果与最优解出现的代数

本章小结

本章主要介绍了进化计算的基本原理，着重介绍了遗传算法（Genetic Algorithms，GA）、进化规划（Evolution Programming，EP）、进化策略（Evolution Strategy，ES）和差分进化（Differential Evolution，DE）的原理、算法流程及参数控制，评估函数、适应度函数的设定方法，以及这些算法用于聚类问题的实现步骤和代码。基本的进化算法包含 4 种算子：交叉算子、重组算子、变异算子和选择算子。进化计算的各种实现方法是相对独立提出的，相互之间有一定的区别，各自的侧重点也不尽相同，生物进化背景也不同，但本质上都是在遗传算法的基础上发展起来的，有着共同的进化思想，适应面比较广。近年来，进化计算已经在最优化、机器学习和并行处理等领域得到越来越广泛的应用。

习题

1. 简述进化计算的基本原理。
2. 简述遗传算法、进化规划、进化策略和差分进化算法的异同点。
3. 在遗传算法聚类问题分析中，简述染色体构造方法。
4. 简述差分进化算法在聚类问题中的实现方法。

第3章　人工免疫算法

本章要点：

☑ 人工免疫算法概述
☑ 免疫遗传算法仿生计算
☑ 免疫规划算法仿生计算
☑ 免疫策略算法仿生计算
☑ 基于动态疫苗提取的免疫遗传算法仿生计算
☑ 免疫克隆选择算法仿生计算

3.1　人工免疫算法概述

1. 生物免疫系统

生物免疫系统（Immune System）是指生物在不断的进化过程中，通过识别"自己"和"非己"，排除抗原性"异物"，具有保护自身免受致病细菌、病毒或其他病原性异物侵袭，维持机体环境平衡，维护生命系统正常运作等功能。生物免疫系统用于描述机体的保护性生理反应，是机体适应环境的体现，具有对环境不断学习、后天积累的功能。人工免疫算法是受生物免疫系统的启发，借鉴了生物免疫功能，在原有进化算法理论框架的基础上引入了免疫系统，从而形成的一个新的进化理论。

生物免疫系统由具有免疫功能的器官、组织、细胞、免疫效应分子和有关的基因等组成。在生命科学中，免疫功能主要是由参与免疫反应的细胞或者说由其构成的器官完成的。免疫细胞对感染种类不同微生物的反应是不同的，例如，在病毒感染时，淋巴细胞的比例较高，而在细菌感染时，白细胞的比例较高，这意味着免疫系统产生的抗体具有很强的特异性。免疫细胞主要有两大类，一类为淋巴细胞。这类细胞对抗原的反应有明显的专一性；第二类细胞则具有摄取抗原、处理抗原并将处理后的抗原以某种方式提供给淋巴细胞的作用，其重要特征是在参与各种非特异性免疫反应（Nonspecific Immunity）的同时，也能积极地参与特异性免疫反应。

1）生物免疫学术语

下面介绍几个重要的生物免疫学术语。

（1）免疫淋巴组织

免疫淋巴组织按照作用不同分为中枢淋巴组织和周围淋巴组织。前者包括胸腺和腔上囊

（鸟类特有），人类和哺乳类的相应组织是骨髓和肠道淋巴组织；后者包括脾脏、淋巴结和全身各处的弥散淋巴组织。

（2）免疫活性细胞

免疫活性细胞是能接受抗原刺激，并能引起特异性免疫反应的细胞。按发育成熟的部位及功能的不同，免疫活性细胞分成 T 细胞和 B 细胞两种。

（3）T 细胞

T 细胞又称胸腺依赖性淋巴细胞，由胸腺内的淋巴干细胞在胸腺素的影响下增殖分化而成，主要分布在淋巴结的深皮质区和脾脏中央动脉的胸腺依赖区。T 细胞受抗原刺激时首先转化成淋巴细胞，然后分化成免疫效应细胞，参与免疫反应。其功能包括调节其他细胞的活动及直接袭击宿主感染细胞。

（4）B 细胞

B 细胞是免疫活性细胞的一种，由腔上囊组织中的淋巴干细胞分化而成，来源于骨髓淋巴样前体细胞，主要分布在淋巴结、血液、脾、扁桃体等组织和器官中。B 细胞受抗原刺激后，首先转化成浆母细胞，然后分化成浆细胞，分泌抗体，执行细胞免疫反应。

（5）抗原

抗原一般指各种病原性异物，可被 T 细胞、B 细胞识别，并可启动特异性免疫应答。抗原具有刺激机体产生抗体的能力，也具有与其所诱生的抗体相结合的能力。

（6）抗体

抗体又称免疫球蛋白，其主要功能是识别、清除机体内各种病原性异物。抗体是 B 细胞受抗原刺激后，增殖分化为浆细胞所产生的糖蛋白，也称为免疫球蛋白分子。抗体可分为分泌型和膜型，前者主要存在于血液及组织液中，发挥各种免疫功能；后者构成 B 细胞表面的抗原受体。各种抗原分子都有其特异结构即抗原决定基（Idiotype），又称表位（Epitope），而每个抗体分子 V 区也存在类似机构受体，或称对位（Paratope）。抗体根据其受体与抗原决定基的分子排列相互匹配情况识别抗原。当两种分子排列的匹配程度较高时，两者亲和度（Affinity）较大，亲和度大的抗体与抗原之间会产生生物化学反应，通过相互结合形成绑定（Banding）结构，并促使抗原逐步凋亡。

（7）亲和力

免疫细胞表面的抗体和抗原决定基都是复杂的含有电荷的三维结构，抗体和抗原的结构与电荷越互补就越有可能结合，结合的强度即为亲和力。

（8）亲和力成熟

数次活化后的子代细胞仍保持原代 B 细胞的特异性，但中间可能会发生重链的类转换或点突变，这两种变化都不影响 B 细胞对抗原识别的特异性，但点突变影响其产物抗体对抗原的亲和力，高亲和性突变的细胞有生长繁殖的优先权，而低亲和性突变的细胞则选择性死亡，这种现象被称为亲和力成熟，它有利于保持在后续应答中产生高亲和性的抗体。

（9）变异

在生物免疫系统中，B 细胞与抗原结合后被激活，产生高频变异。这种克隆扩增期间产生的变异形式，使免疫系统能适应不断变化的外来入侵。

（10）免疫应答

免疫应答是指抗原进入机体后，免疫细胞对抗原分子的识别、活化和分化等过程，是免疫系统各部分生理反应的综合体现，包括抗原提呈、淋巴细胞活化、特异识别、免疫分子形成、免疫效应，以及形成免疫记忆等一系列的过程。

（11）免疫耐受

免疫耐受是指免疫活性细胞接触抗原物质时所表现的一种特异性的无应答状态。免疫耐受现象是指由于部分细胞的功能缺失或死亡而导致的机体对该抗原反应功能丧失或无应答的现象。

（12）自体耐受

自体耐受是抗体对抗原不应答的一种免疫耐受，它的破坏将导致自体免疫疾病。

2）基本免疫原理

抗原侵入机体后会刺激免疫系统发生一系列复杂的连锁反应，这个过程叫做免疫应答（Immune Response），或称免疫反应（Immune Reaction）。免疫应答一般分两次完成：初次感染（初次应答）和二次感染（二次应答）。免疫应答的基本过程如图 3-1 所示。

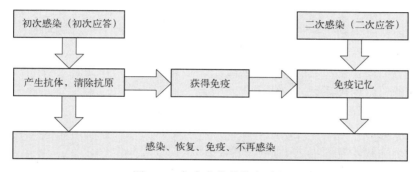

图 3-1　免疫应答的基本过程

抗原初次进入机体后，发生初次免疫应答，通过刺激有限的免疫细胞发生特异性克隆扩增，迅速产生抗体，以达到足够的亲和力阈值，清除抗原，并对其保持记忆，以便下次遇到同样的抗原时更加快速地做出应答。初次应答比较缓慢，这一过程使得免疫系统有时间建立更加具有针对性的免疫应答，即适应性免疫应答。机体受到相同的抗原再次刺激后，多数情况下会产生二次应答。由于有了初次应答的记忆，所以二次应答反应更加及时迅速，无须重新学习。

免疫系统通过免疫细胞的分裂和分化作用，可产生大量的抗体来抵御各种抗原，具有多样性。免疫系统执行免疫防卫功能的细胞为淋巴细胞（包括 T 细胞和 B 细胞），B 细胞的主要作用是识别抗原和分泌抗体，T 细胞能够促进成抑制 B 细胞的产生与分化。当抗原侵入机体后，B 细胞分泌的抗体与抗原发生结合作用，当它们之间的结合力超过一定限度时，分泌这种抗体的 B 细胞将会发生克隆扩增。克隆细胞在其母体亲和力的影响下，按照与母体亲和力成正比的概率对抗体的基因进行多次重复随机突变及基因块重组，进而产生种类繁多的免疫细胞，并获得大量识别抗原能力比母体更强的 B 细胞。这些识别能力较强的细胞能有效缠住入侵抗原，这种现象称为亲和成熟。

一旦有细胞达到最高亲和力，免疫系统就会通过记忆进行大量复制，并直接保留，因而具有记忆功能和克隆能力。B 细胞的一部分克隆个体分化为记忆细胞，当再次遇到相同抗原时能够迅速被激活，实现对抗原的免疫记忆。B 细胞的克隆扩增受 T 细胞的调节，当 B 细胞的浓度增加到一定程度时，T 细胞对 B 细胞产生抑制作用，从而防止 B 细胞的无限复制。当有新的抗原入侵或某些抗体大量复制而破坏免疫平衡时，通过免疫系统的调节，可以抑制浓度过高或相近抗体的再生能力，并实施精细进化达到重新平衡，使机体具有自我调节能力。

除了机体本身的免疫功能，也可人为地接种疫苗，起到免疫的作用。疫苗是将细菌、病毒等病原微生物及其代谢产物，经过人工减毒、灭活或利用基因工程等方法自制的用于预防传染病的自动免疫制剂。疫苗保留了病原菌刺激动物免疫系统的特性。当动物体接触到这种不具有伤害力的病原菌后，免疫系统便会产生一定的保护物质，如免疫激素、活性物质、特殊抗体等；当动物再次接触到这种病原菌时，动物体的免疫系统便会依循其原有的记忆，制造更多的保护物质来阻止病原菌对机体的伤害。

2. 人工免疫系统

由以上对生物免疫系统的简介可知，生物免疫系统是通过从不同种类的抗体中构造的自己—非己的一个非线性自适应网络系统，在动态变化的环境中发挥作用，是分布式的自适应动态平衡系统，具有学习、记忆和识别的功能。在人工智能不断向生物智能学习方向发展的过程中，人们逐渐意识到生物免疫能力的重要性，并对其进行了一定的研究。这些受生物免疫系统启发而建立的人工系统称为人工免疫系统（AIS）。人工免疫系统是受生物免疫系统启发，模仿自然免疫系统功能的一种智能方法，是基于人类和其他高等动物免疫系统理论而提出的一种新的信息处理系统，提供了噪声忍耐、无教师学习、自组织、不需要反面例子、能明晰地表达学习的知识、可进行内容记忆和能遗忘较少使用信息等进化学习的机理。因而，它结合了分类器、人工神经网络和机器推理等原有的一些智能信息处理系统的特点，在解决大规模复杂性问题方面提供了新颖的解决问题的方法和途径。

随着国际上在生命自然科学领域方面的长足发展，人们对人工免疫系统中信息处理机制的模型与相应算法的研究也逐渐活跃起来。1996 年 12 月，在日本首次举行了基于免疫性系统的国际专题讨论会，并首次提出了"人工免疫系统"的概念。1997 年，IEEE 的 SMC 组织专门成立了"人工免疫系统及应用"分会，并于当年年底在美国召开的年会上开始收录有关人工免疫系统方面的论文。国际学术界的上述活动大大提高了人工免疫系统研究与应用的影响程度。近年来，众多学者将模仿免疫系统的作用机制用于其他领域的研究，继模糊系统、人工神经网络和进化算法等领域之后，掀起了又一个针对智能信息处理系统的研究热点，其成果也开始广泛涉及自动控制、故障诊断、模式识别、图像识别、优化设计、机器学习、联想记忆和网络安全性等诸多领域。

生物免疫系统与人工免疫系统之间的对应关系见表 3-1。

表 3-1　生物免疫系统与人工免疫系统之间的对应关系

生物免疫系统	人工免疫系统
抗原	要求解的问题
抗体	解向量
抗原的识别	问题的分析
记忆细胞产生抗体	对过去成功解的存储
淋巴细胞分化	优良解的复制保留
细胞的抑止作用	删除剩余的候选解

生物免疫系统	人工免疫系统
抗体的繁殖	用免疫算子创造新的抗体
亲和力	适应度
疫苗	含有解决问题的关键信息

生物免疫系统的智能化值得借鉴的特性可归纳如下。

① 抗体的多样性：通过免疫细胞的分裂和分化作用，免疫系统可产生大量的抗体来抵御各种抗原。因而进化算法在解决实际问题时产生的可行解（抗体）是多样的，可保证算法具有全局搜索能力，避免未成熟收敛到局部最优解。

② 自我调节能力：当有新的抗原入侵或某些抗体大量复制而破坏免疫平衡时，通过免疫系统的调节，可以抑制浓度过高或编码相近抗体的再生能力，并实施精细进化从而达到重新平衡。利用这一功能可动态调节进化算法求解实际问题时的局部搜索能力。

③ 免疫记忆功能：一旦有细胞达到当前进化代的最高亲和力，免疫系统就会通过记忆进行大量复制并直接保留到下一代进化过程。这就能使进化算法做到最优个体适应度一直处于最优状态，不会出现退化的现象，从而逐渐收敛到实际问题的最优解。

④ 免疫系统特异性：免疫细胞对感染种类不同的微生物的反应是不同的。通常，在病毒感染时，淋巴细胞的比例较高；而在细菌感染时，白细胞的比例较高，这意味着免疫系统产生的抗体具有很强的特异性。这给我们的启示是优秀抗体或免疫疫苗含有解决问题的关键信息，要把群体的进化建立在适应度较高的可行解的基础上，变盲目地产生子代个体为有针对性地产生子代个体。

总之，抗体的多样性与进化算法在解决实际问题时产生的可行解的多样性是相对应的，可保证算法具有全局搜索能力，避免未成熟收敛到局部最优。利用抗体的自我调节能力可动态调节进化算法求解实际问题时的局部搜索能力。免疫记忆功能促使进化算法做到最优个体适应度一直处于最优状态，不会出现退化现象，从而逐渐收敛到实际问题的最优解。通过学习人工免疫系统的智能化机理，借鉴生物免疫功能，在原有进化算法理论框架的基础上引入免疫系统，从而形成人工免疫算法。

与生物免疫学理论相对应，免疫过程也分为两种类型。

1）全免疫（Full Immunity）

全免疫对应于生物学中的非特异性免疫，是指群体中每个个体在进行变异操作后，对其每一环节都进行一次免疫操作的免疫类型。它发生在个体进化的初始阶段，而在进化过程中基本上不发生作用，否则将很有可能产生通常意义上所说的"同化现象"（Assimilative Phenomenon）。

2）目标免疫（Target Immunity）

目标免疫是指个体在进行变异操作后，经过一定的判断，个体仅在作用点发生免疫反应的一种类型。目标免疫伴随着群体进化的全部过程。

3. 人工免疫进化算法

进化算法中起到关键作用的两个算子（即交叉和变异）都是在一定概率条件下进行随机的、没有指导的迭代搜索的。因此，它们在为群体中的个体提供进化机会的同时，也无可避免地产生了退化的可能。在某些情况下，这种退化现象还相当明显。另一方面，每一个待求的实际问题都会有自身一些基本的、显而易见的特征信息或知识。然而进化算法的交叉和变异算子却相对固定，在求解问题时，可变的灵活程度较小。这无疑对算法的通用性是有益的，但却忽视了问题的特征信息对求解问题过程中的帮助作用，特别是在求解一些复杂问题时，这种"忽视"所带来的损失往往就比较明显了。

为了使进化算法在个体多样性和群体收敛性之间取得平衡，并克服进化算法的缺点，人工免疫进化系统借鉴了免疫系统能够产生和维持多样性抗体及其自我调节的能力，在进化算法（EA）的整体框架上利用生物免疫机制的特点改善、优化原来的算法，从而形成新的智能算法体系。将待求解问题对应为抗原，将问题的候选解对应为抗体（即待进化个体），通过抗原和抗体的亲和度（Affinity）描述可行解与最优解的逼近程度。在进化算法中加入免疫算子，使进化算法变成具有免疫功能的新算法，称为免疫算法（或免疫进化算法）。

免疫算法通常包括多种免疫算子：提取疫苗算子、疫苗接种算子、免疫检测算子、免疫平衡算子、免疫选择算子、克隆算子。增加免疫算子可以提高进化算法的整体性能并使其有选择性、有目的地利用特征信息来抑制优化过程中的退化现象。

1）提取疫苗算子

疫苗的提取依据人们对待求问题所具备的或多或少的先验知识。它所包含的信息量及其准确性对算法的运行效率和整体性能起着重要影响。

首先，对所求解的问题进行具体分析，从中提取出最基本的特征信息；然后，对此特征信息进行处理，以将其转化为求解问题的一种方案；最后，将此方案以适当的形式转化成免疫算子，以实施具体操作。

这里需要说明的是，待求问题的特征信息往往不止一个，也就是说针对某一特定的抗原所提取的疫苗也可能不止一种，在接种疫苗的过程中可以随机选取一种疫苗进行接种，也可以将多个疫苗按照一定的逻辑关系进行组合后再予以接种。

2）疫苗接种算子

在传统的进化算法中，由于交叉与变异操作的随机性与盲目性，使得种群不可避免地经常出现退化现象；同时当待求解问题具有强约束性时，优化搜索过程中会产生大量适应度较低甚至不可行的解，从而将在很大程度上制约算法的搜索效率。因此，在免疫算法中引入了疫苗接种机制。

接种疫苗主要是为了提高适应度，利用疫苗所蕴含的指导问题求解的启发式信息，对问题的解进行局部调整，使得候选解的质量得到明显改善。接种疫苗有助于克服个体的退化现象和有效地处理约束条件，从而可以加快优化解的搜索速度，进一步提高优化计算效率。

设有群体 $C = (X_1, X_2, \cdots, X_N)$，对 C 接种疫苗是指在 C 中按比例随机抽取一部分个体，并依据概率选择基因位进行基因值的修改。目的是使新生成的个体以较大的概率具有更高的适应度，降低退化的可能。

3）免疫检测算子

在进化计算中，选择性指导生物种群向更优解进化，体现了生物进化中的优胜劣汰机制，通过选择出每一代子代个体中的优秀个体，使种群整体上向更优方向进化。但是在普通进化算法中，通过交叉、变异算子产生的子代，不可避免地有发生退化的可能，即产生的子代的适应度比父代的适应度还低。

免疫检测算子将接种了疫苗的个体与原抗体的适应度值进行比较，若其适应度不如父代，说明在交叉、变异的过程中出现了严重的退化现象，则用父代所对应的个体取代该子代个体；否则，接种了疫苗的个体直接成为下一代的父代。

4）免疫平衡算子

免疫平衡算子是对抗体种群中浓度过高的抗体进行抑制，而对浓度相对较低的抗体进行促进的操作。在群体更新中，由于适应度高的抗体的选择概率较高，因此浓度逐渐提高，这样会使种群中的多样性降低。因此某抗体的浓度达到一定值时，就抑制这种抗体的产生；反之，则相应提高浓度低的抗体的产生和选择概率。这种机制保证了抗体群体更新中的抗体多样性，在一定程度上避免了早熟收敛。

5）免疫选择算子

免疫选择算子，即对经过免疫检测后的抗体种群，依据适应度和抗体浓度确定的选择概率选择出个体，组成下一代种群。

6）克隆算子

克隆算子的产生源于对生物具有的免疫克隆选择机理的模仿和借鉴。在抗体克隆选择学说中，当抗原侵入机体时，克隆选择机制在机体内选择出可识别和消灭相应抗原的免疫细胞，使之激活、分化和增殖，进行免疫应答以最终消除抗原。免疫克隆的实质是在一代进化中，在候选解的附近，根据亲和度的大小，产生一个变异解的群体。免疫克隆算法扩大了搜索范围，避免了遗传算法对初始种群敏感，容易出现早熟和搜索限于局部极小值的现象，具有较强的全局搜索能力。该算法在保证收敛速度的同时又能维持抗体的多样性。

克隆算子分为克隆扩增算子和克隆变异算子。

（1）克隆扩增算子

克隆扩增算子是指抗体的复制操作，可保证群体亲和度逐步增大。克隆算子对于每个抗体的复制规模与抗体的亲和度成正比，即适应度越高的个体，其复制的个数越多。

（2）克隆变异算子

克隆变异算子是指对经过克隆扩增算子后的克隆群体进行变异的操作。克隆群体中每个个体的变异概率与个体的亲和度成反比例关系，即原本适应度值较高的个体，使其以较小的变异概率进行变异；反之，对于适应度较差的个体，以较大的变异概率进行变异，从而保留最佳个体并改进较差个体。

基于免疫学原理的基本免疫算法包含提取疫苗算子、疫苗接种算子、免疫检测算子、免疫平衡算子、免疫选择算子和克隆算子。基本的进化算法包含 4 种算子：交叉算子、重组算子、变异算子和选择算子。通过不同的免疫算子和进化算子的重组融合，可形成不同的免疫进化算法，从而形成免疫进化算法体系，其基本流程如图 3-2 所示。目前常见的组合方式如下：

➢ 将免疫算子，如疫苗提取算子、疫苗接种算子、免疫检测算子、免疫平衡算子，注入遗传算法框架中，与遗传算法相结合，形成免疫遗传算法。

➢ 将免疫算子注入进化规划算法框架中，与进化规划算法相结合，形成免疫规划算法。

➤ 将免疫算子注入进化策略算法框架中，与进化策略算法相结合，形成免疫策略算法。

➤ 将克隆算子与疫苗提取算子、疫苗接种算子、免疫检测算子、免疫平衡算子结合，形成免疫克隆选择算法。

因此，免疫算法的算子可以优化其他智能算法，不仅保留了原来智能算法的优点，同时也弥补了原算法的一些不足和缺点，作为一种新的智能计算方法，广泛应用于自动控制、故障诊断、模式识别、图像识别、优化设计、机器学习、联想记忆和网络安全性等诸多领域。

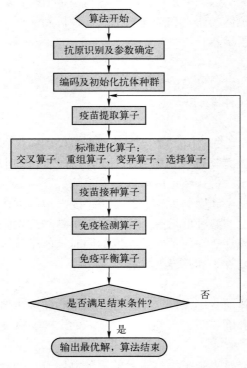

图 3-2　免疫进化算法基本流程

可见，人工免疫算法易于与其他智能计算方法相结合，可以方便地将其他方法特有的一些操作算子直接并入其中，当然也可以很方便地将一些免疫操作加入其他算法中。算法是由免疫系统启发形成的一种智能计算方法，自然也具有免疫系统的一些优良特性，如分布式、并行性、自学习、自适应、自组织、鲁棒性和凸显性等。算法提供了噪声忍耐、无教师学习等进化学习机理，能够明晰地表达所学习的知识，结合了分类器、神经网络和机器推理等学习系统的一些优点。

与传统数学方法相比，人工免疫算法在进行问题求解时，与进化计算方法相似，都是不依赖于问题本身的严格数学性质，如连续性和可导性等，不需要建立关于问题本身的精确数学描述，一般也不依赖于知识表示，而是在信号或数据层直接对输入信息进行处理，可用于求解那些难以有效建立形式化模型、使用传统方法难以解决或根本不能解决的问题。人工免疫算法是一种随机概率型的搜索方法，这种不确定性使其能有更多的机会求得全局最优解；人工免疫算法又是利用概率搜索来指导其搜索方法的，概率被作为一种信息来引导搜索过程朝着搜索空间更优化的解区域移动，因此虽然表面看起来人工免疫算法是一种盲目搜索方法，但实际上有着明确的搜索方向。算法具有潜在的并行性，并且易于并行化。

3.2　免疫遗传算法仿生计算

3.2.1　免疫遗传算法

1. 基本原理

以遗传算法为代表的进化算法是一种模仿生物进化机制的迭代搜索算法，它利用交叉和变异算子实现群体中个体之间的信息交互和局部搜索，为每个个体提供优化机会，并通过优胜劣汰的竞争选择机制，指导种群向更优的方向进化。然而，由于交叉和变异两个遗传算子都依据一定概率实现，具有较大的随机性与盲目性；同时没有先验知识作为指导，也没有利用实际问题自身所具有的一些基本的、显而易见的特征信息或知识，忽视了问题的特征信息在求解问题时的辅助作用。在一般的进化算法中，选择算子并没有对新个体进行检测，以至于经过交叉、变异后的个体不如父代个体，即出现了退化现象。这在很大程度上影响了算法的收敛速度和性能。

为了弥补遗传算法的不足，在遗传算法（GA）的基础上引入生物免疫机制，利用先验知识构造疫苗，并借鉴免疫系统能够产生和维持多样性抗体的能力及自我调节能力，在遗传算法的整体框架上引入免疫机制，从而形成免疫遗传算法。这里将求解问题的目标函数对应为入侵生命体的抗原，将问题的候选解对应为抗体（即待进化个体），通过抗原和抗体的亲和度（Affinity）描述可行解与最优解的逼近程度。免疫遗传算法是将人工免疫系统的机制和进化算法二者融合，免疫遗传算法增加了疫苗接种算子、免疫检测算子、免疫平衡算子等功能，在个体更新、选择算子、维持多样性上相比进化算法有很大的改进。

1）个体更新

在采用传统遗传算法中的交叉、变异算子之后，免疫遗传算法利用先验知识，引入疫苗接种算子。疫苗是指依据具体问题而提取的先验知识，它往往保存有优秀个体的信息。而疫苗接种算子是对随机选出的个体的某些基因位，用疫苗的信息来替换，从而使个体向最优解逼近，加快了算法的收敛速度以及实现个体更新的过程。

2）选择算子

在传统遗传算法中，在个体更新后并没有判断其是否得到了优化，以至于经过交叉、变异后的个体不如父代个体，即出现了退化现象。而在免疫遗传算法中，在经过交叉、变异、疫苗接种算子的作用后，新生成的个体需要经过免疫检测算子操作，即判断其适应度是否优于父代个体，如果发生了退化，则用父代个体替换新生成的个体，利用抗体的适应度值和浓度值所共同确定的选择概率，参加轮盘赌选择操作，最终选择出新一代的种群。

3）维持多样性

在传统遗传算法中，适应度值高的个体在一代中被选择的概率高，相应的浓度高；适应度值低的个体在一代中被选择的概率低，相应的浓度低，没有自我调节功能。而在免疫遗传算法中，除了抗体的适应度，还引入了免疫平衡算子参与到抗体的选择中。免疫平衡算子对浓度高的抗体进行抑制，反之对浓度较低的抗体进行促进。由于免疫平衡算子的引入，使得抗体与抗体之间相互促进或抑制，维持了抗体的多样性及免疫平衡，体现了免疫系统的自我调节功能。免疫平衡算子是系统保持种群多样性的基本手段之一。

2. 基本流程

免疫遗传算法的基本流程如下。

① 根据具体问题首先提取抗原，即问题的目标函数形式和约束条件，然后提取疫苗。

② 随机初始化群体。设置算法参数，如种群规模、变异概率、交叉概率。

③ 执行个体更新操作。

➤ 交叉算子：首先依据适应度值和抗体浓度所决定的抗体选择概率，选择若干抗体；然后从这些选择出的个体中随机选择两个个体，由交叉概率 P_c 来控制交叉位；最后对交叉位的基因进行交叉操作。

➤ 变异算子：对进行过交叉操作的抗体，循环每一个基因位，产生随机数 rand，当概率 P_m >rand 时，对该位基因进行变异运算，随机产生解空间中的一个数赋值给该位，生成子代群体。

➤ 疫苗接种算子：将选择出来的抗体，用事先提取出的疫苗进行接种，即依据疫苗中的相应基因位来修改抗体相应基因位上的值。

④ 计算群体中每个抗体的适应度值。

⑤ 免疫选择。

➤ 免疫检测算子：比较接种疫苗前后两个抗体的适应度值，如果接种疫苗后的适应度值没有父代的高，则用父代的抗体代替接种之后的抗体，参加种群选择。

对于免疫检测后的个体，计算抗体浓度。

➤ 免疫平衡算子：根据抗体的适应度和浓度确定选择概率，选择概率如下式所示：

$$P = \alpha \cdot P_f + (1-\alpha) \cdot P_d$$

式中，P_f 是抗体的适应度概率，定义为抗体的适应度值与适应度值总和之比；P_d 是抗体的浓度概率，抗体的浓度越高越受到抑制，浓度越低则越得到促进；α 是比例系数，决定了适应度与浓度的作用大小。

➤ 选择算子：依据一些常用的选择方式进行选择，如轮盘赌选择算子、模拟退火选择算子等，选择出新的种群。

⑥ 从新种群中寻找最优个体并记录下来。

⑦ 判断是否达到停止条件，即是否达到最大迭代次数。如果是，则跳出循环，输出最优解；否则，返回步骤③，进行迭代。

免疫遗传算法的流程如图 3-3 所示。

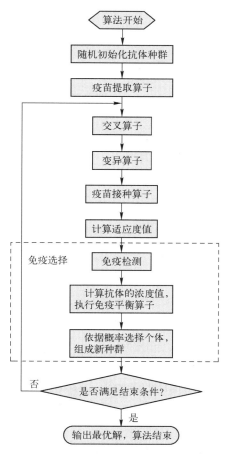

图 3-3　免疫遗传算法的流程

3. 免疫遗传算法的构成要素

1）免疫疫苗的提取

在免疫算法中，疫苗是指从具体待求问题的先验知识中提取出的一种特征信息，可以看作对待求的最佳个体所能匹配模式的一种估计。作为免疫算法特有的个体更新与寻优机制，疫苗的合理选择是免疫操作得以有效实现的前提，对算法的运行效率和性能具有十分重要的意义。

在针对某一问题选取疫苗的过程中，可以根据问题的特征信息来制作免疫疫苗，而且依据实际问题的不同，提取的方法也有很多。例如，在求解 TSP 问题时，可以依据不同城市之间的距离制作疫苗；在应用于模式识别的分类与聚类时，可以依据样品与模板之间或样品与样品之间的特征值距离制作疫苗。由于每一个疫苗都是利用局部信息来探求全局最优解的，即估计该解在某一分量上的模式，所以没有必要对每个疫苗做到精确无误。如果为了精确，可以尽量将原问题局域化处理得更彻底，这样局部条件下的求解规律就会更明显，使得寻找这种疫苗的计算量会显著增加。还可以将每一代的最优解作为疫苗，动态地建立疫苗库，当当前的最优解比疫苗库中的最差疫苗的亲和力高时，则取代该最差疫苗。

2）疫苗接种算子

如上所述，疫苗来源于问题的先验知识，它所包含的信息量及其准确性对算法的性能起着重要作用。

假定种群规模为 N，依据一个比例概率 a，从抗体群体中选择出 $a \times N$ 个抗体，并对其进行疫苗接种操作。对选出的抗体，依据先验知识，即之前提取出的疫苗，对该抗体的每一个基因位，依据一个接种概率 P_i 决定其是否接受疫苗接种。如果决定接种，则用疫苗相应基因位上的基因值修改当前抗体的相应基因。这将使所得个体以较大的概率具有更高的适应度。

3）免疫检测算子

免疫检测算子是指抗体在经过接种疫苗后，判断其是否得到优化，即判断接种疫苗后的抗体的亲和度值是否比接种疫苗之前的高，如果是，则将接种后的抗体放入新种群中；否则，用接种疫苗前的父代抗体代替新抗体。

在一般的进化算法中，选择算子并没有对新个体进行检测，以至于经过交叉、变异后的个体不如父代个体，即出现了退化现象。这在很大程度上影响了算法的收敛。对于免疫算法，其收敛性归根结底是由免疫选择算子来保证的。在免疫选择算子的作用下，个体向着更优的方向进化，避免了一般进化算法可能遇到的退化现象，这更有利于提升算法的效率，加快收敛。

4）免疫平衡算子

在免疫系统中，适应度高的抗体浓度不断提高，当浓度达到一定值时，就抑制这种抗体的产生，反之则相应提高浓度低的抗体的产生和选择概率。这种机制保证了抗体群体更新中的多样性，一定程度上避免了未成熟收敛。免疫平衡算子的作用使抗体的浓度越高越受到抑制，浓度越低则越得到促进。

（1）浓度计算

浓度 C_i 定义为群体中与第 i 个个体适应度相近的抗体所占的比率，即

$$C_i = \frac{\sum\limits_{j}(\,|\,\text{Fitness}(j) - \text{Fitness}(i)\,| \leqslant \varepsilon\,)}{N} \tag{3-1}$$

式中，ε 为可调参数，取值为 $0 \sim 1$，如取 0.5；N 为当前抗体的总数（群体规模）。

（2）浓度概率计算

设定一个浓度阈值，统计浓度高于该阈值的抗体，记数为 k（$1 \leqslant k \leqslant N$，$N$ 为群体规模）。规定这 k 个浓度较高的抗体的浓度概率为：

$$P_{d(k)} = \frac{1}{N}\left(1 - \frac{k}{N}\right) \tag{3-2}$$

则其余 $N-k$ 个浓度较低的抗体的浓度概率为：

$$P_{d(N-k)} = \frac{1}{N}\left(1 + \frac{k}{N} \cdot \frac{k}{N-k}\right) \tag{3-3}$$

可见，全部抗体的浓度概率之和为 1。种群中超过浓度阈值的高浓度抗体越多，这部分高浓度抗体的浓度概率 $P_{d(k)}$ 越小，低浓度抗体的浓度概率 $P_{d(N-k)}$ 越大；超过浓度阈值的高浓度抗体越少，高浓度抗体的浓度概率 $P_{d(k)}$ 越大，低浓度抗体的浓度概率 $P_{d(N-k)}$ 越小。

（3）选择概率计算

选择概率由适应度概率和浓度概率两部分组成，浓度较高的抗体选择概率为：

$$P = \alpha \cdot P_f + (1-\alpha) \cdot P_{d(k)} \tag{3-4}$$

浓度较低的抗体选择概率为：

$$P = \alpha \cdot P_f + (1-\alpha) \cdot P_{d(N-k)} \tag{3-5}$$

式中，P_f 是抗体的适应度概率，定义为抗体的适应度与适应度总和之比；P_d 是抗体的浓度概率；$0 \leqslant \alpha \leqslant 1$，$0 < P_f$，$P_d < 1$。

显然，从该选择概率可以看出：

➤ 抗体的适应度概率越大，相应的选择概率越大。

➤ 种群中超过浓度阈值的高浓度抗体越多，高浓度抗体的浓度概率 $P_{d(k)}$ 越小，选择概率 P 越小，被选择的概率小，起到抑制作用；反之，超过浓度阈值的高浓度抗体越少，高浓度抗体的浓度概率 $P_{d(k)}$ 越大，P 越大，被选择的概率大，起到促进作用。因此，免疫平衡算子的作用是使抗体的浓度越高越受到抑制，浓度越低越得到促进。

4. 免疫遗传算法群体智能搜索策略分析

1）个体行为及个体之间信息交互方法分析

普通的遗传算法是基于生物种群进化机制的一类随机搜索算法，它的交叉算子和变异算子是其主要的个体间信息交互机制和个体行为。但是这种交叉与变异是在一定发生概率的条件下随机地迭代搜索的，没有一个先验知识作为指导，具有盲目性；同时，在遗传算法中，选择算子并没有对新个体进行检测，以至于经过交叉、变异后的个体不如父代个体，即出现了退化现象，这在很大程度上影响了算法的收敛，影响了种群整体的局部搜索性能和收敛性。

为了避免上述缺陷，在免疫遗传算法中，个体行为引入了特有的疫苗接种算子和免疫检测算子。依据先验知识提取的疫苗存储着较好的解的信息，它用局部特征信息以一定的强度干预全局的搜索进程，抑制或避免求解过程中的一些重复和无效的工作。在经过疫苗接种后，免疫遗传算法紧接着利用免疫检测算子判断抗体是否得到优化，即判断接种疫苗后的抗体的适应度值是否比接种疫苗前的高，如果是，则将接种后的抗体放入新种群中；否则用接种疫苗前的父代抗体代替新抗体。由它指导下的局部搜索，有针对性地抑制了搜索时的盲目性，同时也使得种群可以通过对进化环境的自适应和自学习降低个体退化的概率，使适应度值得到提高。在免疫选择的作用下，个体向着更优的方向进化，避免了一般进化算法可能遇到的退化现象，这更有利于提升算法的效率，加快收敛。

2）群体进化分析

经典的遗传算法只是严格而简单地模拟了达尔文进化理论，通过选择算子，在经过交叉、变异后生成的新群体中，依据适应度值，以一定的概率选择出下一代群体个体。通常适应度值高的个体被选择的机会大，影响个体的多样性，虽然突出了基因遗传对生物种群的重要性，但却忽略了个体学习与种群整体进化的关系。基于适应度的选择往往对群体的进化造成很大的选择压力，这虽然使种群得到进化并趋于收敛，但是也容易破坏个体的多样性，令种群陷于早熟。因此，为了保证算法区域全局最优，必须在群体收敛性和个体多样性之间取得平衡。

免疫检测算子判断子代是否通过交叉、变异和接种疫苗后得到进化，只有进化的个体才有可能被选入下一代群体。这保证了种群整体趋向于更优的方向，最终达到算法收敛。但是单纯使用这种选择方式也有弊端，即有可能破坏种群的多样性，致使算法早熟。因此，在免疫进化算法中，通过免疫平衡算子的作用使抗体的浓度越高越受到抑制，浓度越低则越得到促进。在群体更新中，适应度高的抗体的浓度不断提高，而当浓度达到一定值时，这种抗体受到抑制，反之则相应提高浓度低的抗体的产生和选择概率。这种机制保证了抗体群体更新中的抗体多样性，在一定程度上避免了未成熟收敛。

免疫遗传算法引入了抗体浓度的概念，与适应度值一同控制抗体的促进与抑制，从而达到一种平衡。这种平衡是依浓度机制而完成的，体现了免疫系统的自我调节功能。通过对浓度较大的抗体的抑制作用和对浓度较低的抗体的促进作用，使得抗体不会过于集中，群体密度不会过大，通过协调抗体适应度与抗体浓度机制，实现抗体的促进或抑制，正是这两种评价因素的协调作用，使得群体中个体之间相互促进和抑制，既维持了抗体的多样性，降低了算法收敛于局部最优的概率，同时也保证了算法的收敛，体现了免疫算法群体更新的特点和优势。

3.2.2 免疫遗传算法仿生计算在聚类分析中的应用

本节以图像中的物体聚类分析为例，介绍用免疫遗传算法解决聚类问题的仿生计算方法。根据上面的介绍与分析，可知免疫遗传算法通过疫苗接种算子与免疫选择算子，降低了由交叉算子与变异算子所带来的盲目性和可能产生的群体退化，加快了搜索速度，提高了总体搜索能力，确保快速收敛于全局最优解，具有生物免疫的功能和特点。免疫进化算法增加了抗体浓度概率计算、抗体的促进和抑制、抗体的散布 3 个模块，以进一步提高解的多样性。抗体的浓度是指与某一个体相同或相近的个体在解群中所占的比例，将适应度相同的个体看作相同个体。抗体受到促进是指该个体的选择概率增加，抗体受到抑制是指该个体的选择概率减小。个体的选择概率由其适应度概率和浓度概率两部分组成，高适应度概率和低浓度概率的个体的选择概率相对较高。抗体的散布是指抗体在任一代解群中都应具有较好的散布性。免疫遗传算法通过协调抗体适应度与抗体浓度，实现抗体的促进或抑制，指导群体向着更优方向进化，同时保持种群中的多样性，提高全局搜索能力，避免陷入局部最优，造成早熟收敛，具有抗体的多样性保持功能。由于疫苗机制的引入，使抗体变异时更多地利用了种群中的信息，降低了盲目性，从而提高了局部搜索能力，具有自我调节功能。

1. 构造个体

对待聚类的 10 个样品进行编号，如图 3-4 所示，编号在每个样品的右上角，不同的样品编号不同，而且编号始终固定。

采用符号编码，位串长度 L 取 10 位，基因代表样品所属的类号（$1 \sim 3$），基因位的序号代表样品的编号，基因位的序号是固定的，也就是说某个样品在抗体中的位置是固定的，而每个样品所属的类别随时在变化。如果基因位为 n，则其对应第 n 个样品，而第 n 个基因位所指向的基因值代表第 n 个样品的归属类号。

每个个体包含一种分类方案。假设初始某个个体的抗体编码为（1，1，2，1，2，1，2，3，1，3），其含义为：第 3、5、7 个样品被分到第 2 类；第 8、10 个样品被分到第 3 类；第 1、2、4、6、9 个样品被分到第 1 类。由于是随机初始化，这时还处于假设分类情况，不是最优解，初始某个个体的抗体编码见表 3-2。

图 3-4　待聚类样品的编号

表 3-2　初始某个个体的抗体编码

基因值（分类号）	1	1	2	1	2	1	2	3	1	3
基因位	1	2	3	4	5	6	7	8	9	10
样品编号	1	2	3	4	5	6	7	8	9	10

　　经过免疫遗传算法找到的最优解如图 3-5 所示。免疫遗传算法找到的最优抗体编码见表 3-3。通过将样品值与基因值对照比较，会发现相同的数据被归为同一类，分到相同的类号，而且全部正确。

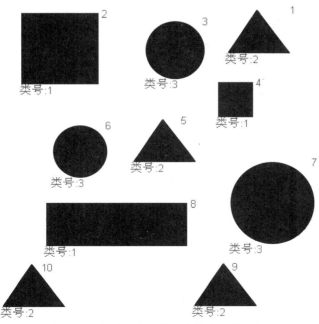

图 3-5　经过免疫遗传算法找到的最优解

表3-3　免疫遗传算法找到的最优抗体编码

基因值（分类号）	2	1	3	1	2	3	3	1	2	2
基因位	1	2	3	4	5	6	7	8	9	10
样品编号	1	2	3	4	5	6	7	8	9	10

2. 计算适应度

函数 Calfitness( ) 的结果为适应度值 AntiBody(i). fitness，代表每个个体优劣的程度。其计算过程类似于遗传算法一节中适应度值的计算方法。计算公式如下：

$$\text{AntiBody}(i). \text{fitness} = \sum_{i=1}^{\text{centerNum}} \sum_{j=1}^{n_i} \| X_j^{(i)} - C_i \|^2 = \sum_{i=1}^{\text{centerNum}} D_i$$

式中，centerNum 为聚类类别总数；n_i 为属于第 i 类的样品总数；$X_j^{(i)}$ 为属于第 i 类的第 j 个样品的特征值；C_i 为第 i 个类中心，其计算公式为 $C_i = \frac{1}{n_i} \sum_{k=1}^{n_i} X_k^{(i)}$。

AntiBody(i). fitness 越大，说明这种分类方法的误差越小，即其适应度值越大。

3. 交叉算子

这里交叉算子与遗传算法相类似，首先将整个种群中的个体 AntiBody 随机地两两配对，每一对依据交叉概率 P_c 决定要进行交叉操作的基因位，然后进行基因值的交换，如下所示，由此产生新的子代个体。依次重复 n 次，可生成 n 个子代。

父代个体 A

1	2	2	3	1	3	1	2	2	1

父代个体 B

3	1	3	1	3	2	3	1	3	2

子代个体 A

3	2	3	1	3	3	3	2	2	2

子代个体 B

1	1	2	3	3	2	1	1	3	1

4. 变异算子

这里变异算子与遗传算法类似。对每一个子代个体，循环每一个基因位，依据变异概率决定是否进行变异操作。变异操作为随机取可行解（即 1 ～ centerNum）中的一个值，替换当前值，从而产生变异的效果，过程如下。

父代个体

1	3	2	2	1	1	1	2	2	1

变异后产生的子代个体

2	3	1	3	1	1	1	2	2	3

5. 疫苗接种算子

使用疫苗接种算子，首先要提取疫苗。这里提取疫苗的方法是，依据样品的特征值，构建疫苗表，然后依据疫苗表中的信息对抗体个体进行疫苗接种，即基因值的修改。

具体操作如下。

① 计算样品两两之间的距离值，得到距离矩阵，见表 3-4，其中行与列分别对应 1 ~ 10 个样品的编号。

表 3-4　样品之间的距离值

编号	1	2	3	4	5	6	7	8	9	10
1	0	4.716 8	4.039 3	4.718 0	0.135 3	3.928 8	3.965 9	4.668 0	0.156 5	0.173 6
2	0	0	2.511 9	0.033 0	4.749 3	2.671 7	2.652 8	0.095 5	4.737 0	4.744 0
3	0	0	0	2.524 8	4.036 2	0.310 3	0.225 6	2.469 1	4.023 4	4.026 7
4	0	0	0	0	4.750 9	2.683 8	2.665 0	0.102 8	4.738 6	4.745 9
5	0	0	0	0	0	3.923 9	3.960 7	4.700 3	0.100 3	0.128 2
6	0	0	0	0	0	0	0.191 2	2.623 8	3.912 6	3.915 5
7	0	0	0	0	0	0	0	2.609 4	3.948 7	3.952 3
8	0	0	0	0	0	0	0	0	4.688 4	4.695 0
9	0	0	0	0	0	0	0	0	0	0.164 8
10	0	0	0	0	0	0	0	0	0	0

② 将距离矩阵中的距离值进行二值化，阈值取最大距离与最小距离的中间值。每一行找出最小距离，与中间值比较，若小于中间值，则置 1；否则，置 0。从而可得到疫苗表见表 3-5。

表 3-5　疫苗表

编号	1	2	3	4	5	6	7	8	9	10
1	0	0	0	0	1	0	0	0	0	0
2	0	0	0	1	0	0	0	0	0	0
3	0	0	0	0	0	0	1	0	0	0
4	0	0	0	0	0	0	0	1	0	0
5	0	0	0	0	0	0	0	0	1	0
6	0	0	0	0	0	0	1	0	0	0
7	0	0	0	0	0	0	0	0	0	0
8	0	0	0	0	0	0	0	0	0	0
9	0	0	0	0	0	0	0	0	0	1
10	0	0	0	0	0	0	0	0	0	0

该疫苗表显示了样品中与特征值较接近的样品。

③ 对于每一个个体，随机选择一个（或数个）基因位 m（$1 \leq m \leq \text{centerNum}$），通过查表，将与该基因位距离较近的基因位的值改为与 m 位相同的基因值，从而令抗体个体根据

先验知识得到改善。

例如，对个体：

4	1	3	3	1	1	1	2	2	1

随机选定第 4 位进行疫苗接种，通过查表，得知第 4 个样品与第 8 个样品的距离较近，则将该个体第 8 个基因位的值改成"3"，成为：

4	1	3	3	1	1	1	3	2	1

6. 免疫检测算子

比较疫苗接种前的抗体 AntiBody(i) 和疫苗接种后的抗体 newAntiBody(i) 的适应度值，如果疫苗接种后抗体的适应值降低了，则用 AntiBody(i) 替换覆盖 newAntiBody(i)。

7. 免疫平衡算子

如前所述，免疫平衡算子是为了求每个抗体的浓度概率，方法如下。

（1）浓度计算

对于每一个抗体，统计种群中适应度值与其相近的抗体的数目 N_i，浓度 AntiBody(i). density 即 $\dfrac{N_i}{\text{AntiBodyNum}}$。

（2）浓度概率计算

设定一个浓度阈值 T，统计浓度高于该阈值的抗体，记数量为 HighNum。规定这 HighNum 个浓度较高的抗体浓度概率为：

$$P_{\text{density}} = \frac{1}{\text{AntiBodyNum}}\left(1 - \frac{\text{HighNum}}{\text{AntiBodyNum}}\right) \tag{3-6}$$

则其余 AntiBodyNum−HighNum 个浓度较低的抗体浓度概率为：

$$P_{\text{density}} = \frac{1}{\text{AntiBodyNum}}\left(1 + \frac{\text{HighNum}}{\text{AntiBodyNum}} \cdot \frac{\text{HighNum}}{\text{AntiBodyNum}-\text{HighNum}}\right) \tag{3-7}$$

8. 免疫选择算子

依据适应度值和抗体浓度计算选择概率，公式为：

$$\text{AntiBody.} P_{\text{choose}} = \alpha \cdot P_{\text{fitness}} + (1-\alpha) \cdot P_{\text{density}} \tag{3-8}$$

利用轮盘赌的选择方式，依据算出的选择概率对 newAntiBody 进行选择，选出相对适应度较高的 AntiBodyNum 个个体组成下一代种群 AntiBody。

9. 终止条件

经过多次迭代，算法逐渐收敛，当达到规定的最大迭代次数时，迭代进化终止。

10. 实现步骤

① 设置相关参数。

初始化初始抗体规模 AntiBodyNum，交叉概率 $P_c = 0.6$，变异概率 $P_m = 0.05$。从对话框得到用户输入的最大迭代次数 MaxIter 和聚类中心数目 centerNum。

② 获得所有样品个数及特征，并依据样品的近似度构造疫苗表。

③ 群体初始化。

④ 抗体个体更新。

➤ 交叉算子：随机将抗体种群中的个体进行两两配对，以概率 $P_c = 0.6$ 生成一个"一点交叉"的交叉位 point，对交叉位后的基因进行交叉运算，直到中间群体中所有个体都被选择过。

➤ 变异算子：对所有个体，循环每一个基因位，产生随机数 rand，当概率 $P_m = 0.05 >$ rand 时，对该位基因进行变异运算，随机产生 $1 \sim$ centerNum 之间的一个数赋值给该位，生成子代群体。

➤ 疫苗接种算子：随机从种群中选择若干需要接种的抗体，利用疫苗表中显示的样品相似关系，对抗体的基因位进行修改。

➤ 免疫检测算子：计算接种疫苗后抗体的亲和度，如果亲和度得到提高，则保留新个体；否则，保留旧抗体。

⑤ 免疫平衡算子。

➤ 计算抗体浓度值：对每个抗体，累计抗体中与之亲和度相同的抗体个数 k，用 k 除以抗体规模，为每个抗体的浓度。

➤ 计算抗体浓度概率：以种群中最大浓度值与最小浓度值的中间值作为阈值，大于阈值的抗体使用式（3-6）计算浓度概率，小于阈值的抗体使用式（3-7）计算浓度概率。

⑥ 依据式（3-8）确定抗体的选择概率，使用轮盘赌选择算子选择抗体个体，组成新种群。

⑦ 调用 FindBest( ) 函数记录最佳个体。

⑧ 若已经达到最大迭代次数，则退出循环，将总的最优个体的抗体解码，返回各个样品的类别号，否则到第④步"抗体个体更新"继续运行。

免疫遗传算法流程图如图 3-6 所示。

11. 编程代码

（1）算法总流程

```
%%%%%%%%%%%%%%%%%%%%%%%%%%%%%%%%%%%%%%%%%%%%
%函数名称:C_IGA( )
%参数:m_pattern,样品特征库;patternNum,样品数目
%返回值:m_pattern,样品特征库
%函数功能:按照免疫算法对全体样品进行聚类
%%%%%%%%%%%%%%%%%%%%%%%%%%%%%%%%%%%%%%%%%%%%
function [ m_pattern ] = C_IGA( m_pattern,patternNum )
disType = DisSelDlg( );%获得距离计算类型
[ centerNum MaxGeneration ] = InputClassDlg( );%获得类中心数和最大迭代次数
AntiBodyNum = 200;%种群大小
pc = 0.6;%交叉概率
pm = 0.05;%变异概率
%初始化种群结构
```

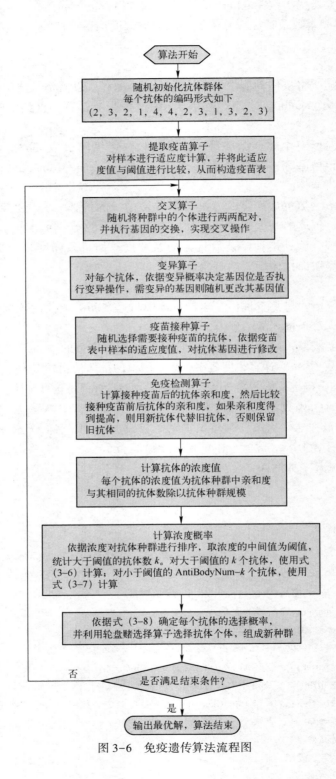

图 3-6　免疫遗传算法流程图

```
for i = 1:AntiBodyNum
        m_antibody(i).string = ceil(centerNum. * rand(1,patternNum));%初始化个体位串,随机生成
全体群体的抗体值
        m_antibody(i).fitness = 0;%抗体亲和度
        m_antibody(i).density = 0;%抗体浓度
        m_antibody(i).Pf = 0;%抗体亲和度概率
        m_antibody(i).Pd = 0;%抗体浓度概率
end
%初始化全局最优个体
cBest = m_antibody(1);
%提取并生成疫苗表
[m_vac] = C_Vac(m_pattern,patternNum,centerNum,disType);
disp(m_vac);%输出疫苗表
%对当前群体评估
[m_antibody] = CalFitness(m_antibody,AntiBodyNum,patternNum,centerNum,m_pattern,disType);
%计算个体的亲和度值
[cBest] = FindBest(m_antibody,AntiBodyNum,cBest,1);%寻找最优个体,更新总的最优个体
%迭代计算
for i = 2:MaxGeneration
        %产生下一代
        %交叉
        [m_antibody] = Crossover(m_antibody,AntiBodyNum,pc,patternNum);
        %变异
        [m_antibody] = Mutation(m_antibody,AntiBodyNum,pm,patternNum,centerNum);
        %对当前群体评估
        [m_antibody] = CalFitness(m_antibody,AntiBodyNum,patternNum,centerNum,m_pattern,dis-
Type);%计算个体的评估值
        %免疫
        [m_antibody] = ImmOperator(m_pattern,patternNum,m_antibody,AntiBodyNum,centerNum,
disType,m_vac);
        %计算抗体浓度值
        [m_antibody] = CalDensity(m_antibody,AntiBodyNum);
        %计算抗体的亲和度概率和浓度概率
        [m_antibody] = CalPf(m_antibody,AntiBodyNum);
        [m_antibody] = CalPd(m_antibody,AntiBodyNum);
        %选择算子
        [m_antibody] = Selection(m_antibody,AntiBodyNum);
        %对当前群体进行评估,寻找最优个体,更新总的最优个体
        [cBest] = FindBest(m_antibody,AntiBodyNum,cBest,i);
end
%总体最优解解码,返回各样品类别号
for i = 1:patternNum
        m_pattern(i).category = cBest.string(1,i);
end
```

```
%显示结果
str=['最优解出现在第' num2str(cBest. index)'代'];
msgbox(str,'modal');
```

（2）构造疫苗表

```
%%%%%%%%%%%%%%%%%%%%%%%%%%%%%%%%%%%%%%
%函数名称:C_Vac
%参数:m_pattern,样品特征库;patternNum,样品数目
%返回值:m_vac,疫苗表
%%%%%%%%%%%%%%%%%%%%%%%%%%%%%%%%%%%%%%
function [m_vac]=C_Vac(m_pattern,patternNum,centerNum,disType)
%初始化疫苗
m_vac=zeros(patternNum,patternNum);
tempDis=zeros(patternNum,patternNum);
%找到距离最近的样品,作为疫苗
for i=1:(patternNum-1)
    for j=(i+1):patternNum
        tempDis(i,j)=GetDistance(m_pattern(i),m_pattern(j),disType);%计算距离
    end
end
%设定提取疫苗阈值
threshold=min(tempDis(:))+(max(tempDis(:))-min(tempDis(:)))/2;
%生成疫苗表
for i=1:patternNum-1
    [minm,loc1]=min(tempDis(i,i+1:patternNum));
    if(minm<threshold)
        m_vac(i,loc1+i)=1;
    end
end
```

（3）免疫算子

```
%%%%%%%%%%%%%%%%%%%%%%%%%%%%%%%%%%%%%%
%函数名称:ImmOperator()
%参数:m_antibody,种群结构;AntiBodyNum,种群规模
%返回值:m_antibody,种群结构
%函数功能:免疫操作
%%%%%%%%%%%%%%%%%%%%%%%%%%%%%%%%%%%%%%
function[m_antibody]=ImmOperator(m_pattern,patternNum,m_antibody,AntiBodyNum,centerNum,
disType,m_vac)
global Nwidth;
cFitness=zeros(1,AntiBodyNum);
temp=m_antibody;
for i=1:AntiBodyNum
```

```
if(i=1)
        cFitness(i)=m_antibody(i).fitness;
else
        cFitness(i)=cFitness(i-1)+m_antibody(i).fitness;
    end
end
cFitness=cFitness/cFitness(AntiBodyNum);
for i=1:AntiBodyNum                    %随机选择的抗体个数
    p=rand;
    index=1;
    while(cFitness(index)<p)
        index=index+1;
    end
    temp(i)=m_antibody(index);
    for k=1:patternNum
        for j1=1:patternNum
            if(m_vac(k,j1)~=0)
                temp(i).string(1,j1)=temp(i).string(1,k);%注入疫苗
            end
        end
    end
    temp(i)=OneCalfitness(temp(i),patternNum,centerNum,m_pattern,disType,i);%对注入疫苗
后的抗体计算评估值
    if temp(i).fitness>m_antibody(index).fitness
        m_antibody(i)=temp(i);
    end
end
```

（4）计算适应度值

```
%%%%%%%%%%%%%%%%%%%%%%%%%%%%%%%%%%%%%%%%
%函数名称:CalFitness()
%参数:m_antibody,种群结构;AntiBodyNum,种群规模;patternNum,样品数目;
%       centerNum,类中心数;m_pattern,样品特征库;disType,距离类型
%返回值:m_antibody,种群结构
%函数功能:计算个体的评估值
%%%%%%%%%%%%%%%%%%%%%%%%%%%%%%%%%%%%%%%%
function [m_antibody]=CalFitness(m_antibody,AntiBodyNum,patternNum,centerNum,m_pattern,dis-
Type)
global Nwidth;
for i=1:AntiBodyNum
    for j=1:centerNum%初始化聚类中心
        m_center(j).index=i;
        m_center(j).feature=zeros(Nwidth,Nwidth);
```

```
            m_center(j).patternNum=0;
        end
        %计算聚类中心
        for j=1:patternNum

            m_center(m_antibody(i).string(1,j)).feature=m_center(m_antibody(i).string(1,j)).
feature+m_pattern(j).feature;
            m_center(m_antibody(i).string(1,j)).patternNum=m_center(m_antibody(i).string(1,j)).
patternNum+1;
        end
        d=0;
        for j=1:centerNum
            if(m_center(j).patternNum~=0)
                m_center(j).feature=m_center(j).feature/m_center(j).patternNum;
            else
                d=d+1;
            end
        end
        m_antibody(i).fitness=0;
        %计算个体评估值
        for j=1:patternNum

            m_antibody(i).fitness=m_antibody(i).fitness+GetDistance(m_center(m_antibody(i).string
(1,j)),m_pattern(j),disType)^2;
        end
        m_antibody(i).fitness=1/(m_antibody(i).fitness+d);
    end
```

(5) 计算单个抗体适应度

```
%%%%%%%%%%%%%%%%%%%%%%%%%%%%%%%%%%%%%%%%%%%%
%函数名称:OneCalfitness()
%参数:m_antibody,种群结构;AntiBodyNum,种群规模;patternNum,样品数目;
%      centerNum,类中心数;m_pattern,样品特征库;disType,距离类型
%返回值:m_antibody,种群结构
%函数功能:计算单一抗体的评估值
%%%%%%%%%%%%%%%%%%%%%%%%%%%%%%%%%%%%%%%%%%%%
function [ m_antibody_i ]=OneCalfitness(m_antibody_i,patternNum,centerNum,m_pattern,disType,in-
dex)%AntibodyNum,
global Nwidth;
for j=1:centerNum%初始化聚类中心
    m_center(j).index=index;
    m_center(j).feature=zeros(Nwidth,Nwidth);
    m_center(j).patternNum=0;
```

```
end
%计算聚类中心
for j = 1:patternNum
    m_center(m_antibody_i.string(1,j)).feature = m_center(m_antibody_i.string(1,j)).feature+m_pat-
tern(j).feature;
    m_center(m_antibody_i.string(1,j)).patternNum = m_center(m_antibody_i.string(1,j)).pattern-
Num+1;
end
d = 0;
for j = 1:centerNum
    if(m_center(j).patternNum ~ = 0)
        m_center(j).feature = m_center(j).feature/m_center(j).patternNum;
    else
        d = d+1;
    end
end
m_antibody_i.fitness = 0;
%计算个体评估值
for j = 1:patternNum

    m_antibody_i.fitness = m_antibody_i.fitness+GetDistance(m_center(m_antibody_i.string(1,j)),m
_pattern(j),disType)^2;
end
m_antibody_i.fitness = 1/(m_antibody_i.fitness+d);
```

（6）计算抗体浓度

功能实现上包括依据适应度排序 FitSort( )，计算抗体浓度 CalDensity( )。

```
%%%%%%%%%%%%%%%%%%%%%%%%%%%%%%%%%%%%%%%%
%函数名称:FitSort()
%参数:m_antibody,抗体种群;AntiBodyNum,抗体种群规模
%返回值:m_antibody,抗体种群
%函数功能:依据亲和度排序
%%%%%%%%%%%%%%%%%%%%%%%%%%%%%%%%%%%%%%%%
function [ m_antibody ] = FitSort(m_antibody,AntiBodyNum)
for i = 1:AntiBodyNum-1
    for j = i:AntiBodyNum
        if m_antibody(i).fitness<m_antibody(j).fitness
            temp = m_antibody(i);
            m_antibody(i) = m_antibody(j);
            m_antibody(j) = temp;
        end
    end
end
```

```
%%%%%%%%%%%%%%%%%%%%%%%%%%%%%%%%%%%%%%%%%%%
% 函数名称:CalDensity()
% 参数:m_antibody,抗体种群;AntiBodyNum,抗体种群规模
% 返回值:m_antibody,抗体种群
% 函数功能:计算抗体浓度
%%%%%%%%%%%%%%%%%%%%%%%%%%%%%%%%%%%%%%%%%%%
function [ m_antibody ] = CalDensity( m_antibody, AntiBodyNum)
% 依据亲和度排序
[ m_antibody ] = FitSort( m_antibody, AntiBodyNum);
B1 = m_antibody(1);
n1 = 1;
for i = 1:AntiBodyNum
    if m_antibody(i).fitness == B1.fitness
        continue;
    else
        B1 = m_antibody(i);
        n2 = i;
        num = n2-n1;
        for j = 1:num
            m_antibody(n1+j-1).density = num/AntiBodyNum;
        end
        n1 = i;
    end
    if i == AntiBodyNum
        n2 = i+1;
        num = n2-n1;
        for j = 1:num
            m_antibody(n1+j-1).density = num/AntiBodyNum;
        end
    end
end
```

（7）计算适应度概率 P_f 与浓度概率 P_d

功能实现上包括 DensSort()、CalPf()、CalPd()。

```
%%%%%%%%%%%%%%%%%%%%%%%%%%%%%%%%%%%%%%%%%%%
% 函数名称:DensSort()
% 参数:m_antibody,抗体种群;AntiBodyNum,抗体种群规模
% 返回值:m_antibody,抗体种群
% 函数功能:依据浓度排序
%%%%%%%%%%%%%%%%%%%%%%%%%%%%%%%%%%%%%%%%%%%
function [ m_antibody ] = DensSort( m_antibody, AntiBodyNum)
for i = 1:AntiBodyNum-1
    for j = i:AntiBodyNum
```

```
        if m_antibody(i).density<m_antibody(j).density
            temp=m_antibody(i);
            m_antibody(i)=m_antibody(j);
            m_antibody(j)=temp;
        end
    end
end
```

%%%%%%%%%%%%%%%%%%%%%%%%%%%%%%%%%%%%%%%
%函数名称:CalPf()
%参数:m_antibody,抗体种群;AntiBodyNum,抗体种群规模
%返回值:m_antibody,抗体种群
%函数功能:计算抗体亲和度概率
%%%%%%%%%%%%%%%%%%%%%%%%%%%%%%%%%%%%%%%

```
function [ m_antibody ]=CalPf(m_antibody,AntiBodyNum)
totalFitness=0;
for i=1:AntiBodyNum
    totalFitness=totalFitness+m_antibody(i).fitness;
end
for i=1:AntiBodyNum
    m_antibody(i).Pf=m_antibody(i).fitness/totalFitness;
end
```

%%%%%%%%%%%%%%%%%%%%%%%%%%%%%%%%%%%%%%%
%函数名称:CalPd()
%参数:m_antibody,抗体种群;AntiBodyNum,抗体种群规模
%返回值:m_antibody,抗体种群
%函数功能:计算抗体浓度概率
%%%%%%%%%%%%%%%%%%%%%%%%%%%%%%%%%%%%%%%

```
function [ m_antibody ]=CalPd(m_antibody,AntiBodyNum)
[ m_antibody ]=DensSort(m_antibody,AntiBodyNum);
T=(m_antibody(1).density+m_antibody(AntiBodyNum).density)/2;
n=0;
Pd1=0;
Pd2=0;
for i=1:AntiBodyNum
    if m_antibody(i).density<T
        Pd1=(1-(i-1)/AntiBodyNum)/AntiBodyNum;
        Pd2=(1+((i-1)/AntiBodyNum)*((i-1)/(AntiBodyNum-(i-1))));
        n=i;
        break;
    else
        continue;
    end
end
```

```matlab
for i = 1:AntiBodyNum
    if i<n
        m_antibody(i).Pd=Pd1;
    else
        m_antibody(i).Pd=Pd2;
    end
end
```

（8） 选择算子

```matlab
%%%%%%%%%%%%%%%%%%%%%%%%%%%%%%%%%%%%%%%%%%
%函数名称:Selection()
%参数:m_antibody,种群结构;AntiBodyNum,种群规模
%返回值:m_antibody,种群结构
%函数功能:选择操作
%%%%%%%%%%%%%%%%%%%%%%%%%%%%%%%%%%%%%%%%%%
function [m_antibody] = Selection(m_antibody,AntiBodyNum)
%确定抗体个体选择概率
a=0.7;
P=zeros(1,AntiBodyNum);
for i=1:AntiBodyNum
    P(i)= a * m_antibody(i).Pf+(1-a) * m_antibody(i).Pd;
end
C=zeros(1,AntiBodyNum);
for i=1:AntiBodyNum
    if(i==1)
        C(i)=P(i);
    else
        C(i)=C(i-1)+P(i);
    end
end
C=C/C(AntiBodyNum);
for i=1:AntiBodyNum
    p=rand;
    index=1;
    while(C(index)<p)
        index=index+1;
    end
    newantibody(i)=m_antibody(index);
end
m_antibody=newantibody;
```

（9） 寻找最优个体

```matlab
%%%%%%%%%%%%%%%%%%%%%%%%%%%%%%%%%%%%%%%%%%
```

```
%函数名称:FindBest( )
%参数:m_antibod,种群结构;AntiBodyNum,种群规模;
%      cBest,最优个体;generation,当前代数
%返回值:cBest,最优个体
%函数功能:寻找最优个体,更新总的最优个体
%%%%%%%%%%%%%%%%%%%%%%%%%%%%%%%%%%%%%
function ［cBest］= FindBest( m_antibody,AntiBodyNum,cBest,generation)
%初始化局部最优个体
best = m_antibody(1);
for i = 2:AntiBodyNum
    if( m_antibody(i). fitness>best. fitness)
        best = m_antibody(i);
    end
end
if( generation = 1 )
    cBest = best;
    cBest. index = 1;
else
    if( best. fitness>cBest. fitness)
        cBest = best;
        cBest. index = generation;
    end
end
```

12. 效果图

免疫遗传算法聚类效果图如图 3-7 所示。

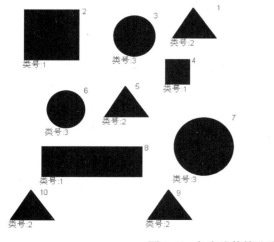

图 3-7　免疫遗传算法聚类效果图

3.3 免疫规划算法仿生计算

3.3.1 免疫规划算法

1. 基本原理

免疫规划算法与免疫遗传算法类似，是借鉴了免疫系统能够产生和维持多样性抗体的能力和自我调节能力，在进化规划算法（EP）的基础上引入生物免疫机制而形成的新型智能算法。免疫规划算法在原理上与免疫遗传算法的不同之处在于它不使用交叉或重组算子，而是利用高斯变异算子作为生成新抗体个体算子。由于高斯变异算子充分考虑了自身的适应度信息，使得原本较为盲目的随机搜索有了变异幅度的自适应性调整，从而得到了性能上的优化。这一点与进化规划算法相同，可以参考前面对进化规划算法的介绍。

2. 基本流程

免疫规划算法的基本流程如下。

① 随机初始化群体，设置算法参数。

② 根据具体问题提取抗原，根据问题的目标函数形式和约束条件提取疫苗，构造疫苗表。

③ 执行个体更新操作。

➤ 利用高斯变异算子产生新个体：对每一个抗体，循环每一个基因位，产生随机数 rand，当概率 P_m>rand 时，对该位基因进行高斯变异运算，通过在原来的基因位上加一个符合高斯分布的随机数，生成新的子代个体。

➤ 疫苗接种算子：将选择出来的抗体用事先提取出的疫苗进行接种，即依据疫苗中的相应基因位修改抗体相应基因位上的值。

④ 计算群体中每个抗体的适应度。

⑤ 免疫选择。

➤ 免疫检测算子：比较接种疫苗前后两个抗体的适应度值，如果接种疫苗后的适应度值没有父代的抗体高，则用父代的抗体代替接种之后的抗体，参加种群选择。

➤ 对于免疫检测后的个体，计算抗体浓度。

➤ 免疫平衡算子：根据抗体的适应度和浓度确定选择概率，选择概率如下：

$$P=\alpha \cdot P_f+(1-\alpha) \cdot P_d$$

式中，P_f 是抗体的适应度概率，定义为抗体的适应度与适应度总和之比；P_d 是抗体的浓度概率，抗体的浓度越高越受到抑制，浓度越低则越得到促进；α 是比例系数，决定了适应度与浓度的作用大小。

➤ 选择算子：依据一些常用的选择方式进行选择，如轮盘赌选择算子、模拟退火选择算子等，选择出新的种群。

⑥ 从新种群中寻找最优个体并记录下来。

⑦ 判断是否达到停止条件，即是否达到最大迭代次数。如果是，则跳出循环，输出最

优解；否则，返回步骤③，进行迭代。

免疫规划算法的流程图如图 3-8 所示。

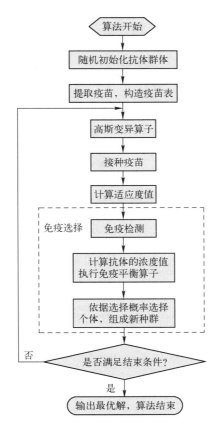

图 3-8 免疫规划算法的流程图

3.3.2 免疫规划算法仿生计算在聚类分析中的应用

1. 构造个体

对待聚类的 9 个样品进行编号，如图 3-9 所示，在每个样品的右上角，不同的样品，编号不同，而且编号始终固定。

采用符号编码，位串长度 L 取 9 位，基因值代表样品所属的类号（1～4），基因位的序号代表样品的编号，基因位的序号是固定的，也就是说某个样品在抗体中的位置是固定的，而每个样品所属的类别随时在变化。如果基因位为 n，则其对应第 n 个样品，而第 n 个基因位所指向的基因值代表第 n 个样品的归属类号。

每个个体包含一种分类方案。假设初始某个个体的抗体编码为（3，1，3，4，2，1，4，3，2），其含义为：第 5、9 个样品被分到第 2 类；第 1、3、8 个样品被分到第 3 类；第 2、6 个样品被分到第 1 类，第 4、7 个样品被分到第 4 类。由于是随机初始化，这时还处于假设分类的情况，不是最优解，初始某个个体的抗体编码见表 3-6。

图 3-9　待聚类样品的编号

表 3-6　初始某个个体的抗体编码

基因值（分类号）	3	1	3	4	2	1	4	3	2	
基因位	1	2	3	4	5	6	7	8	9	
样品编号	1	2	3	4	5	6	7	8	9	

　　经过免疫规划算法找到的最优解如图 3-10 所示。免疫规划算法找到的最优抗体编码见表 3-7。通过样品值与基因值对照比较，会发现相同的数据被归为同一类，分到相同的类号，而且全部正确。

图 3-10　经过免疫规划算法找到的最优解

表 3-7　免疫规划算法找到的最优抗体编码

基因值（分类号）	1	4	4	1	2	2	3	3	4	
基因位	1	2	3	4	5	6	7	8	9	
样品编号	1	2	3	4	5	6	7	8	9	

2. 计算适应度

函数 Calfitness( ) 的结果为适应度值 AntiBody(i).fitness，代表每个个体优劣的程度。其计算过程类似于遗传算法一节中适应度值的计算方法。计算公式如下：

$$\text{AntiBody}(i).\text{fitness} = \sum_{i=1}^{\text{centerNum}} \sum_{j=1}^{n_i} \| \boldsymbol{X}_j^{(i)} - \boldsymbol{C}_i \|^2 = \sum_{i=1}^{\text{centerNum}} D_i$$

式中，centerNum 为聚类类别总数；n_i 为属于第 i 类的样品总数；$\boldsymbol{X}_j^{(i)}$ 为属于第 i 类的第 j 个样品的特征值；$\boldsymbol{C}_i$ 为第 i 个类中心，其计算公式为 $\boldsymbol{C}_i = \dfrac{1}{n_i} \sum_{k=1}^{n_i} \boldsymbol{X}_k^{(i)}$。

AntiBody(i).fitness 越大，说明这种分类方法的误差越小，即其适应度值越大。

3. 高斯变异算子

通过让每个子代个体的每一个基因位 newAntiBody(i).string(1，j)，加上一个服从 $N(0，\sigma_i)$ 的正态分布随机数，以达到变异的效果，即

$$\text{newpop}(i).\text{string}(1，j) = \text{newpop}(i).\text{string}(1，j) + \sigma_i \cdot N(0，1) \qquad (3-9)$$

4. 疫苗接种算子

这里的疫苗接种算子与免疫遗传算法中的相同，也是以样品之间特征值之差的累加和作为先验知识，构造疫苗表，再根据该疫苗表修改抗体。

5. 免疫检测算子

比较疫苗接种前的抗体 AntiBody(i) 和疫苗接种后抗体 newAntiBody(i) 的适应度值，如果疫苗接种后抗体的适应度值降低，则用 AntiBody(i) 替换 newAntiBody(i)。

6. 免疫平衡算子

如前所述，免疫平衡算子的作用是求出每个抗体的浓度概率，方法如下。

（1）浓度计算

对于每一个抗体，统计种群中适应度值与其相等的抗体的数目 N_i，浓度 AntiBody(i).density 即为 $\dfrac{N_i}{\text{AntiBodyNum}}$。

（2）浓度概率计算

设定一个浓度阈值 T，统计浓度高于该阈值的抗体，记数量为 HighNum，规定这 HighNum 个浓度较高的抗体浓度概率为：

$$P_{\text{density}} = \frac{1}{\text{AntiBodyNum}} \left(1 - \frac{\text{HighNum}}{\text{AntiBodyNum}} \right) \tag{3-10}$$

则其余 AntiBodyNum−HighNum 个浓度较低的抗体浓度概率为：

$$P_{\text{density}} = \frac{1}{\text{AntiBodyNum}} \left(1 + \frac{\text{HighNum}}{\text{AntiBodyNum}} \cdot \frac{\text{HighNum}}{\text{AntiBodyNum}-\text{HighNum}} \right) \tag{3-11}$$

7. 免疫选择算子

依据适应度值和抗体浓度计算选择概率，公式如下：

$$\text{AntiBody}.P_{\text{choose}} = \alpha \cdot P_{\text{fitness}} + (1-\alpha) \cdot P_{\text{density}} \tag{3-12}$$

利用轮盘赌的选择方式，依据算出的选择概率对 newAntiBody 进行选择，选出相对适应度较高的 AntiBodyNum 个个体组成下一代种群 AntiBody。

8. 终止条件

经过多次迭代，算法逐渐收敛，当达到规定的最大迭代次数时，迭代进化终止。

9. 实现步骤

① 设置相关参数。

初始化初始抗体规模 AntiBodyNum，变异概率 $P_{\text{m}} = 0.05$。从对话框得到用户输入的最大迭代次数 MaxIter 和聚类中心数目 centerNum。

② 获得所有样品个数及特征，并依据样品的近似度构造疫苗表。

③ 群体初始化。

④ 抗体个体更新。

➤ 变异算子：对所有个体，循环每一个基因位，产生随机数 p，当概率 $P_{\text{m}} = 0.05 > p$ 时，对该位基因进行变异运算，随机产生 1 ~ centerNum 之间的一个数赋值给该位，生成子代群体。

➤ 疫苗接种算子：随机从种群中选择若干需要接种的抗体，利用疫苗表中显示的样品相似关系，对抗体的基因位进行修改。

➤ 免疫检测算子：计算接种疫苗后抗体的亲和度，如果亲和度得到提高，则保留新个体；否则，保留旧抗体。

⑤ 免疫平衡算子。

➤ 计算抗体种群内抗体个体的浓度：对每个抗体，累计抗体中与之亲和度相同的抗体个数 k，用 k 除以抗体规模，即为每个抗体的浓度。

➤ 计算抗体浓度概率：以种群中最大浓度值与最小浓度值的中间值作为阈值，大于阈值的抗体使用公式（3-10）计算浓度概率，小于阈值的抗体使用公式（3-11）计算浓度概率。

⑥ 依据公式（3-12）确定抗体的选择概率，使用轮盘赌选择算子选择抗体个体，组成新种群。

⑦ 调用 FindBest( ) 函数记录最佳个体。

⑧ 若已经达到最大迭代次数，则退出循环，将总的最优个体的抗体解码，返回各个样品的类别号；否则，回到第④步"抗体个体更新"继续运行。

10. 编程代码

（1）算法总流程

```
%%%%%%%%%%%%%%%%%%%%%%%%%%%%%%%%%%%%%%%%%%%
%函数名称:C_IP()
%参数:m_pattern,样品特征库;patternNum,样品数目
%返回值:m_pattern,样品特征库
%函数功能:按照免疫规划算法对全体样品进行聚类
%%%%%%%%%%%%%%%%%%%%%%%%%%%%%%%%%%%%%%%%%%%
function [ m_pattern ] = C_IP( m_pattern,patternNum)
disType = DisSelDlg();%获得距离计算类型
[centerNum MaxIter] = InputClassDlg();%获得类中心数和最大迭代次数
AntiBodyNum = 200;%种群大小
%初始化种群结构
for i = 1:AntiBodyNum
    m_antibody(i).string = ceil(centerNum. * rand(1,patternNum));%初始化个体位串,随机生成
全体群体的抗体值
    m_antibody(i).fitness = 0;%抗体亲和度
    m_antibody(i).density = 0;%抗体浓度
    m_antibody(i).Pf = 0;%抗体亲和度概率
    m_antibody(i).Pd = 0;%抗体浓度概率
end
%初始化全局最优个体
cBest = m_antibody(1);%其中 cBest 的 index 属性记录最优个体出现在第几代
pm = 0.05;%变异概率
%提取并生成疫苗表
[m_vac] = C_Vac(m_pattern,patternNum,centerNum,disType);
disp(m_vac);%输出疫苗表
%对当前群体进行评估
[m_antibody] = CalFitness(m_antibody,AntiBodyNum,patternNum,centerNum,m_pattern,disType);
%计算个体的亲和度
[cBest] = FindBest(m_antibody,AntiBodyNum,cBest,1);%寻找最优个体,更新总的最优个体
%迭代计算
for i = 2:MaxIter
    %产生下一代
    %变异
    [m_antibody] = GaussMutation(m_antibody,AntiBodyNum,pm,patternNum,centerNum);
    %对当前群评估排序
    [ m_antibody ] = CalFitness ( m_antibody,AntiBodyNum,patternNum,centerNum,m_pattern,dis-
Type);%计算个体的适应度
    %免疫
```

$$[\,m\_antibody\,] = ImmOperator$$

$(m\_pattern, patternNum, m\_antibody, AntiBodyNum, centerNum, disType, m\_vac)\,;\%$免疫算子

%计算抗体浓度值

$[\,m\_antibody\,] = CalDensity(\,m\_antibody, AntiBodyNum\,)\,;$

%计算抗体的亲和度概率和浓度概率

$[\,m\_antibody\,] = CalPf(\,m\_antibody, AntiBodyNum\,)\,;$

$[\,m\_antibody\,] = CalPd(\,m\_antibody, AntiBodyNum\,)\,;$

%选择算子

$[\,m\_antibody\,] = Selection(\,m\_antibody, AntiBodyNum\,)\,;$

%对当前群体进行评估，寻找最优个体，更新总的最优个体

$[\,cBest\,] = FindBest(\,m\_antibody, AntiBodyNum, cBest, i\,)\,;$

end

%总体最优解解码，返回各样品类别号

for $i = 1:patternNum$

　　$m\_pattern(i).\,category = cBest.\,string(\,1, i\,)\,;$

end

%显示结果

str = ['最优解出现在第' num2str(cBest. index) '代'];

msgbox(str,'modal');

（2）构造疫苗表、免疫算子、计算适应度、计算抗体浓度、选择算子、寻找最优个体，详见 3.2.2 节编程代码中的内容。

（3）高斯变异算子

```
%%%%%%%%%%%%%%%%%%%%%%%%%%%%%%%%%%%%%%%%%%
%函数名称:GaussMutation( )
%参数:m_antibody,种群结构;AntiBodyNum,种群规模;pm,变异概率;
%       patternNum,样品数量;centerNum,类中心数
%返回值:m_antibody,种群结构
%函数功能:高斯变异操作
%%%%%%%%%%%%%%%%%%%%%%%%%%%%%%%%%%%%%%%%%%
function [ m_antibody ] = GaussMutation( m_antibody,AntiBodyNum,pm,patternNum,centerNum)
for i = 1:AntiBodyNum
    for j = 1:patternNum
        p = rand;
        if( p<pm)
            r = rand( 1,centerNum);
            gauss = sum( r)/centerNum;
            topbound = centerNum;
            bottombound = 1;
            if m_antibody(i). string( 1,j) -bottombound>topbound-m_antibody(i). string( 1,j)
                bottombound = m_antibody(i). string( 1,j) * 2-topbound;
            else
```

$$topbound = m\_antibody(i).string(1,j) * 2 - bottombound;$$

$$end$$

$$gauss = gauss * (topbound - bottombound) + bottombound;$$

$$m\_antibody(i).string(1,j) = mod(round((gauss)), centerNum) + 1;$$

$$end$$

$$end$$

$$end$$

11. 效果图

免疫规划算法聚类效果图如图 3-11 所示。

图 3-11　免疫规划算法聚类效果图

3.4　免疫策略算法仿生计算

3.4.1　免疫策略算法

1. 基本原理

与免疫规划算法相同，免疫策略算法是在进化策略（ES）的基础上引入免疫原理与机制而形成的新算法。在免疫策略算法中，使用了重组算子、高斯变异算子等进化算子，以及疫苗接种算子和免疫选择算子等免疫算子。种群通过重组算子，产生大于原种群的子代种群，并经过高斯变异算子进一步更新子代种群，执行疫苗接种算子和免疫选择算子，使得具有较高适应度值的抗体个体被选出，组成下一代种群。以这种方式，通过迭代的方式实现寻优。

2. 基本流程

免疫策略算法的基本流程如下。

① 根据具体问题提取抗原，即根据问题的目标函数形式和约束条件提取疫苗。

② 随机初始化群体，设置算法参数。

③ 执行个体更新操作。

➤ 重组算子：从种群中随机选择两个父代个体，进行重组算子，即对于每一个基因位，依据重组概率，决定每一个基因位是遗传自哪一个父代个体，从而生成一个子代个体。依次执行 q 次，共产生 q 个子代个体（q 大于种群规模）。

➤ 高斯变异算子：对每一个抗体，循环每一个基因位，产生随机数 rand，当概率 $P_m >$ rand 时，对该位基因进行高斯变异运算，通过在原来基因位上加一个符合高斯分布的随机数，生成新的子代个体对。

➤ 疫苗接种算子：将选择出来的抗体用事先提取出的疫苗接种，即依据疫苗中的相应基因位修改抗体相应基因位上的值。

④ 计算群体中每个抗体的适应度值。

⑤ 免疫选择。

➤ 免疫检测算子：比较接种疫苗前后两个抗体的适应度值，如果接种疫苗后的适应度值没有父代的高，则用父代的抗体代替接种之后的抗体，参加种群选择。

➤ 对于免疫检测后的个体，计算抗体浓度。

➤ 免疫平衡算子：根据抗体的适应度和浓度确定选择概率，选择概率如下：

$$P = \alpha \cdot P_f + (1-\alpha) \cdot P_d$$

式中，P_f 是抗体的适应度概率，定义为抗体的适应度与适应度总和之比；P_d 是抗体的浓度概率，抗体的浓度越高越受到抑制，浓度越低则越得到促进；α 是比例系数，决定了适应度与浓度的作用大小。

➤ 选择算子：依据一些常用的选择方式进行选择，如轮盘赌选择算子、模拟退火选择算子等，选择出新的种群。

⑥ 从新种群中寻找最优个体并记录下来。

⑦ 判断是否达到停止条件，即是否达到最大迭代次数。如果是，则跳出循环，输出最优解；否则，返回步骤③，进行迭代。

免疫策略算法流程图如图 3-12 所示。

3.4.2 免疫策略算法仿生计算在聚类分析中的应用

1. 构造个体

对待聚类的 9 个样品进行编号，如图 3-13 所示，在每个样品的右上角，不同的样品，编号不同，而且编号始终固定。

采用符号编码，位串长度 L 取 9 位，基因代表样品所属的类号（1 ~ 4），基因位的序号代表样品的编号，基因位的序号是固定的，也就是说某个样品在抗体中的位置是固定的，

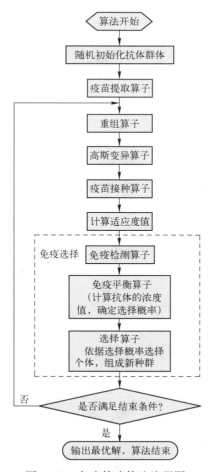

图 3-12　免疫策略算法流程图

而每个样品所属的类别随时在变化。如果基因位为 n，则其对应第 n 个样品，而第 n 个基因位所指向的基因值代表第 n 个样品的归属类号。

每个个体包含一种分类方案。假设初始某个个体的抗体编码为（3，1，3，4，2，1，4，3，2），其含义为：第 5、9 个样品被分到第 2 类；第 1、3、8 个样品被分到第 3 类；第 2、6 个样品被分到第 1 类；第 4、7 个样品被分到第 4 类。由于是随机初始化，这时还处于假设分类情况，不是最优解，初始某个个体的抗体编码见表 3-8。

表 3-8　初始某个个体的抗体编码

基因值（分类号）	3	1	3	4	2	1	4	3	2	
基因位	1	2	3	4	5	6	7	8	9	
样品编号	1	2	3	4	5	6	7	8	9	

经过免疫策略算法找到的最优解如图 3-14 所示。免疫策略算法找到的最优抗体编码见表 3-9。通过样品值与基因值对照比较，会发现相同的数据被归为一类，分到相同的类号，而且全部正确。

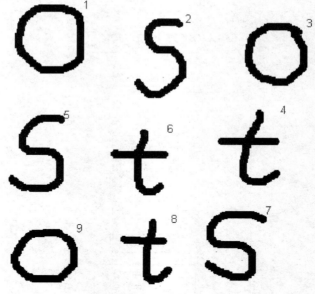

图 3-13   待聚类样品的编号

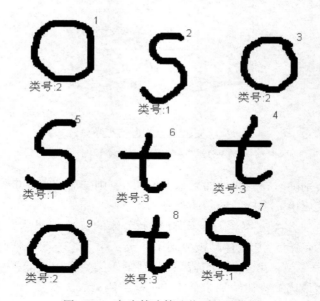

图 3-14   免疫策略算法找到的最优解

表 3-9   免疫策略算法找到的最优抗体编码

基因值（分类号）	2	1	2	3	1	3	1	3	2	
基因位	1	2	3	4	5	6	7	8	9	
样品编号	1	2	3	4	5	6	7	8	9	

2. 计算适应度

函数 Calfitness( ) 的结果为适应度值 AntiBody(i).fitness，代表每个个体优劣的程度。其计算过程类似于遗传算法一节中适应度值的计算方法。计算公式如下：

$$\text{AntiBody}(i).\text{fitness} = \sum_{i=1}^{\text{centerNum}} \sum_{j=1}^{n_i} \| X_j^{(i)} - C_i \|^2 = \sum_{i=1}^{\text{centerNum}} D_i$$

式中，centerNum 为聚类类别总数；n_i 为属于第 i 类的样品总数；$X_j^{(i)}$ 为属于第 i 类的第 j 个样品的特征值；C_i 为第 i 个类中心，其计算公式为 $C_i = \dfrac{1}{n_i} \sum\limits_{k=1}^{n_i} X_k^{(i)}$。

AntiBody(i).fitness 越大，说明这种分类方法的误差越小，即其适应度值越大。

3. 重组算子

这里重组算子与进化策略算法中的相同，首先随机挑选两个父代个体 A、B，然后生成一个与个体等长的选择模板，选择模板每一位上随机产生 0 或 1 的数，1 表示子代对应位从父代 A 上复制，0 表示子代对应位从父代 B 上复制，由此产生一个新的子代个体。依次重复 n 次，可生成 n 个子代。

4. 高斯变异算子

通过让每个子代个体的每一个基因位 newAntiBody(i).string$(1,j)$，加上一个服从 $N(0,\sigma_i)$ 的正态分布随机数，以达到变异的效果，即

$$\text{newpop}(i).\text{string}(1,j) = \text{newpop}(i).\text{string}(1,j) + \sigma_i \cdot N(0,1)$$

5. 疫苗接种算子

这里疫苗接种算子与免疫遗传算法中相同，也是以样品之间特征值之差的累加作为先验知识，构造疫苗表，再根据该疫苗表修改抗体。详情可参考免疫遗传一节。

6. 免疫检测算子

比较疫苗接种前的抗体 AntiBody(i) 和疫苗接种后的抗体 newAntiBody(i) 的适应度值，如果疫苗接种后抗体的适应度值降低了，则用 AntiBody(i) 替换覆盖 newAntiBody(i)。

7. 免疫平衡算子

如前所述，免疫平衡算子是为了求每个抗体的浓度概率，方法如下。

（1）浓度计算

对每个抗体统计种群中适应度值与其相等的抗体数目 N_i，浓度 AntiBody(i).density 即为 $\dfrac{N_i}{\text{AntiBodyNum}}$。

（2）浓度概率计算

设定一个浓度阈值 T，统计浓度高于该阈值的抗体，记数为 HighNum，规定这 HighNum 个浓度较高的抗体浓度概率为：

$$P_{\text{density}} = \frac{1}{\text{AntiBodyNum}}\left(1 - \frac{\text{HighNum}}{\text{AntiBodyNum}}\right)　　　　　　(3-13)$$

则其余 AntiBodyNum-HighNum 个浓度较低的抗体浓度概率为：

$$P_{\text{density}} = \frac{1}{\text{AntiBodyNum}}\left(1 + \frac{\text{HighNum}}{\text{AntiBodyNum}} \cdot \frac{\text{HighNum}}{\text{AntiBodyNum}-\text{HighNum}}\right)　　(3-14)$$

8. 免疫选择算子

依据适应度值和抗体浓度计算选择概率，公式如下：

$$\text{AntiBody}.\,P_{\text{choose}} = \alpha \cdot P_{\text{fitness}} + (1-\alpha) \cdot P_{\text{density}}　　　　(3-15)$$

利用轮盘赌的选择方式，依据算出的选择概率对 newAntiBody 进行选择，选出相对适应度较高的 AntiBodyNum 个个体组成下一代种群 AntiBody。

9. 终止条件

经过多次迭代，算法逐渐收敛，当达到规定的最大迭代次数时，迭代进化终止。

10. 实现步骤

① 设置相关参数。

初始化初始抗体规模 AntiBodyNum，变异概率 $P_{\text{m}} = 0.05$。从对话框得到用户输入的最大迭代次数 MaxIter 和聚类中心数目 centerNum。

② 获得所有样品个数及特征，并依据样品的近似度构造疫苗表。

③ 群体初始化。

④ 抗体个体更新。

➤ 重组算子：从种群中每次随机选择两个抗体个体进行重组，重组即为随机从两个个体中选择基因，组成一个新的抗体个体。共执行 newAntiBodyNum 次，形成 newAntiBodyNum 个新个体。

➤ 变异算子：对所有个体，循环每一个基因位，产生随机数 p，当概率 $P_{\text{m}} = 0.05 > p$ 时，对该位基因进行变异运算，随机产生一个 $1 \sim$ centerNum 之间的数赋值给该位，生成子代群体。

➤ 疫苗接种算子：随机从种群中选择若干需要接种的抗体。利用疫苗表中显示的样品相似关系，对抗体的基因位进行修改。

➤ 免疫检测算子：计算接种疫苗后抗体的亲和度，如果亲和度得到提高，则保留新个体，否则，保留旧抗体。

⑤ 免疫平衡算子。

➤ 计算抗体种群内抗体个体的浓度：对每个抗体，累计抗体种群中与之亲和度相同的抗体个数 k，用 k 除以抗体规模，即为每个抗体的浓度。

➤ 计算抗体浓度概率：以种群中最大浓度值与最小浓度值的中间值作为阈值，大于阈值的抗体使用公式（3-13）计算浓度概率，小于阈值的抗体使用公式（3-14）计算浓度概率。

⑥ 依据公式（3-15）确定抗体的选择概率，使用轮盘赌选择算子选择抗体个体，组成新种群。

⑦ 调用 FindBest( ) 函数记录最佳个体。

⑧ 若已经达到最大迭代次数，则退出循环，将总的最优个体的抗体解码，返回各个样品的类别号；否则回到第④步"抗体个体更新"继续运行。

11. 编程代码

（1）主流程代码

```
%%%%%%%%%%%%%%%%%%%%%%%%%%%%%%%%%%%%%%%
%函数名称:C_IS( )
%参数:m_pattern,样品特征库;patternNum,样品数目
%返回值:m_pattern,样品特征库
%函数功能:按照免疫策略对全体样品进行聚类
%%%%%%%%%%%%%%%%%%%%%%%%%%%%%%%%%%%%%%%
function [ m_pattern ] = C_IS( m_pattern,patternNum)
disType = DisSelDlg( );%获得距离计算类型
[centerNum MaxGeneration] = InputClassDlg( );%获得类中心数和最大迭代次数
AntiBodyNum = 200;%种群大小
newAntiBodyNum = 400;
%初始化种群
for i = 1:AntiBodyNum
    m_antibody(i). string = ceil(centerNum. * rand(1,patternNum));
%初始化个体位串,随机生成父代群体的抗体值
    m_antibody(i). fitness = 0;%适应度
    m_antibody(i). density = 0;%抗体浓度
    m_antibody(i). Pf = 0;%抗体亲和度概率
    m_antibody(i). Pd = 0;%抗体浓度概率
end
for i = 1:newAntiBodyNum
    newAntiBody(i). string = ceil(centerNum. * rand(1,patternNum));
%初始化个体位串,随机生成子代群体的抗体值
    newAntiBody(i). fitness = 0;%适应度
    newAntiBody(i). density = 0;
    newAntiBody(i). Pf = 0;
    newAntiBody(i). Pd = 0;
end
%初始化全局最优个体
cBest = m_antibody(1);%其中 cBest 的 index 属性记录最优个体出现在第几代
pm = 0.05;%变异概率
%提取并生成疫苗表
```

```
［m_vac］=C_Vac（m_pattern，patternNum，centerNum，disType）；
disp（m_vac）;%输出疫苗表
%对当前群体进行评估
［m_antibody］=CalFitness（m_antibody，AntiBodyNum，patternNum，centerNum，m_pattern，disType）;%
计算个体的评估值
［cBest］=FindBest（m_antibody，AntiBodyNum，cBest，1）;%寻找最优个体，更新总的最优个体
%迭代计算
for i=1:MaxGeneration
    %产生下一代
    %重组
    ［newAntiBody］=Recombination（m_antibody，AntiBodyNum，newAntiBodyNum，patternNum）;
    %变异
    ［newAntiBody］=GaussMutation（newAntiBody，newAntiBodyNum，pm，patternNum，centerNum）;
    %对当前中间群体评估排序
    ［newAntiBody］=CalFitness（newAntiBody，newAntiBodyNum，patternNum，centerNum，m_pattern，
disType）;
    %免疫
    ［newAntiBody］=ImmOperator（m_pattern，patternNum，newAntiBody，newAntiBodyNum，
centerNum，disType，m_vac，cBest）;
    %计算抗体浓度值
    ［newAntiBody］=CalDensity（newAntiBody，newAntiBodyNum）;
    %计算抗体的亲和度概率和浓度概率
    ［newAntiBody］=CalPf（newAntiBody，newAntiBodyNum）;
    ［newAntiBody］=CalPd（newAntiBody，newAntiBodyNum）;
    %选择算子
    ［m_antibody］=Selection（newAntiBody，AntiBodyNum，newAntiBodyNum）;
%对当前群体进行评估，寻找最优个体，更新总的最优个体
    ［cBest］=FindBest（m_antibody，AntiBodyNum，cBest，i）;
end
%总体最优解解码，返回各样品类别号码
for i=1:patternNum
    m_pattern（i）.category=cBest.string（1,i）;
end
%显示结果
str=['最优解出现在第' num2str（cBest.index）'代'];
msgbox（str,'modal'）;
```

（2）构造疫苗表、免疫算子、计算适应度、计算抗体浓度、选择算子、寻找最优个体，详见 3.2.2 节编程代码中的内容。

（3）重组算子（Recombination）

```
%%%%%%%%%%%%%%%%%%%%%%%%%%%%%%%%%%%%%%%%
%函数名称:Recombination（）
```

```
%参数:m_antibody,种群结构;AntiBodyNum,种群规模
%返回值:m_antibody,种群结构
%函数功能:重组操作
%%%%%%%%%%%%%%%%%%%%%%%%%%%%%%%%%%%%%%%%
function [newAntiBody]=Recombination(m_antibody,AntiBodyNum,newAntiBodyNum,patternNum)
for i=1:newAntiBodyNum
    a=fix(rand*AntiBodyNum)+1;
    b=a;
    while b==a
        b=fix(rand*AntiBodyNum)+1;
    end
    mask=round(rand(1,patternNum));
    for j=1:patternNum
        if mask(1,j)==0
            newAntiBody(i).string(1,j)=m_antibody(a).string(1,j);
        else
            newAntiBody(i).string(1,j)=m_antibody(b).string(1,j);
        end
    end
end
```

（4）高斯变异算子（GaussMutation）

```
%%%%%%%%%%%%%%%%%%%%%%%%%%%%%%%%%%%%%%%%
%函数名称:GaussMutation()
%参数:m_antibody,种群结构;AntiBodyNum,种群规模;pm,变异概率;
%      patternNum,样品数量;centerNum,类中心数
%返回值:m_antibody,种群结构
%函数功能:高斯变异操作
%%%%%%%%%%%%%%%%%%%%%%%%%%%%%%%%%%%%%%%%
function [m_antibody]=GaussMutation(m_antibody,AntiBodyNum,pm,patternNum,centerNum)
for i=1:AntiBodyNum
    for j=1:patternNum
        p=rand;
        if(p<pm)
            r=rand(1,centerNum);
            gauss=sum(r)/centerNum;
            topbound=centerNum;
            bottombound=1;
            if m_antibody(i).string(1,j)-bottombound>topbound-m_antibody(i).string(1,j)
                bottombound=m_antibody(i).string(1,j)*2-topbound;
            else
                topbound=m_antibody(i).string(1,j)*2-bottombound;
```

```
        end
        gauss = gauss * ( topbound−bottombound ) +bottombound；
        m_antibody( i ). string( 1,j )= mod( round( ( gauss ) ) ,centerNum )+1；
    end
  end
end
```

12. 效果图

免疫策略算法聚类效果图如图 3–15 所示。

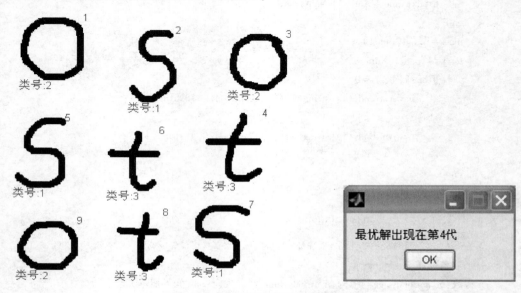

图 3–15　免疫策略算法聚类效果图

3.5　基于动态疫苗提取的免疫遗传算法仿生计算

3.5.1　基于动态疫苗提取的免疫遗传算法

1. 基本原理

基于动态疫苗提取的免疫遗传算法是在免疫遗传算法的改进基础上实现的。本节着重介绍疫苗的提取方法。正如前面所介绍的，对于免疫算法，免疫疫苗的选取在很大程度上影响着算法的执行效率，而优良的免疫疫苗是免疫算子有效发挥作用的基础和保障。下面介绍一种基于动态疫苗库的免疫算法。

疫苗通常是根据先验知识设定的包含一个或数个连续基因的基因串，具有使抗体以较大概率得到优化的作用，可加快算法的收敛，有利于免疫操作发挥更大的作用。由于在每一代中，最优个体往往包含着有利于种群趋向进化的重要信息，即拥有高适应性的优良基因。因此，以每一代的最优个体作为疫苗，可以起到指导种群快速进化趋于收敛的作用。

将每一代的最优个体中适应度较高的保存下来，组成动态疫苗库，通过适当地选择、组合及更新而形成更加优良的免疫疫苗。同时，把提取的疫苗放入动态疫苗库，以便于对疫苗进行综合分析。动态疫苗库的建立方法如下。

① 设定动态疫苗库大小 M，即在此疫苗库中存放 M 个疫苗。

② 将每一代的最优个体放入动态疫苗库中。为操作方便，在算法中要保持疫苗库的大小不变。当每次向疫苗库中加入新的疫苗后，都要按适应度对疫苗进行排序，淘汰适应度较小的疫苗。

2. 基本流程

动态免疫算法的基本流程如下。

① 根据具体问题（即问题的目标函数形式和约束条件）提取抗原。

② 随机初始化群体，设置算法参数。

③ 计算种群的亲和度。

④ 采用动态疫苗提取算法进行疫苗的提取，并将提取的疫苗保存在动态疫苗库中，从而更新疫苗库。

⑤ 执行遗传算法的个体更新操作。

➤ 交叉算子：首先随机选择两个个体，由交叉概率 P_c 来控制交叉位，然后对交叉位的基因进行交叉操作。

➤ 变异算子：对进行过交叉操作的抗体，循环每一个基因位，产生随机数 rand，当概率 P_m>rand 时，对该位基因进行变异运算，随机产生解空间中的一个数赋值给该位，生成子代群体。

➤ 疫苗接种算子：随机选用动态疫苗库中的疫苗，对子代种群进行接种，随机指定某位基因，依据选择疫苗中相应的基因来修改抗体对应基因位上的值。

⑥ 计算群体中每个抗体的适应度值。

⑦ 免疫选择。

➤ 免疫检测算子：比较接种疫苗前后两个抗体的适应度值，如果接种疫苗后的适应度值没有父代的抗体高，则用父代的抗体代替接种之后的抗体，参加种群选择。

➤ 对于免疫检测后的个体，计算抗体浓度。

➤ 免疫平衡算子：根据抗体的适应度和浓度确定选择概率，选择概率如下所示：

$$P=\alpha \cdot P_f+(1-\alpha) \cdot P_d$$

式中，P_f 是抗体的适应度概率，定义为抗体的适应度与适应度总和之比；P_d 是抗体的浓度概率，抗体的浓度越高越受到抑制，浓度越低则越受到促进；α 是比例系数，决定了适应度与浓度的作用大小。

➤ 选择算子：依据上面算得的选择概率，利用轮盘赌选择算子选择出新的种群。

⑧ 从新种群中寻找最优个体并记录下来。将每一代的最优个体放入动态疫苗库中。为操作方便，在算法中要保持疫苗库的大小不变。当每次向疫苗库中加入新的疫苗后，都要按适应度对疫苗进行排序，淘汰适应度较小的疫苗。

⑨ 判断是否达到停止条件，即是否达到最大迭代次数。如果是，则跳出循环，输出最优解；否则，返回步骤③，进行迭代。

动态疫苗提取免疫算法流程图如图 3-16 所示。

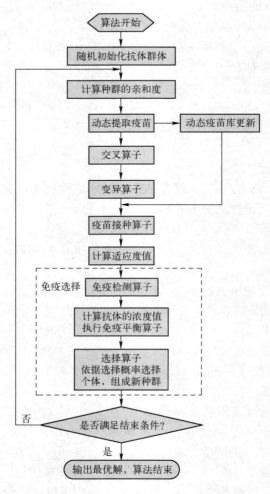

图 3-16　动态疫苗提取免疫算法流程图

3.5.2　动态疫苗提取的免疫遗传算法仿生计算在聚类分析中的应用

基于动态疫苗提取的免疫遗传算法是在免疫遗传算法的改进基础上实现的，建立动态的疫苗库，随机选用动态疫苗库中的疫苗，对子代种群进行接种，随机指定某位基因，依据选择疫苗中相应的基因来修改抗体对应基因位上的值，将每一代的最优个体放入动态疫苗库中。为操作方便，在算法中要保持疫苗库的大小不变，当每次向疫苗库中加入新的疫苗后，都要按适应度对疫苗进行排序，淘汰适应度较小的疫苗。

1. 编程代码

```
%%%%%%%%%%%%%%%%%%%%%%%%%%%%%%%%%%%%%%%%%%%%%%
%函数名称:C_DIGA()动态免疫算法聚类分析
%参数:m_pattern,样品特征库;patternNum,样品数目
%返回值:m_pattern,样品特征库
%函数功能:按动态免疫算法对全体样品进行聚类
%%%%%%%%%%%%%%%%%%%%%%%%%%%%%%%%%%%%%%%%%%%%%%
function[m_pattern]=C_DIGA(m_pattern,patternNum)
disType=DisSelDlg();%获得距离计算类型
[centerNum MaxGeneration]=InputClassDlg();%获得类中心数和最大迭代次数
AntiBodyNum=80;%种群大小
%初始化种群结构
for i=1:AntiBodyNum
    m_antibody(i).string=ceil(centerNum. * rand(1,patternNum));%个体位串
    m_antibody(i).fitness=0;%适应度
    m_antibody(i).density=0;
    m_antibody(i).Pf=0;
    m_antibody(i).Pd=0;
end
pc=0.6;%交叉概率
pm=0.2;%变异概率
%初始化疫苗库
for i=1:3
    Vac(i).string=zeros(1,patternNum);%初始化个体位串
    Vac(i).fitness=0;%适应度
end
%对当前群体计算亲和度
[m_antibody]=CalFitness(m_antibody,AntiBodyNum,patternNum,centerNum,m_pattern,disType);%
计算个体的适应度
%依据亲和度对种群进行排序
for i=1:AntiBodyNum-1
    for j=i+1:AntiBodyNum
        if m_antibody(i).fitness<m_antibody(j).fitness
            temp=m_antibody(i);
            m_antibody(i)=m_antibody(j);
            m_antibody(j)=temp;
        end
    end
end
%选择亲和度较高的个体作为初始疫苗
for i=1:3
```

```
        Vac(i).string=m_antibody(i).string;
        Vac(i).fitness=m_antibody(i).fitness;
end
%初始化全局最优个体
cBest=m_antibody(1);%其中 cBest 的 index 属性记录最优个体出现在第几代
%迭代计算
for iter=2:MaxGeneration %产生下一代
    %寻找全局最优个体,更新疫苗库
    if cBest.fitness>Vac(3).fitness %如果最优个体比最差的疫苗好,则替换最差疫苗
        Vac(3).string=cBest.string;
        Vac(3).fitness=cBest.fitness;
        for i=1:2
            for j=2:3
                if Vac(i).fitness<Vac(j).fitness
                    temp=Vac(i);
                    Vac(i)=Vac(j);
                    Vac(j)=temp;
                end
            end
        end
    end
    %交叉
    [m_antibody]=Crossover(m_antibody,AntiBodyNum,pc,patternNum);
    %变异
    [m_antibody]=Mutation(m_antibody,AntiBodyNum,pm,patternNum,centerNum);
    %对当前群体进行评估
    [m_antibody]=CalFitness(m_antibody,AntiBodyNum,patternNum,centerNum,m_pattern,dis-
Type);%计算个体的适应度
    %免疫
    [m_antibody]=DynAdapImmOperator(m_pattern,patternNum,m_antibody,AntiBodyNum,center-
Num,disType,Vac);%动态免疫算子
    %计算抗体浓度值
    [m_antibody]=CalDensity(m_antibody,AntiBodyNum);
    %计算抗体的亲和度概率和浓度概率
    [m_antibody]=CalPf(m_antibody,AntiBodyNum);
    [m_antibody]=CalPd(m_antibody,AntiBodyNum);
    %选择算子
    [m_antibody]=Selection(m_antibody,AntiBodyNum);
    %对当前群体进行评估,寻找最优个体,更新总的最优个体
    [cBest]=FindBest(m_antibody,AntiBodyNum,cBest,iter);%寻找最优个体,更新总的最优个体
end
%总体最优解解码,返回各样品类别号
for i=1:patternNum
```

```
        m_pattern(i).category=cBest.string(1,i);
    end
    %显示结果
    str=['最优解出现在第' num2str(cBest.index)'代'];
    msgbox(str,'modal');
```

（1）交叉算子（Crossover）

```
%%%%%%%%%%%%%%%%%%%%%%%%%%%%%%%%%%%%%%%%%%
%函数名称:Crossover()
%参数:m_pop,种群结构;popSize,种群规模;pc,交叉概率;
%       patternNum,样品数量
%返回值:m_pop,种群结构
%函数功能:交叉操作
%%%%%%%%%%%%%%%%%%%%%%%%%%%%%%%%%%%%%%%%%%
function[m_antibody]=Crossover(m_antibody,AntiBodyNum,pc,patternNum)
crossPoint=randperm(AntiBodyNum);
%交叉操作
for i=1:AntiBodyNum/2
    p=rand;
    if(p<pc)
        point=fix(rand*patternNum);%生成随机位
        for j=point+1:patternNum%交叉
            temp=m_antibody(crossPoint(2*i-1)).string(1,j);
            m_antibody(crossPoint(2*i-1)).string(1,j)=m_antibody(crossPoint(2*i)).string
(1,j);
            m_antibody(crossPoint(2*i)).string(1,j)=temp;
        end
    end
end
```

（2）变异算子（Mutation）

```
%%%%%%%%%%%%%%%%%%%%%%%%%%%%%%%%%%%%%%%%%%
%函数名称:Mutation()
%参数:m_antibody,种群结构;AntiBodyNum,种群规模;pm,变异概率;
%       patternNum,样品数量;centerNum,类中心数
%返回值:m_antibody,种群结构
%函数功能:变异操作
%%%%%%%%%%%%%%%%%%%%%%%%%%%%%%%%%%%%%%%%%%
function[m_antibody]=Mutation(m_antibody,AntiBodyNum,pm,patternNum,centerNum)
for i=1:AntiBodyNum
    for j=1:patternNum
        p=rand;
        if(p<pm)
```

```
            m_antibody(i).string(1,j)=fix(rand * centerNum+1);
        end
    end
end
```

（3）动态疫苗算子 （DynAdapImmOperator）

```
%%%%%%%%%%%%%%%%%%%%%%%%%%%%%%%%%%%%%%
%函数名称:DynAdapImmOperator()
%参数:m_antibody,种群结构;AntiBodyNum,种群规模
%返回值:m_antibody,种群结构
%函数功能:免疫操作
%%%%%%%%%%%%%%%%%%%%%%%%%%%%%%%%%%%%%%
function[m_antibody]=DynAdapImmOperator(m_pattern,patternNum,m_antibody,AntiBodyNum,centerNum,disType,Vac)
global Nwidth;
cFitness=zeros(1,AntiBodyNum);
for i=1:AntiBodyNum
    if(i==1)
        cFitness(i)=m_antibody(i).fitness;
    else
        cFitness(i)=cFitness(i-1)+m_antibody(i).fitness;
    end
end
cFitness=cFitness/cFitness(AntiBodyNum);
for i=1:AntiBodyNum                        %随机选择的抗体个数
    p=rand;
    index=1;
    while(cFitness(index)<p)
        index=index+1;
    end
    newAntiBody(i)=m_antibody(index);
    VacLength=0;
    while(VacLength==0)
        temp1=ceil(patternNum * rand());%生成随机注射位
        temp2=ceil(patternNum * rand());%生成随机注射位
        VacLength=temp2-temp1+1;%注入疫苗长度
    end
    n=ceil(3 * rand);
    for j=1:patternNum
        for k=1:VacLength
            if(temp2>temp1)
                newAntiBody(i).string(1,temp1+k-1)=Vac(n).string(1,temp1+k-1);%注入疫苗
```

```
        else
            newAntiBody(i).string(1,temp2+k-1)=Vac(n).string(1,temp2+k-1);%注入疫苗
        end
    end
end
%适应度的计算
newAntiBody(i)=OneCalfitness(newAntiBody(i),patternNum,centerNum,m_pattern,disType,
i);%对注入疫苗后的抗体评估计算
if(newAntiBody(i).fitness>m_antibody(index).fitness)
    m_antibody(i).string=newAntiBody(i).string;
else
    m_antibody(i)=m_antibody(index);
end
end
```

（4）计算适应度、计算抗体浓度、选择算子、寻找最优个体，详见 3.2.2 节编程代码中的（4）～（9）。

2. 效果图

动态疫苗提取免疫算法聚类效果图如图 3-17 所示。

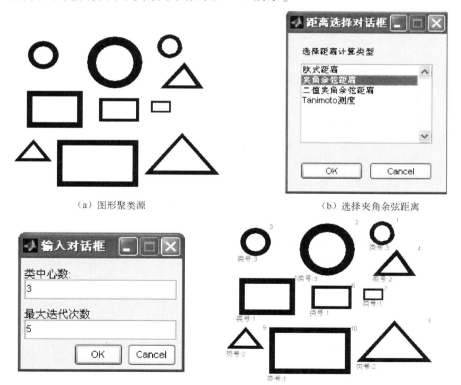

（a）图形聚类源　　　　　　　　　　　　　（b）选择夹角余弦距离

（c）设定聚类数目和最大迭代次数　　　　　　（d）聚类结果

图 3-17　动态疫苗提取免疫算法聚类效果图

（e）显示第几代出现最优解

图 3-17　动态疫苗提取免疫算法聚类效果图（续）

3.6　免疫克隆选择算法仿生计算

3.6.1　免疫克隆选择算法

1. 基本原理

1958 年，Burnet 等提出了著名的抗体克隆选择学说。其中心思想为：抗体是天然产物，以受体的形式存在于细胞表面，抗体可选择性地与抗原反应。在此过程中，主要借助克隆使之激活、分化和增殖，以增加抗体的数量，通过进行免疫应答最终清除抗原。抗原与相应抗体的反应可导致细胞克隆性增殖，该群体具有相同的抗体特异性，其中某些细胞克隆分化为抗体生成细胞，还有一些形成免疫记忆细胞，以参加之后的二次免疫反应。

因此，克隆选择是生物免疫系统自适应抗原刺激的动态过程，这一过程中所体现出的学习、记忆、抗体多样性等生物特性，正是人工免疫系统所借鉴的。注意到克隆选择在函数优化问题上的应用价值的是 Fukuda，他提出一种免疫补充机制，有 6 个步骤：

① 抗原识别，即载入待优化函数；

② 利用记忆细胞产生抗体，抗体用编码表示；

③ 计算抗体与抗原的亲和度；

④ 亲和度较高的抗体按亲和度比例克隆增生，其中浓度特别高的抗体增生程度将被抑制，以维持抗体多样性；

⑤ 部分亲和度较高的抗体进入记忆细胞；

⑥ 产生新的抗体代替部分亲和度过低的抗体。

该方法模仿免疫系统的启发式动态过程，通过不断产生新个体，用于求解函数的全局优化问题，获得了较好的效果。克隆选择方法具有较好的优化性能，作为一种崭新的优化方法逐渐引起人们的注意。克隆选择以"物竞天择、适者生存"的遗传法则为基础，可被看成一种微观世界的遗传选择，具有较强的搜索能力，能够保持种群模式的多样化，在优化计算领域有着良好的应用前景。

克隆选择原理表达了免疫系统对抗原刺激所产生的免疫应答的基本特征。克隆选择学说认为，免疫系统是通过抗体克隆实现免疫防卫功能的。免疫系统执行免疫防卫功能的细胞为淋巴细胞（包括 T 细胞和 B 细胞）：B 细胞的主要作用是识别抗原和分泌抗体；T 细胞能够促进和抑制 B 细胞的产生与分化。当抗原侵入体内后，B 细胞分泌的抗体与抗原发生结合作用，当它们之间的结合力超过一定限度时，分泌这种抗体的 B 细胞会发生克隆扩增。克隆细胞在其母体亲和度的影响下，按照与母体亲和度成正比的概率对抗体的基因进行多次重复随机突变及基因块重组，进而产生种类繁多的免疫细胞，并获得大量识别抗原能力比母体强的 B 细胞。这些识别能力较强的细胞能有效缠住入侵抗原，这种现象称为亲和成熟。B 细胞的一部分克隆个体分化为记忆细胞，当再次遇到相同抗原后能够迅速被激活，实现对抗原的免疫记忆。B 细胞的克隆扩增受 T 细胞的调节，当 B 细胞的浓度增加到一定程度时，T 细胞对 B 细胞产生抑制作用，从而防止 B 细胞的无限复制。

基于上述克隆选择原理，克隆选择算法的基本原理是，种群中的每个抗体，依据与抗原亲和度的强弱，复制一定数目的克隆细胞。抗体繁殖克隆的数目与其亲和度成正比，即拥有较高亲和度的抗体，其复制的数目也相对较多；反之，复制的数目较少。

克隆选择对应着一个亲和成熟的过程，即对抗原亲和度较低的个体在克隆选择机制的作用下，经历增殖复制和变异操作后，其亲和度逐步提高而"成熟"的过程。亲和成熟的过程主要由抗体的突变完成，称为亲和突变，而突变受其母体的亲和度制约。对于亲和度较高的抗体，其变异概率较小；反之，亲和度较低的抗体，其变异概率较大。突变的方式主要有单点突变、超突变及基因块重组、基因块反序、基因块替换（即用随机产生的基因取代基因块中的所有基因）等。

克隆选择和自然选择的相似是显而易见的，最优的抗体能精确地识别抗原，并最容易被激活。依据亲和度与抗体浓度共同决定的选择概率进行克隆选择，使得亲和度较高且浓度适中的优秀抗体被选择出来，组成下一代的种群。通过这种方式，使得种群中不断增加与抗原亲和度较高的抗体，达到免疫的作用，也就是达到不断寻优的目的。

2. 基本流程

免疫克隆选择算法的具体步骤如下。

① 设定初始参数，随机产生初始抗体种群。

② 计算抗体的亲和度值。

③ 克隆扩增算子。对于亲和度超过一定阈值的抗体进行克隆复制，并且其克隆规模与抗体的亲和度值成正比。通过克隆后，生成由多个克隆子群组成的种群。

④ 克隆变异算子。对抗体进行变异，变异方式有多种，如单点突变、超突变及基因块重组、基因块反序、基因块替换等。

⑤ 重新计算抗体的亲和度值。

⑥ 克隆检测算子。依据亲和度值，从各克隆子群中选出亲和度最高的克隆抗体，与原被克隆抗体进行比较，如果适应度值得到改善，则用亲和度最高的克隆抗体替换相应克隆前抗体，更新抗体种群。

⑦ 免疫平衡算子。计算抗体浓度，并计算抗体浓度概率。

⑧ 克隆选择算子。依据亲和度值与浓度值，确定每个抗体的选择概率。采用轮盘赌选择方式，从抗体种群中选择出个体，组合成新一代种群。

⑨ 判断是否满足终止条件，不满足则转至步骤③；满足则结束迭代，输出最优解。

克隆选择算法流程图如图 3-18 所示。

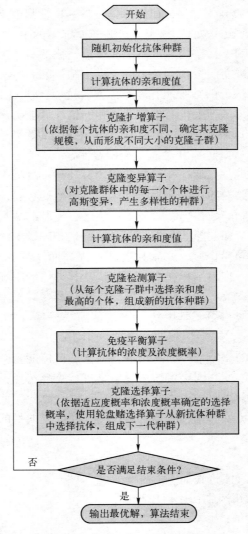

图 3-18　克隆选择算法流程图

3. 克隆选择算法的构成要素

克隆选择算法的算子包括亲和度评价算子、抗体浓度评价算子、克隆扩增算子、克隆变异算子和克隆选择算子。其中亲和度评价算子与进化计算中的适应度评价方式相同，这里不再赘述，抗体浓度评价算子详见前面的内容。

1）克隆扩增算子

在生物免疫系统中，被选择进行应答的免疫细胞依据其应答抗原能力的强弱，繁殖一定数目的克隆细胞，免疫细胞繁殖克隆的数目与其亲和度成正比。

$$N_i = \mathrm{int}\left(N_c \cdot \frac{f(X_i)}{\sum\limits_{j=1}^{N} f(X_j)}\right), \qquad i = 1, \cdots, N \tag{3-16}$$

式中，N_c 为克隆后的总的抗体种群大小；int(·)为取整函数；$f(X_i)$ 为第 i 个个体的亲和度值，即适应度值；N_i 为第 i 个抗体的克隆数目，即第 i 个抗体克隆出相同个体的数目。由此可以看出，经过克隆扩增算子，每个抗体生成了多个镜像，这实现了个体空间的扩张，为下一步克隆变异操作奠定了基础，以此增强了对解空间的搜索力度。

2）克隆变异算子

克隆变异算子是克隆算法中产生有潜力的新抗体、实现区域搜索的重要算子。亲和成熟的过程主要由抗体的突变完成，称为亲和突变，而突变的方式主要有单点突变、超突变及基因块重组、基因块反序、基因块替换等。

对于克隆选择算法的这种"克隆—变异"机制，实质上是一种局部搜索，即通过克隆复制限定每个解的邻域，并通过变异在邻域内搜寻多个邻域解，从而实现局部寻优的目的。这种搜索方式具有两个特点：

> 建立在先验知识的基础上，即抗体的突变受其母体的亲和度制约，并且抗体的亲和度与其变异概率成反比。

> 随着亲和度的不断上升，变异的可能性及变异的程度逐渐变小，类似于梯度的搜索方法。

虽然在免疫学中认为，亲和度成熟和抗体多样性的产生主要是依靠抗体的高斯变异，而非交叉或重组。但也有人依据信息交换多样性的特点，将克隆算子分为单克隆算子和多克隆算子。其中，单克隆算子仅采用了高斯变异，而多克隆算子既采用了变异也采用了交叉。通过试验分析可知，交叉算子虽然使抗体更新时采纳了群体内其他抗体的信息，在一定程度上实现了优势互补，但在多样性扩充方面并没有太多帮助。

3）克隆选择算子

沿用生物进化理论中的概念，生物种群中能适应环境、在生存竞争中获得优胜的个体，可以获得繁衍进化的机会，而不适应社会或是在生存竞争中失败的个体将遭到淘汰，即为自然选择过程。

从纵向上，每个抗体经过克隆、变异，并不是都能产生亲和度更高的抗体，不可避免地会有部分个体出现退化。这时，需要比较原抗体与克隆后抗体的亲和度，选择亲和度较高的抗体，而亲和度不高的将遭到淘汰，从而更新抗体种群，实现信息交换。

从横向上，种群中的不同抗体与抗原的亲和度不同，因此得到克隆复制和亲和成熟的机会也不同。亲和度较高的抗体，需要大量复制出新个体，并减少其发生变异的概率，以达到消灭抗原的目的；而亲和度较低的抗体，相对复制个数较少，但是发生变异的概率较高，使得其有可能经过变异提高亲和度。

在克隆选择算法中，显然克隆选择算子实现了在候选解附近的局部搜索，进而实现全局搜索。克隆选择分为以下两步。

（1）克隆检测算子

对于对每个抗体经过克隆和变异后形成的克隆子群，提取其中亲和度最高的克隆抗体。如果其亲和度高于原抗体的亲和度，则用该克隆个体代替原抗体，否则仍保持原抗体，以此更新抗体种群。

（2）轮盘赌选择算子

根据个体亲和度及抗体浓度，共同衡量个体生存的能力，即亲和度越高且抗体浓度相对越低，其被选择的概率越高。通过轮盘赌选择算子，从克隆种群中选择出亲和度相对较高的个体，组成下一代种群。

4. 克隆选择算法群体智能搜索策略分析

1）个体行为及个体之间信息交互方法分析

克隆算法的基本思想来源于免疫系统而非自然进化，虽然采用了进化算子，主要是因为进化和免疫的生物基础都来自细胞基因的变化，而交叉和变异是细胞基因水平上的主要操作。在一般遗传算法中，交叉是主要算子，变异是背景算子，而克隆选择算法则相反。在主要算子上，多数免疫算法都采用了进化计算方法的主要算子。但是克隆选择算法不是进化算法的简单改进，而是新的人工免疫系统方法。在免疫克隆选择算法中，个体的更新主要由一系列克隆算子完成。克隆算法包括克隆扩增算子、克隆变异算子及克隆选择算子。

对抗体的克隆扩增，是依据其亲和度值进行个体复制。对于亲和度较高的个体，其克隆规模也相应较大；相反，亲和度较低的个体，其克隆规模则相对较小。对于克隆扩增后的抗体种群，还需要对单纯复制的个体群进行克隆变异，通过克隆选择得到更新，在免疫学中称为免疫成熟。这也符合进化算法中的主体思想，即"适者生存"。种群中亲和度较高的优秀个体，其得到繁衍、进化的机会更大。

对于这种克隆机制，是一种局部搜索。它与其他局部搜索算法的不同之处在于，克隆选择算法中在每个个体的邻域搜寻的局部解个数是不相同的，个体的亲和度越高，对其局部搜索力度越强。同时，为了使那些较差的个体也有机会得到进化，避免种群多样性的丧失和陷入局部最优，需要调整不同克隆个体的变异概率，使亲和度值较低的个体获得较大的变异概率。通过这两方面的相互协调，使得种群中不同个体的局部搜索达到平衡，并从整体上加强搜索能力。

2）群体进化机制

克隆选择算法和进化计算都是群体搜索策略，并且强调群体中个体间的信息交换，因此有许多相似之处。在算法结构上，都要经过"初始种群的产生→评价标准计算→种群间个体信息交互→新种群产生"这一循环过程，同时搜索解空间中的一系列点，最终以较大概率获得问题的最优解。在功能上，二者本质上都存在固有的并行性和搜索变化的随机性，在搜索中不易陷入极小值，都有与其他智能策略结合的固有优势。

在具体的算法实现上，进化算法更多地强调个体竞争，较少关注种群间的协作，更多地强调全局搜索，忽视局部搜索。而克隆选择算法则不同，在算法构造上，不但强调抗体群的亲和度函数变化，也关心抗体间的相互作用而导致的多样性变化，提出了依据个体亲和度及抗体浓度共同衡量个体生存能力的概念，并且由于克隆算子的作用，使其具有更好的种群多样性。另外，克隆算子本身的选择机制具有记忆功能，其收敛性要强于一般的遗传算法。

如同传统的进化算法，克隆选择算法的群体更新也是通过选择完成的。克隆选择算子从经过克隆扩增和克隆变异后的克隆群体中，依据亲和度和抗体浓度共同决定的选择概率，选择出下一代的种群。由于经过了克隆扩增，增大了优秀个体的规模，并通过变异让这些优秀个体的克隆集合得到多样性的扩充，这属于局部搜索，并且与亲和度相对应的变异概率控制了局部搜索的范围和力度。让亲和度值较低的个体获得较大的变异概率，并加入到选择中，这在某种程度上属于全局搜索，加强了整个算法的搜索能力。同时，因为在选择的评价机制中引入了抗体浓度控制机制，控制了高亲和度的超级个体在种群中的扩散速度，因此也降低了算法由于选择压力过大而导致的种群多样性的缺失。因此，免疫克隆选择算法避免了遗传算法的早熟问题，比传统进化算法的搜索性能更好。

3.6.2　免疫克隆选择算法仿生计算在聚类分析中的应用

1. 构造个体

对待聚类的 9 个样品进行编号，如图 3-19 所示，在每个样品的右上角，不同的样品编号不同，而且编号始终固定。

图 3-19　待聚类样品的编号

采用符号编码，位串长度 L 取 9 位，基因代表样品所属的类号（1～3），基因位的序号代表样品的编号，基因位的序号是固定的，也就是说某个样品在抗体中的位置是固定的，而每个样品所属的类别随时在变化。如果基因位为 n，则其对应第 n 个样品，而第 n 个基因位所指向的基因值代表第 n 个样品的归属类号。

每个个体包含一种分类方案。假设初始某个个体的抗体编码为（2，1，2，3，2，1，2，3，2），其含义为：第 1、3、5、7、9 个样品被分到第 2 类；第 4、8 个样品被分到第 3 类；第 2、6 个样品被分到第 1 类。由于是随机初始化，这时还处于假设分类情况，不是最优解，初始某个个体的抗体编码见表 3-10。

表 3-10　初始某个个体的抗体编码

基因值 （分类号）	2	1	2	3	2	1	2	3	2
基因位	1	2	3	4	5	6	7	8	9
样品编号	1	2	3	4	5	6	7	8	9

经过克隆选择算法找到的最优解如图 3-20 所示。克隆选择算法找到的最优抗体编码见表 3-11。通过样品值与基因值对照比较，会发现相同的数据被归为一类，分到相同的类号，而且全部正确。

图 3-20　克隆选择算法找到的最优解

表 3-11　克隆选择算法找到的最优抗体编码

基因值 （分类号）	1	2	2	2	3	3	3	1	1
基因位	1	2	3	4	5	6	7	8	9
样品编号	1	2	3	4	5	6	7	8	9

2. 计算适应度

函数 Calfitness( ) 的结果为适应度值 AntiBody(i).fitness，代表每个个体优劣的程度。其计算过程类似于遗传算法一节中适应度值的计算方法，计算公式如下：

$$\text{AntiBody}(i).\text{fitness} = \sum_{i=1}^{\text{centerNum}} \sum_{j=1}^{n_i} \| \boldsymbol{X}_j^{(i)} - \boldsymbol{C}_i \|^2 = \sum_{i=1}^{\text{centerNum}} D_i$$

式中，centerNum 为聚类类别总数，n_i 为属于第 i 类的样品总数，$\boldsymbol{X}_j^{(i)}$ 为属于第 i 类的第 j 个样品的特征值，$\boldsymbol{C}_i$ 为第 i 个类中心，其计算公式为 $\boldsymbol{C}_i = \dfrac{1}{n_i} \sum_{k=1}^{n_i} \boldsymbol{X}_k^{(i)}$。

AntiBody(i).fitness 越大，说明这种分类方法的误差越小，即其适应度值越大。

3. 克隆扩增算子

在这里，克隆扩增可以采用如下操作。

对整个种群中的个体 AntiBody(i)，依据其适应度值 AntiBody(i).fitness 进行降序排列，即适应度值低的抗体个体排在前面，适应度值高的抗体个体排在后面。然后以抗体排列的序号，作为各个抗体的克隆规模。最后根据每个抗体的克隆规模数，将抗体复制相应个数，从而完成克隆扩增操作。

4. 克隆变异算子

这里克隆变异算子与遗传算法中的类似。对每一个子代个体，循环每一个基因位，依据变异概率决定是否进行变异操作。变异操作即随机取可行解（即 $1 \sim$ centerNum）中的一个值，替换当前值，从而产生变异的效果。

亲和度值较低的个体获得较大的变异概率。如何实现呢？

父代个体：

1	3	2	2	1	1	1	2	2	1

变异后产生的子代个体：

2	3	1	3	1	1	1	2	2	3

5. 克隆检测算子

依据每个克隆抗体的适应度值，选出每个克隆子群中适应度值最高的抗体，与对应的被克隆父代个体进行比较，如果适应度值得到改善，则替换原父代个体；否则，令原父代个体进入选择。

6. 免疫平衡算子

如前所述，免疫平衡算子用于求每个抗体的浓度概率，方法如下。

（1）浓度计算

针对每个抗体统计种群中适应度值与其相等的抗体的数目 N_i，浓度 AntiBody（i）. density 即为 $\dfrac{N_i}{\text{AntiBodyNum}}$。

（2）浓度概率计算

设定一个浓度阈值 T，统计浓度高于该阈值的抗体，记数量为 HighNum，规定这 HighNum 个浓度较高的抗体浓度概率为：

$$P_{\text{density}} = \frac{1}{\text{AntiBodyNum}}\left(1 - \frac{\text{HighNum}}{\text{AntiBodyNum}}\right)$$

则其余 AntiBodyNum−HighNum 个浓度较低的抗体浓度概率为：

$$P_{\text{density}} = \frac{1}{\text{AntiBodyNum}}\left(1 + \frac{\text{HighNum}}{\text{AntiBodyNum}} \cdot \frac{\text{HighNum}}{\text{AntiBodyNum} - \text{HighNum}}\right)$$

7. 克隆选择算子

依据适应度值和抗体浓度计算选择概率，公式如下：

$$\text{AntiBody}.\, P_{\text{choose}} = \alpha \cdot P_{\text{fitness}} + (1 - \alpha) \cdot P_{\text{density}}$$

利用轮盘赌的选择方式，依据算出的选择概率对 newAntiBody 进行选择，选出相对适应度较高的 AntiBodyNum 个个体组成下一代种群 AntiBody。

8. 终止条件

经过多次迭代，算法逐渐收敛，当达到规定的最大迭代次数时，迭代进化终止。

9. 实现步骤

克隆选择算法的基本步骤如下。

① 根据具体问题提取抗原，即问题的目标函数形式和约束条件。

② 随机初始化群体，设置算法参数。

③ 计算种群的亲和度。

④ 克隆算子。依据亲和度，确定每个抗体的克隆规模，方法如下：

➢ 首先依据适应度值对抗体种群进行排序，适应度值较低的排在前面，较高的排在后面。

➢ 然后以抗体排序后的序号作为各自克隆的数目。例如，序号为 1 的抗体适应度值最低，其克隆个数为 1；序号为 n 的抗体，克隆数目为 n。

⑤ 克隆变异算子。对每个抗体的一个或几个基因位的值进行改变，达到变异的效果。

⑥ 克隆检测算子。首先计算群体中每个抗体的适应度，然后在每一个克隆子群中寻找最优个体，更新原抗体种群。

⑦ 克隆选择。

➢ 对于克隆检测后的个体，计算抗体浓度。

➢ 免疫平衡算子：根据抗体的适应度和浓度确定选择概率。选择概率如下所示：

$$p = \alpha \cdot p_f + (1-\alpha) \cdot p_d$$

式中，p_f 是抗体的适应度概率，定义为抗体的适应度与适应度总和之比；p_d 是抗体的浓度概率，抗体的浓度越高越受到抑制，浓度越低则越受到促进；α 是比例系数，决定了适应度与浓度的作用大小。

➢ 选择算子：依据上面算得的选择概率，利用轮盘赌选择算子选择出新的种群。

⑧ 从新种群中寻找最优个体并记录下来。

⑨ 判断是否达到停止条件，即是否达到最大迭代次数。如果是，则跳出循环，输出最优解；否则，返回步骤③，进行迭代。

10. 编程代码

（1）算法总流程

```
%%%%%%%%%%%%%%%%%%%%%%%%%%%%%%%%%%%%%%%%%
%函数名称:C_CSA( )
%参数:m_pattern,样品特征库; patternNum,样品数目
%返回值:m_pattern,样品特征库
%函数功能:按照克隆选择算法对全体样品进行聚类
```

```
%%%%%%%%%%%%%%%%%%%%%%%%%%%%%%%%%%%%%%%%%%%%%
function[m_pattern]=C_CSA(m_pattern,patternNum)
disType=DisSelDlg();%获得距离计算类型
[centerNum MaxGeneration]=InputClassDlg();%获得类中心数和最大迭代次数
AntiBodyNum=20;%种群大小
%初始化种群结构
for i=1:AntiBodyNum
    m_antibody(i).string=ceil(centerNum.*rand(1,patternNum));%个体位串
    m_antibody(i).fitness=0;%亲合度
    m_antibody(i).density=0;%抗体浓度
    m_antibody(i).Pf=0;%抗体亲和度概率
    m_antibody(i).Pd=0;%抗体浓度概率
end
%初始化全局最优个体
cBest=m_antibody(1);%其中cBest的index属性记录最优个体出现在第几代
pm=0.05;%变异概率
%对当前群体进行评估
[m_antibody]=CalFitness(m_antibody,AntiBodyNum,patternNum,centerNum,m_pattern,disType);
%计算个体的评估值
[cBest]=FindBest(m_antibody,AntiBodyNum,cBest,1);%寻找最优个体,更新总的最优个体
%迭代计算
for iter=2:MaxGeneration %产生下一代
    %依据适应度升序排列
    [m_antibody]=FitSort(m_antibody,AntiBodyNum,2);
    %依据适应度排序情况,进行克隆
    [CloneAntiBody CloneAntiBodyNum]=Clone(m_antibody,AntiBodyNum);
    %克隆变异
    [CloneAntiBody]=CloneMutation(CloneAntiBody,pm,patternNum,centerNum,CloneAntiBody-
Num);
    %对当前群体进行评估
    [CloneAntiBody]=CalFitness(CloneAntiBody,CloneAntiBodyNum,patternNum,centerNum,m_pat-
tern,disType);%计算个体的评估值
    %从每个克隆子群中选择最优抗体,替换原抗体
    n=0;
    for i=1:AntiBodyNum
        for j=1:i
            n=n+1;
            if CloneAntiBody(n).fitness>m_antibody(i).fitness
                m_antibody(i)=CloneAntiBody(n);
            end
        end
    end
    %计算抗体浓度值
```

```
            [m_antibody] = CalDensity(m_antibody, AntiBodyNum);
            %计算抗体的亲和度概率和浓度概率
            [m_antibody] = CalPf(m_antibody, AntiBodyNum);
            [m_antibody] = CalPd(m_antibody, AntiBodyNum);
            %选择算子
            [m_antibody] = Selection(m_antibody, AntiBodyNum);
            %对当前群体进行评估,寻找最优个体,更新总的最优个体
            [cBest] = FindBest(m_antibody, AntiBodyNum, cBest, iter); %寻找最优个体,更新总的最优个体
        end
        %总体最优解解码,返回各样品类别号
        for i = 1:patternNum
            m_pattern(i).category = cBest.string(1,i);
        end
        %显示结果
        str = ['最优解出现在第' num2str(cBest.index) '代'];
        msgbox(str, 'modal');
```

（2）克隆算子（Clone）

```
%%%%%%%%%%%%%%%%%%%%%%%%%%%%%%%%%%%%%%%%
%函数名称:Clone()
%参数:m_antibody,种群结构;AntiBodyNum,种群规模
%返回值:CloneAntiBody,种群结构;CloneAntiBodyNum,克隆种群大小
%函数功能:克隆操作
%%%%%%%%%%%%%%%%%%%%%%%%%%%%%%%%%%%%%%%%
function[CloneAntiBody CloneAntiBodyNum] = Clone(m_antibody, AntiBodyNum)
%依据适应度按降序排列,以抗体的排序序号决定每个抗体的克隆数量
%例如,序号为 1 的抗体适应度最低,则克隆个数为 1;序号为 n 的抗体克隆个数为 n
CloneAntiBodyNum = 0;
for i = 1:AntiBodyNum
    for j = 1:i
        CloneAntiBodyNum = CloneAntiBodyNum + 1;
        CloneAntiBody(CloneAntiBodyNum) = m_antibody(i);
    end
end
```

（3）克隆变异算子（CloneMutation）

```
%%%%%%%%%%%%%%%%%%%%%%%%%%%%%%%%%%%%%%%%
%函数名称:CloneMutation()
%参数:CloneAntiBody,克隆种群结构;CloneAntiBody Num,克隆种群规模;pm,变异概率;
%patternNum,样品数量;centerNum,类中心数
%返回值:CloneAntiBody,克隆种群结构
%函数功能:高频变异操作
%%%%%%%%%%%%%%%%%%%%%%%%%%%%%%%%%%%%%%%%
```

```
function[ CloneAntiBody ] = CloneMutation( CloneAntiBody, pm, patternNum, centerNum, CloneAntiBodyNum)
for i = 1:CloneAntiBodyNum
    for j = 1:patternNum
        p = rand;
        if( p<pm)
            CloneAntiBody( i ). string( 1,j) = ceil( rand * centerNum);
        end
    end
end
```

（4）计算适应度、计算抗体浓度、选择算子、寻找最优个体，详见 3.2.2 节编程代码中的（4）～（9）。

11. 效果图

克隆选择算法聚类结果与最优解出现的代数如图 3-21 所示。

图 3-21　克隆选择算法聚类结果与最优解出现的代数

本章小结

本章主要介绍了人工免疫算法的基本原理。基于免疫学原理的基本免疫算法包含提取疫苗算子、接种疫苗算子、免疫检测算子、免疫平衡算子、免疫选择算子和克隆算子。基本的进化算法包含 4 种算子：交叉算子、重组算子、变异算子和选择算子。通过不同的免疫算子和进化算子的重组融合，可形成不同的免疫进化算法，如免疫遗传算法、免疫规划算法、免疫策略算法、免疫克隆选择算法等，从而形成免疫进化算法体系。免疫算法的算子可以优化其他智能算法，不仅保留了原来智能算法的优点，同时也弥补了原算法的一些不足和缺点，作为一种新的智能计算方法，广泛应用于自动控制、故障诊断、模式识别、图像识别、优化设计、机器学习、联想记忆和网络安全性等诸多领域。

习题

1. 简述人工免疫算法的基本原理。
2. 简述免疫遗传算法、免疫规划算法、免疫策略算法的异同点。
3. 简述免疫克隆选择算法在聚类问题中的实现方法。
4. 简述免疫平衡算子的实现方法。
5. 简述免疫检测算子的实现方法。

第4章 混合蛙跳算法仿生计算

本章要点：

☑ 混合蛙跳算法
☑ 混合蛙跳算法仿生计算在聚类分析中的应用

4.1 混合蛙跳算法

1. 基本原理

在自然界的池塘中常常生活着一群青蛙，并且分布着许多石头，青蛙通过在不同的石头间跳跃去寻找食物，不同的石头（位置）上青蛙寻找食物的能力不同，青蛙个体之间通过一定的方式进行交流与共享，实现信息的交互。混合蛙跳算法（Shuffled Frog Leaping Algorithm，SFLA）是模拟青蛙觅食过程中群体信息共享和交流机制而产生的一种群体智能算法，是一种全新的启发式群体智能进化算法。该算法由 Eusuff 和 Lansey 在 2003 年首次提出，并成功解决管道网络扩充中管道尺寸的最小化问题。关于蛙跳算法的研究目前还比较少，近年来国内外一些学者多将混合蛙跳算法应用于优化问题、旅行商问题、模糊控制器设计等方面。

混合蛙跳算法的实现机理是通过模拟现实自然环境中的青蛙群体在觅食过程中所体现出的协同合作和信息交互行为，来完成对问题的求解过程。每只青蛙被定义为问题的一个解。将整个青蛙群体分成不同的子群体，来模拟青蛙的聚群行为，其中每个子群体称为模因分组。模因分组中的每只青蛙都有为了靠近目标而努力的想法，具有对食物源的远近进行判断的能力，并且受其他青蛙影响，这里称为文化。每个模因分组都有自己的文化，影响着其他个体，并随着模因分组的进化而进化。在模因分组的每一次进化过程中，在每个模因分组中找到组内位置最好和最差的青蛙。组内最差青蛙采用类似于粒子群算法中的速度位移模型操作算子来寻找，通过执行局部位置更新，对最差青蛙的位置进行调整。分经过一定次数的进化后，不同模因分组间的青蛙重新混合成一个群体，实现各个模因组间的信息交流与共享，直到算法执行完预定的种群进化次数才结束。

混合蛙跳算法按照族群分类进行信息传递，将这种局部进化和重新混合的过程交替进行，有效地将全局信息交互与局部进化搜索相结合，具有高效的计算性能和优良的全局搜索能力。

2. 术语介绍

（1）青蛙个体

每只青蛙称为一个单独的个体，在算法中作为问题的一个解。

（2）青蛙群体

一定数量的青蛙个体组合在一起构成一个群体，青蛙是群体的基本单位。

（3）群体规模

群体中的个体数目总和称为群体规模，又叫群体大小。

（4）模因分组

青蛙群体分为若干个小的群体，每个青蛙子群体称为模因分组。

（5）食物源

食物源为青蛙要搜索的目标，在算法中体现为青蛙位置的最优解。

（6）适应度

适应度是青蛙对环境的适应程度，在算法中表现为青蛙距离目标解的远近。

（7）分组算子

混合蛙跳算法根据一定的分组规则，把整个种群分为若干个模因分组。

（8）局部位置更新算子

每个模因分组中最差青蛙位置的更新与调整的策略称为局部位置更新算子。

3. 基本流程

基本混合蛙跳算法的算法流程可描述如下。

① 初始化算法参数，包括种群大小 N、模因分组数量 m、模因分组进化次数 M、青蛙允许移动的最大距离 $D_{\max}$ 和种群最大迭代次数 MaxIter。

② 随机初始化种群。

③ 青蛙种群根据分组算子分成若干个模因分组。

④ 每个模因分组内部执行局部位置更新算子。

⑤ 青蛙在模因分组间跳跃，重新混合形成新的种群。

⑥ 判断是否满足结束条件，若满足则输出最优解；若不满足，则跳到步骤③继续执行。

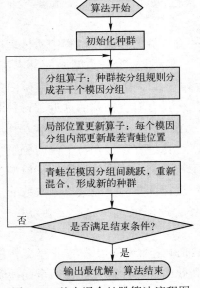

图 4-1 基本混合蛙跳算法流程图

4. 混合蛙跳算法构成要素

基本混合蛙跳算法流程图如图 4-1 所示。在混合蛙跳算法中，分组算子和局部位置更新算子对算法的收敛速度和执行效率起关键作用，决定着算法的性能和适应性。

1）分组算子

混合蛙跳算法首先随机初始化一组解来组成青蛙的

初始种群，然后将所有青蛙个体按照它们的初始适应度值进行降序排列，并分别放入各个模因分组中。具体分组方法如下：将 N 只青蛙按适应度值降序排列并把种群分为 m 个模因分组，第一只青蛙进入第一个模因分组，第二只青蛙进入第二个模因分组，直到第 m 只青蛙进入第 m 个模因分组；然后第 $m+1$ 只青蛙又进入第一个模因分组，第 $m+2$ 只青蛙进入到第二个模因分组，直到所有青蛙分配完毕。在每个模因分组中用 F_b 和 F_w 分别表示该模因分组中位置最好和最差的青蛙，用 F_g 表示整个种群中位置最好的青蛙。

2）局部位置更新算子

在模因分组的每一次进化过程中，对最差青蛙 F_w 位置进行调整，具体调整方法如下：

青蛙移动的距离
$$D_i = \text{rand}() \cdot (F_b - F_w) \tag{4-1}$$

更新最差青蛙位置
$$F_w = F_w + D_i (D_{\max} \geqslant D_i \geqslant -D_{\max}) \tag{4-2}$$

式中，$\text{rand}()$ 是 $0 \sim 1$ 之间的随机数，$D_{\max}$ 是允许青蛙移动的最大距离。在位置调整过程中，如果最差位置青蛙经过上述过程能够产生一个更好的位置，就用新位置的青蛙取代原来位置的青蛙，更新最差位置青蛙 F_w；否则用 F_g 代替 F_b。重复上述过程，即用下式更新最差青蛙位置。

$$D_i = \text{rand}() \cdot (F_g - F_w) \tag{4-3}$$

$$F_w = F_w + D_i (D_{\max} \geqslant D_i \geqslant -D_{\max}) \tag{4-4}$$

如果上述方法仍不能产生位置更好的青蛙或在调整过程中青蛙的移动距离超过了最大移动距离，那么就随机生成一个新解取代原来的最差位置青蛙 F_w。按照这种方式每个模因分组内部执行一定次数的进化，对最差青蛙位置进行调整和更新。

一般情况下，当代表最好解的青蛙位置不再改变时或算法达到了预定的进化次数 M 时，算法停止并输出最优解。这样，在每次循环中只改善最差青蛙 F_w 的位置，也就是只提高最差青蛙的适应度值，并不是对所有的青蛙都优化，这有助于提高算法的整体执行效率。

局部位置更新算子基本流程图如图 4-2 所示。

5. 控制参数选择

和其他算法一样，混合蛙跳算法的参数选择也是十分重要的，参数的选择直接影响着算法性能的好坏。在蛙跳算法中共有 5 个参数：青蛙的数量 N、模因分组的数量 m、模因分组内进化次数 M、青蛙允许移动的最大距离 $D_{\max}$、整个种群的进化次数 MaxIter。

（1）青蛙的数量 N

青蛙的数量越多，算法找到或接近全局最优的概率越大，但是算法的复杂度也会相应地越高。

（2）模因分组的数量 m

模因分组的数量 m 不能太大，如果 m 太大，每个模因分组中的青蛙个数会很少，进行局部搜索的优点就会丢失。

（3）模因分组内进化次数 M

如果 M 太小，每个模因分组内执行很少的进化次数就会重新混合成新的群体，然后再按照分组算子重新分组，这样会使得模因分组之间频繁地跳跃，减少了模因分组内部信息之间的交流；如果 M 太大，模因分组内会执行多次的局部位置更新算子，这不仅增加了算法的搜索时间，而且会使模因分组容易陷入局部极值。

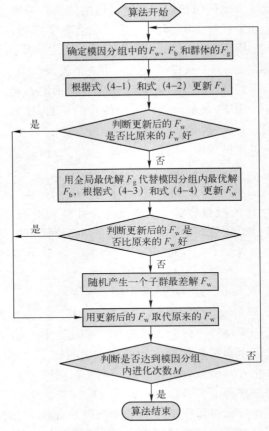

图 4-2　局部位置更新算子基本流程图

（4）青蛙允许移动的最大距离 $D_{\max}$

可以控制算法进行全局搜索的能力。如果 $D_{\max}$ 太小，会减少算法全局搜索的能力，使得算法容易陷入局部搜索；如果 $D_{\max}$ 太大，又可能导致算法不能找到全局最优解。

（5）整个种群的进化次数 MaxIter

MaxIter 一般和问题的复杂度相关，问题复杂度越高，MaxIter 的值也相应越大，算法的执行速度会相应变慢。

上述参数对算法的影响较大，在解决实际问题时要根据具体的问题规模和要求合理地选择参数，以保证算法的执行效率和寻找最优解的准确率。

6. 混合蛙跳算法群体智能搜索策略分析

1）个体行为及个体之间信息交互方法分析

混合蛙跳算法只对最差位置青蛙个体进行其位置的调整和更新，使得群体不断向最优解靠近。而其他算法如 PSO 算法、人工鱼群算法等需要对每个个体进行位置的调整和更新，算法计算量大，执行速度较低。在进化过程中，由于只对最差青蛙位置进行调整，因此有效减少了计算量，提高了算法的执行速度。

混合蛙跳算法中个体与个体之间并不是彼此孤立的，青蛙之间通过每次的进化过程获得有利的先验知识并与其他的青蛙共享和交流。每只青蛙都有自己的"想法"，不仅可以影响其他青蛙还可以受其他青蛙的影响。例如，组内最优解对最差青蛙产生影响，使得最差青蛙首先向组内最优解靠拢，若位置得不到改善，则向全局最优解逼近，若位置仍然得不到改善，最终生成一个随机解。相比进化计算的变异算子只随机改变其中的某一位或某几位基因，混合蛙跳算法在局部搜索不利的情况下，随机生成一个新解，解的改动范围广，增加了解的多样性，使得算法不易陷入局部极值。

　　2）群体进化分析

　　与其他的群体智能算法类似，混合蛙跳算法也是通过模拟现实生物在自然环境中的觅食和进化过程来实现的。混合蛙跳算法的群体进化行为与传统的进化算法不同，混合蛙跳算法并不是通过选择操作来选取适应度较高的部分个体作为父代来产生下一代以提高每一代中整体解的质量的。混合蛙跳算法在群体更新过程中与其他的群智能算法相比有自己的独到优势，通过自己特有的群体进化机制，使得群体位置不断优化，向着最优解靠近。而大部分群体智能算法，如遗传算法、蚁群算法、PSO 算法等并不涉及分组操作，而是对整个群体进行搜索更新，算法的复杂度较高，执行效率较低。混合蛙跳算法基于自己独特的分组算子，即把整个种群分为若干个小的模因分组，每个模因分组在每次迭代过程中彼此独立地进化，不受其他模因分组的影响，加快了算法的执行速度。

　　混合蛙跳算法通过分组算子和模因分组融合成群体的机制进行信息的传递，将全局信息交换和局部搜索相结合，局部搜索使得局部个体间实现信息传递，这种混合策略使得模因分组间的信息得到交换。局部位置的更新算子中产生新解的方式类似于粒子群算法中的速度–位移模型操作算子，由于受到模因分组内局部最优解和种群全局最优解的影响，最差青蛙位置的更新过程中有着向"他人"学习的思想与机制，每次对最差青蛙位置的更新有利于每个模因分组中青蛙的适应度的改善；模因组混合成整个群体后，群体适应度必然得到相应改善，使得群体向着最优解靠近。混合蛙跳算法经过一定次数的进化后，不同模因分组间的青蛙通过跳跃混合生成新的种群这一过程来传递信息。通过这种信息的交流与共享机制，使得算法不易陷入局部极值，有利于搜索全局最优解。

4.2　混合蛙跳算法仿生计算在聚类分析中的应用

　　混合蛙跳算法的搜索过程是从一个解集合开始的，而不是从单个个体开始的，因此不容易陷入局部最优解，具有并行性，并且这种并行性使其易于在并行计算机上实现，有利于提高算法的性能和效率。由于混合蛙跳算法每次进化只对最差青蛙进行调整，所以算法还具有收敛速度快、操作灵活、计算量小、鲁棒性强、易于跳出局部极值等优良特性。由于实际问题越来越复杂，对于有些问题单独的混合蛙跳算法并不能取得良好效果，需要与其他的群体智能算法结合使用。

1. 构造个体

　　在混合蛙跳算法求解聚类问题中，每只青蛙可作为一个可行解组成青蛙群（即解集）。根据粒子群一章中所述，解的含义分为以聚类结果为解和以聚类中心集合为解两种。这里的讨论将聚类中心集合作为青蛙对应解，也就是每只青蛙的位置是由 centerNum 个聚类中心组成的，k 为已知的聚类中心数目。

在一个具有 k 个聚类中心、样品向量维数为 D 的聚类问题中，每只青蛙结构 i 由两部分组成，即青蛙位置和适应度值。青蛙结构 i 表示为：

$$\text{Frog}(i) = \begin{cases} \text{location}[\ ], \\ \text{fitness} \end{cases} \tag{4-5}$$

青蛙的位置编码结构表示为：

$$\text{Frog}(i).\,\text{location}[\ ] = [\,\boldsymbol{C}_1, \cdots, \boldsymbol{C}_j, \cdots, \boldsymbol{C}_k\,] \tag{4-6}$$

式中，$\boldsymbol{C}_j$ 表示第 j 类的聚类中心，是一个 D 维矢量。

青蛙个体适应度值 Frog.fitness 为一个实数，具体计算方法如下：

① 按照最近邻法则公式，确定该青蛙个体的聚类划分。

② 根据聚类划分，重新计算聚类中心，计算总的类内离散度 J_c。

③ 青蛙个体的适应度可表示为下式：

$$\text{fish.\,fitness} = \frac{1}{J_c} \tag{4-7}$$

此外，每个模因分组中的青蛙都存在一个最差解 F_w，表示该模因分组中青蛙的最差位置和适应度值；还存在一个最优解 F_b，表示该模因分组中青蛙的最好位置和适应度值；整个青蛙种群还存在一个群体最优解 F_g，表示青蛙群体中的最好位置和适应度值。其结构如下：

$$F_w = \begin{cases} \text{location}[\ ], \\ \text{fitness} \end{cases} \tag{4-8}$$

$$F_b = \begin{cases} \text{location}[\ ], \\ \text{fitness} \end{cases} \tag{4-9}$$

$$F_g = \begin{cases} \text{location}[\ ], \\ \text{fitness} \end{cases} \tag{4-10}$$

根据式（4-1）和式（4-2）可以得到最差青蛙位置的更新公式：

$$D_i = \text{rand}(\ )(F_b.\,\text{location}[\ ] - F_w.\,\text{location}[\ ]) \tag{4-11}$$

$$F_w.\,\text{location}[\ ]' = F_w.\,location[\ ] + D_i \tag{4-12}$$

根据已定义好的青蛙群结构，采用上面介绍的蛙跳优化算法，可实现求解聚类问题的最优解。

2. 实现步骤

① 种群的初始化。给定模因分组数目 m、模因分组中青蛙的最大进化次数 M、聚类中心数

目 k，对于第 i 只青蛙 Frog(i)，先将每个样品随机指派为某一类作为最初的聚类划分，并计算各类的聚类中心作为青蛙 i 的位置编码 Frog(i).location[ ]，计算青蛙的适应度值 Frog(i).fitness，反复进行，生成 N 只青蛙。

② 将 N 只青蛙按适应度值降序排列并利用分组算子将 N 只青蛙分给 m 个模因分组。

③ 对每个模因分组中的位置最差青蛙执行局部位置更新算子。

④ 将各个模因分组中的所有青蛙重新混合，组成包含 N 只青蛙的总群体。

⑤ 对新的青蛙群体，更新种群中最好位置的青蛙 F_g。

⑥ 判断终止条件是否满足，如果满足，结束迭代，否则转向步骤②继续执行。

混合蛙跳算法的整体流程图如图 4-3 所示。

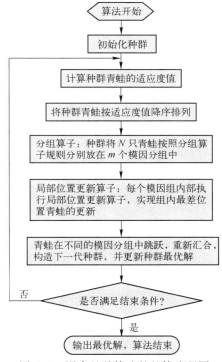

图 4-3　混合蛙跳算法的整体流程图

3. 编程代码

```
%%%%%%%%%%%%%%%%%%%%%%%%%%%%%%%%%%%%%%%%%
%函数名称:C_SFLA( )
%参数:m_pattern,样品特征库;patternNum,样品数目
%返回值:m_pattern,样品特征库
%函数功能:按照蛙跳群聚类法对全体样品进行分类
%%%%%%%%%%%%%%%%%%%%%%%%%%%%%%%%%%%%%%%%%
function[m_pattern]=C_SFLA(m_pattern,patternNum)
frogNum=60;%初始化青蛙数目
disType=DisSelDlg( );%获得距离计算类型
[centerNum iterNum memeplexNum]=InputClassDlg( );%获得类中心数、最大迭代次数和模因分
```

组数

```matlab
L=10;%模因分组更新次数
m=memeplexNum;%模因分组数
global Nwidth;
%初始化中心
for i=1:centerNum
    m_center(i).feature=zeros(Nwidth,Nwidth);
    m_center(i).patternNum=0;
    m_center(i).index=i;
end
%初始化青蛙
for i=1:frogNum
    Frog(i).fitness=0;
    Frog(i).location=m_center;
    Frog(i).string=ceil(rand(1,patternNum)*centerNum);
end
F_g.location=m_center;%群体最优青蛙位置
F_g.fitness=0;
F_g.string=zeros(1,patternNum);
%初始化子群
for i=1:m
    memeplex(i).index=1;%每个模因分组中最差青蛙的序号
    memeplex(i).frog=[];
    memeplex(i).F_b.location=m_center;%每个模因分组最优青蛙位置
    memeplex(i).F_b.fitness=0;%每个模因分组最优青蛙适应度值
    memeplex(i).F_w.location=m_center;%每个模因分组最差青蛙位置
    memeplex(i).F_w.fitness=0;%每个模因分组最差青蛙适应度值
end
%生成初始青蛙群
for i=1:frogNum
    for j=1:patternNum
        m_pattern(j).category=Frog(i).string(1,j);
    end
    for j=1:centerNum
        m_center(j)=CalCenter(m_center(j),m_pattern,patternNum);
    end
    Frog(i).location=m_center;
end
%计算每只青蛙的适应度值
for i=1:frogNum
    temp=0;
    for j=1:patternNum
        temp=temp+GetDistance(m_pattern(j),Frog(i).location(Frog(i).string(1,j)),disType);
```

```
                end
        if(temp==0)%最优解,直接退出
                break;
        end
        Frog(i). fitness=1/temp;
end
%%%%%%%%%%%%%%%%%%%%%%%%%%%%%%%%%%%%
%群体进化
for iter=1:iterNum
        %青蛙按适应度值降序排列
        for i=1:frogNum-1
                for j=i+1:frogNum
                        if(Frog(i). fitness<Frog(j). fitness)
                                temp=Frog(j);
                                Frog(j)=Frog(i);
                                Frog(i)=temp;
                        end
                end
        end
        %实现青蛙分群
        for i=1:frogNum
                for j=1:m
                        if(mod(i,m)==0)
                                memeplex(m). frog=[memeplex(m). frog;Frog(i)];
                        end
                        if(mod(i,m)~=0&&mod(i,m)==j)
                                memeplex(j). frog=[memeplex(j). frog;Frog(i)];
                        end
                end
        end
        %%%%%%%%%%%%%%%%%%%%%%%%%%%%%%%%%%%%
        %每个模因分组内执行 memetic 算法
        Di=zeros(Nwidth,Nwidth);
        for n=1:m        %每个模因分组内循环
                for k=1:L
                        %模因分组中的最差青蛙和最好青蛙
                        for i=n:m:frogNum
                                memeplex(n). F_w=Frog(1);
                                memeplex(n). F_b=Frog(1);
                                if(i~=1&& memeplex(n). F_w. fitness>Frog(i). fitness)
                                        memeplex(n). F_w=Frog(i);
                                        memeplex(n). index=i;
                                end
```

```matlab
                    if(i~=1&& memeplex(n).F_b.fitness<Frog(i).fitness)
                        memeplex(n).F_b=Frog(i);
                    end
            end
            %更新模因分组中的最差青蛙
            fit=memeplex(n).F_w.fitness;
            loc=memeplex(n).F_w.location;
            for j=1:centerNum
                %公式:D=rand(Fb-Fw)
                Di=rand(Nwidth,Nwidth).*(memeplex(n).F_b.location(j).feature-memeplex(n).F_w.location(j).feature);
                %公式:Fw=Fw+D
                memeplex(n).F_w.location(j).feature=memeplex(n).F_w.location(j).feature+Di;
                %计算适应度值
                memeplex(n).F_w=Calfitness(m_pattern,patternNum,memeplex(n).F_w,Frog(memeplex(n).index),disType);
                if(memeplex(n).F_w.fitness<fit)        %如果适应度没有得到改善,则用全局最
优青蛙代替子群内最优青蛙,并重新移动
                    memeplex(n).F_b.location(j).feature=F_g.location(j).feature;
                    memeplex(n).F_w.location=loc;
                    Di=rand(Nwidth,Nwidth).*(memeplex(n).F_b.location(j).feature-memeplex(n).F_w.location(j).feature);
                    memeplex(n).F_w.location(j).feature=memeplex(n).F_w.location(j).feature+Di;
                    memeplex(n).F_w=Calfitness(m_pattern,patternNum,memeplex(n).F_w,Frog(memeplex(n).index),disType);
                    if(memeplex(n).F_w.fitness<fit)        %如果最差青蛙位置仍然没有改善,
则随机改变最差青蛙位置
                        memeplex(n).F_w.location(j).feature=rand(Nwidth,Nwidth).*Frog(memeplex(n).index).location(j).feature;
                    end
                end
            end
        end
    end
end
%根据最近邻聚类法则对青蛙重新聚类
for i=1:frogNum
    for j=1:patternNum
        min=inf;
        for k=1:centerNum
            tempDis=GetDistance(m_pattern(j),Frog(i).location(k),disType);
            if(tempDis<min)
                min=tempDis;
```

```
                    m_pattern(j).category=k;
                    Frog(i).string(1,j)=k;
                end
            end
        end
        %重新计算聚类中心
        for j=1:centerNum
            Frog(i).location(j)=CalCenter(Frog(i).location(j),m_pattern,patternNum);
        end
    end
    %重新计算青蛙的适应度值
    for i=1:frogNum
        temp=0;
        for j=1:patternNum

            temp=temp+GetDistance(m_pattern(j),Frog(i).location(Frog(i).string(1,j)),disType);
        end
        if(temp==0)%最优解,直接退出
            iter=iterNum+1;
            break;
        end
        Frog(i).fitness=1/temp;
    end
    %更新群体最优青蛙
    for i=1:frogNum
        if(Frog(i).fitness>F_g.fitness)
            F_g.fitness=Frog(i).fitness;
            F_g.location=Frog(i).location;
            F_g.string=Frog(i).string;
        end
    end
    for i=1:patternNum
        m_pattern(i).category=F_g.string(1,i);
    end
end
%%%%%%%%%%%%%%%%%%%%%%%%%%%%%%%%%%%%%%%%
%函数名称:Calfitness()
%参数:m_pattern,样品; patternNum,样品个数; F_w,最差青蛙
%返回值:centerNum,输入类中心数; iterNum,输入迭代次数
%函数功能:计算最差青蛙适应度值
%%%%%%%%%%%%%%%%%%%%%%%%%%%%%%%%%%%%%%%%
function[F_w]=Calfitness(m_pattern,patternNum,F_w,Frog_index,disType)
for t=1:patternNum
```

```
        temp=0;
        temp=temp+GetDistance(m_pattern(t),F_w.location(Frog_index.string(1,t)),disType);
    end
F_w.fitness=1/temp;
%%%%%%%%%%%%%%%%%%%%%%%%%%%%%%%%%%%%%%
%函数名称:InputClassDlg()
%参数:空
%返回值:centerNum,输入类中心数;iterNum,输入迭代次数
%函数功能:用户输入类中心数和迭代次数对话框
%%%%%%%%%%%%%%%%%%%%%%%%%%%%%%%%%%%%%%
function[centerNum iterNum memeplexNum]=InputClassDlg( )
    str1={'类中心数:','最大迭代次数','模因分组数'};
    T=inputdlg(str1,'输入对话框');
    centerNum=str2num(T{1,1});
    iterNum=str2num(T{2,1});
    memeplexNum=str2num(T{3,1});
```

4. 效果图

蛙跳聚类算法的效果图如图 4-4 所示。

（a）原始数据

（b）选择欧氏距离

（c）设定类中心数、最大迭代次数和模因分组数

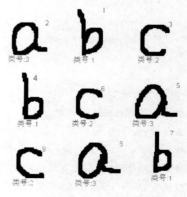

（d）聚类结果

图 4-4　蛙跳聚类算法的效果图

本章小结

混合蛙跳聚类算法在产生下一代解时，整个青蛙群体采用模因分组的方法分为不同的子群体，来模拟青蛙的聚群行为，分别执行局部搜索和全局搜索，寻优能力更强，不容易陷入局部极值，所以具有较快的收敛速度，并且具有较强的鲁棒性。本章介绍了混合蛙跳算法的基本概念，包括蛙跳算法的基本思想及数学模型；着重介绍了混合蛙跳算法用于聚类问题时的实现方法和步骤。

习题

1. 简述混合蛙跳算法的基本原理。
2. 叙述混合蛙跳算法与其他进化算法的异同。
3. 在混合蛙跳算法聚类问题设计中，简述如何定义青蛙结构及青蛙的更新方式。
4. 叙述混合蛙跳算法在聚类问题中的实现方法和步骤。

第 5 章　猫群算法仿生计算

本章要点：

☑ 猫群算法
☑ 猫群算法仿生计算在聚类分析中的应用

5.1　猫群算法

1. 基本原理

近几年提出了很多的群体智能算法，这些算法都是通过模仿生物界中某些动物的行为演化出来的智能算法。日常生活中，猫总是非常懒散地躺在某处不动，经常花费大量的时间处在一种休息、张望的状态，即使在这种情况下，它们也保持高度警惕性，它们对于活动的目标具有强烈的好奇心。一旦发现目标便进行跟踪，并且能够迅速捕获到猎物。将猫的行为分为两种模式，一种是猫在懒散、环顾四周状态时的模式，称为搜寻模式；另一种是猫在跟踪动态目标时的状态，称为跟踪模式。猫群算法正是通过对于猫的这种行为的分析，将猫的两种行为模式结合起来，提出的一种新型的群体智能算法。猫群算法最早是由中国台湾的 Shu-Chuan Chu 通过观察猫在日常生活中的行为动作提出来的，现在主要应用于函数优化问题，并取得了很好的效果。

在猫群算法中，猫即为待求优化问题的可行解。将猫的行为模式分为两种：一种是搜寻模式，另一种是跟踪模式。仿照真实世界中猫的行为，整个猫群中的大部分猫执行搜寻模式，剩下的少部分执行跟踪模式。在搜寻模式下，猫通过复制自身位置，对自身位置的每一个副本通过变异算子改变其基因，来产生新的邻域位置，并将新产生的位置放在记忆池中，进行适应度值计算，利用选择算子在记忆池中选择适应度值最高的候选点，作为猫所要移动到的下一个位置点，以此方式进行猫的位置更新。在跟踪模式下，类似于粒子群算法，利用全局最优的位置来改变猫的当前位置。进行完搜寻模式和跟踪模式后，计算每一只猫的适应度并保留当前最好的解。之后混合成整个群体，再根据分组率，随机地将猫群分为搜寻模式下和跟踪模式下的两组，直至算法执行完预定的种群进化次数结束。

2. 术语介绍

（1）猫的编码

在任何一种组合优化问题中，问题的解都是以一定的形式给出的。在猫群算法中，猫即为待求优化问题的可行解。为了全书编码概念统一，猫的编码方式与遗传算法的染色体编码方式相同，对猫的编码每一位仍称为基因，每只猫的属性包括基因的表示、基因大小、适应度、行为模式的标志位。将猫群按照搜寻模式和跟踪模式分成两组，为处于不同组群的猫建立的标记称为行为模式标志位。算法中根据猫的模式标志位所确定的模式进行位置更新，如果猫在搜寻模式下，则其执行搜寻模式的行为；否则，执行跟踪模式的行为。

（2）群体

一定数量的个体组合在一起构成一个群体，猫是群体的基本单位。

（3）群体规模

群体中个体的总数目称为群体规模，又叫群体大小。

（4）适应度

个体对环境的适应程度叫适应度，作为对于所求问题中个体的评价。

（5）搜寻模式

在搜寻模式下，猫复制自身位置，将复制的位置放到记忆池中，通过变异算子，改变记忆池中复制的副本，使所有副本都到达一个新的位置点，从中选取一个适应度值最高的位置，来代替它的当前位置，具有竞争机制。搜寻模式代表猫在休息时，环顾四周，寻找下一个转移地点的行为。

（6）记忆池

在搜寻模式下，记忆池记录了猫所搜寻的邻域位置点，记忆池的大小代表猫能够搜索的地点数量，通过变异算子，改变原值，使记忆池存储了猫在自身的邻域内能够搜索的新地点。猫将依据适应度值的大小从记忆池中选择一个最好的位置点。

（7）个体上每个基因的改变范围

该项是在算法开始之前设定的，给定了每一位基因的变化范围。

（8）每个个体上需要改变的基因的个数

该项指的是基因总长度之内的随机值。该值越大，猫所移动的范围越广，能够更好地搜索解的空间。

（9）变异算子

猫群算法中的变异算子是一种局部搜索操作，每只猫经过复制、变异产生邻域候选解，在邻域里找出最优解，即完成了变异算子。

（10）选择算子

选择算子主要指在搜寻模式下，由猫自身位置的副本产生新的位置放在记忆池中，从记忆池中选取适应度最高的新位置来代替当前位置。

（11）跟踪模式

类似于粒子群算法，在每一次迭代中，猫将跟踪一个"极值"来更新自己，这个"极值"是目前整个种群中找到的最优解，使得猫的移动方向向着全局最优解逼近，利用全局最优的位置来更新猫的位置，具有向"他人"学习的机制。

（12）分组率

分组率将猫群分成搜寻模式和跟踪模式两组，它指示了两种模式的一个比例关系，指的是执行跟踪模式的猫在整个猫群算法中所占的比例。为了更好地仿照现实世界中猫的行为，其值应为一个较小的数，即跟踪模式的猫的数量少于搜寻模式的猫的数量。

3. 基本流程

猫群算法的基本流程分为以下 5 步。

① 初始化猫群。

② 根据分组率将猫群随机分成搜寻模式和跟踪模式两组。

③ 根据猫的模式标志位所确定的模式进行位置更新，如果猫在搜寻模式下，则执行搜寻模式的行为；否则，执行跟踪模式的行为。

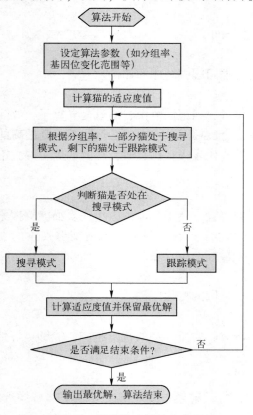

图 5-1　猫群算法的基本流程

④ 通过适应度函数来计算每一只猫的适应度，记录保留适应度最优的猫。

⑤ 判断是否满足终止条件，若满足则输出最优解，结束程序；否则，继续执行步骤②。

猫群算法的基本流程如图 5-1 所示。

4. 猫群算法的构成要素

在猫群算法中，其构成要素主要指猫的两种行为模式：搜寻模式和跟踪模式。通过将这两种模式结合起来构造出一种解决问题的方法。下面详细说明这两种模式下猫的工作方式。

1）搜寻模式

搜寻模式是指猫在休息、环顾四周、寻找下一个转移地点时的状态。在搜寻模式下，定义了 3 个基本要素：记忆池、个体上每个基因的改变范围、每个个体上需要改变的基因个数。记忆池定义为每一只猫的搜寻记忆大小，它用来存放猫所搜寻的位置点，猫将依据适应度值的大小从记忆池中选择一个最好的位置点。个体上每个基因的改变范围是在算法开始之前设定的。个体上需要改变的基因个数是一个基因总长度之内的随机值。搜寻模式的工作可分为以下 4 步。

① 复制自身位置。将自身位置复制 j 份放在记忆池中，记忆池的大小为 j。

② 执行变异算子。对记忆池中的每个个体，个体上需要改变的基因的个数是一个零至个体上基因总长度之间的随机值，个体上每一个基因的改变范围是在算法开始之前设定的。根据个体上需要改变的基因个数和个体上每个基因的改变范围，随机在原来位置上加一个扰动，到达新的位置来代替原来位置。

③ 计算记忆池中所有候选点的适应度值。

④ 执行选择算子。从记忆池中选择适应度值最高的候选点来代替当前猫的位置，完成

猫的位置更新。

猫群算法搜索模式流程如图 5-2 所示。

2）跟踪模式

跟踪模式是猫处于跟踪目标状态下所建立的一个模型。一旦猫进入跟踪模式，猫群算法即类似于粒子群算法，采用速度—位移模型来移动每一位基因的值。猫的跟踪模式可以用以下步骤来描述。

① 速度—位移模型操作算子。

整个猫群经历过的最好位置，即目前搜索到的最优解，记做 $X_{\mathrm{best}}^{(d)}(t)$。此外，每个猫都有一个速度，记做 $V_i=\{v_i^1,v_i^2,\cdots,v_i^L\}$，每个猫根据式（5-1）来更新自己的速度。

$$v_k^{(d)}(t+1)=v_k^{(d)}(t)+c\times\mathrm{rand}\times(x_{\mathrm{best}}^{(d)}(t)-x_k^{(d)}(t)),d=1,2,\cdots,L \qquad (5-1)$$

$v_k^{(d)}(t+1)$ 表示更新后第 k 只猫的第 d 位基因的速度值，L 为个体上总基因长度；$x_{\mathrm{best}}^{(d)}(t)$ 代表适应度值最高的猫 $X_{\mathrm{best}}(t)$ 所处位置的第 d 个分量；$x_k^{(d)}(t)$ 指的是第 k 只猫 $X_k(t)$ 所处位置的第 d 个分量；c 是一个常量，其值需要根据不同的问题而定；rand 为 $[0,1]$ 之间的随机数。

② 根据式（5-2）更新第 k 只猫的位置：

$$x_k^{(d)}(t+1)=x_k^{(d)}(t)+v_k^{(d)}(t+1) \qquad (5-2)$$

式中，$x_k^{(d)}(t+1)$ 代表位置更新后第 k 只猫 $X_k(t+1)$ 的第 d 个位置分量。

猫群算法跟踪模式流程如图 5-3 所示。

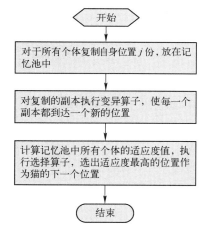

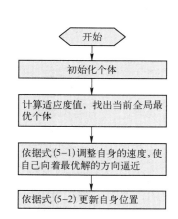

图 5-2 猫群算法搜寻模式流程   图 5-3 猫群算法跟踪模式流程

5. 控制参数选择

在猫群算法中，关键参数主要有群体规模、分组率、个体上每个基因的改变范围、最大进化次数等。这些参数都是在算法开始之前就设定好的，对于算法的运算性能有很大的影响。

（1）群体规模

群体规模的大小要根据具体的求解优化问题来决定。较大的群体规模虽然可以增大搜索的空间，使所求得的解更逼近于最优解，但是这也同样增加了算法的收敛时间和空间的复杂度；较小的群体规模，虽然能够使算法较快地收敛，但是容易陷入局部最优。

（2）分组率

现实中大多数猫处于搜索觅食状态，分组率就是为了使猫群算法更加逼近真实世界猫的行为而设定的一个参数，该参数一般取一个很小的值，使少量的猫处于跟踪模式，保证猫群中的大部分猫处于搜寻模式。

（3）个体上每个基因的改变范围

该项参数类似于传统进化算法中的变异概率，进行基因的改变主要是为了增加解的多样性，它在猫群算法中起着非常重要的作用。个体上每个基因的改变范围太小很难产生新解，个体上每个基因的改变范围太大则会使得算法变成随机搜索。

（4）最大进化次数

最大进化次数的选取是根据具体问题的试验得出的。若进化次数过少，使算法还没有取得最优解就提前结束，出现"早熟"现象；若进化次数过多，可能算法早已收敛到了最优解，之后进行的迭代对于最优解的改进几乎没有什么效果，增加了算法的运算时间。

6. 猫群算法群体智能搜索策略分析

1）个体行为及个体之间信息交互分析

猫群算法的个体表示方式与粒子群算法类似，即用个体的位置来表示优化问题的解，构成整个算法的基础，个体的最优位置是搜寻到的最优解。猫群算法中个体行为主要体现为猫在搜寻模式和跟踪模式下自身位置的更新。

在搜寻模式下，通过复制自身的位置，之后根据个体基因改变的个数和每一位基因的改变范围来产生新的位置并将其放入记忆池中，根据记忆池中新位置的适应度，从记忆池中选择适应度值最高的位置作为猫所要移动到的下一个位置点。搜寻模式类似于局部搜索，能够在解的邻域内寻找更优秀的解，增强了算法的局部搜索能力，具有竞争机制。

在跟踪模式下，个体位置更新并不是无目的的随机搜索，而是朝着最优解的方向不断逼近，与粒子群算法类似，个体位置的改变是通过向全局最优位置靠拢来更新的。提高了算法的搜索能力，加快了算法的收敛，具有向"他人"学习的机制。

在群智能算法中，猫群算法对个体的位置更新操作与遗传算法中对个体的变异操作十分相似。遗传算法中，个体的变异是通过变异算子实现的，通过改变某一个或数个基因来产生新的个体。猫群算法中通过变异算子在两种模式下进行位置更新。在搜寻模式下，猫的位置更新也是通过改变个体一定数目的基因来实现的，只不过这里所用到的方法较变异算子更加灵活，提高了解的多样性，增大了解的搜索空间。在跟踪模式下的位置更新方法和粒子群算法有非常相似的地方，在粒子群算法中个体的更新通过自身所经历的最好位置与全局所遍历的最好位置两个极值来更新自己的位置，而在猫群的跟踪模式下其位置的更新只是通过全局最优解来实现的，以最优解带动整个寻优进程，加快了搜索速度。不同的变异算子对于解的搜索范围不同，猫群算法中的个体行为通过上述两种方式的位置更新，使得猫的位置不断向着最好的方向趋近。

2）群体进化分析

猫群算法的群体进化行为与传统进化算法的群体进化行为不同，猫群算法并不是通过选择操作选取适应度较高的部分个体作为父代来产生下一代，以提高每一代中整体解的质量的，而是类似于蛙群和蜂群算法，主要通过迭代过程来不断地寻找当前最优解。

猫群算法通过分组和混合策略的机制进行信息的传递，将全局的信息交换和局部搜索相结合，局部搜索使得局部个体间信息传递，混合策略使得组间的信息得到交换。猫群算法以一定的分组率来分配猫的行为模式，由于分组率为一个较小的值，这就使得大部分的猫处在搜寻模式下，而剩余的一小部分处于跟踪模式下。

在搜寻模式下，由于每一只猫都是在记忆池中根据适应度值来选择较好的位置作为猫下一次移动的位置点，猫位置的更新是通过在自身邻域中的局部搜索进行，所以在整个群体迭代的过程中，有大部分猫的位置得到改善。这里采用位变异的方法进行局部搜索，以获得候选解。需要注意的是，如果变异概率系数过小，则解的变化波动性小，说明算法搜索能力比较弱，容易陷入局部极小；反之，如果变异概率系数过大，则解的变化范围大，算法易陷入简单的随机搜索状态，不利于算法收敛。更为合理高效的设置方式还需要通过多次调整找到。

在跟踪模式下，猫始终向着全局最优解的方向逼近，使其适应度不断提高。

由于在每一次迭代开始之前，都会对猫群采用混合策略，根据分组率进行一次随机分配，这样就避免了猫的位置更新模式始终不变，在每一次迭代过程中猫所执行的模式是随机的，在一定程度上提高了算法的全局搜索能力。

5.2　猫群算法仿生计算在聚类分析中的应用

猫群算法具有良好的局部搜索和全局搜索能力，算法控制参数较少，通过两种模式的结合搜索，大大提高了搜索优良解的可能性和搜索效率，较其他算法容易实现，收敛速度快，具有较高的运算速度，易于与其他算法结合。猫群算法作为一种模仿生物活动而抽象出来的搜索算法，虽然可以实现全局最优解搜索，但也有出现"早熟"现象的弊端。群体中个体的进化，只是根据一些表层的信息，即只是通过适应度值来判断个体的好坏，缺乏深层次的理论分析和综合因素的考虑。由于猫群算法出现得较晚，该算法目前主要应用于函数优化问题，并取得了很好的效果，故很有必要对猫群算法进行深入研究。

一幅图像中含有多个物体，在图像中进行聚类分析需要对不同的物体分割标识。待分类的样品如图 5-4 所示，共有 A、B、C、D、B、C、D、A、C、D、A、B 12 个待分类样品，要分成 4 类。如何让计算机自动将这 12 个物体归类呢？本节以图像中不同物体的聚类分析为例，介绍用猫群算法解决聚类问题的实现方法。

1. 构造个体

对图 5-4 中的 12 个物体进行聚类，结果如图 5-5 所示，样品编号在每个样品的右上角，不同的样品编号不同，而且编号始终固定。样品所属的类号位于每个样品的下方。

采用符号编码，位串长度 L 取 12 位，分类号代表样品所属的类号（1 ～ 4），样品编号是固定的，也就是说某个样品在每个解中的位置是固定的，而每个样品所属的类别随时在变化。如果编号为 n，则其对应第 n 个样品，而第 n 位所指向的值代表第 n 个样品的归属类号。

每个解包含一种分类方案。为了算法求解方便，设定 A 用数字 1 表示，B 用数字 2 表示，C 用数字 3 表示，D 用数字 4 表示。设初始解的编码为（1，3，2，1，4，3，2，4，3，2，4，1），这是一种假设分类情况，并不是最优解，其含义为：第 1、4、12 个样品被分到第 1 类；第 2、6、9 个样品被分到第 3 类；第 3、7、10 个样品被分到第 2 类；第 5、8、11 个样品被分到第 4 类，猫群算法初始解见表 5-1。

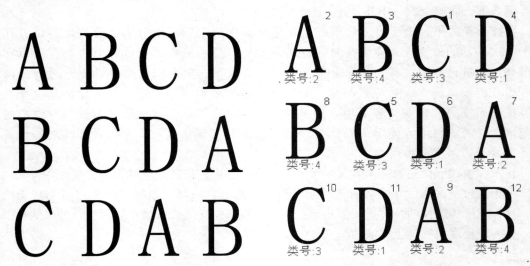

图 5-4　待分类的样品　　　　　　　　图 5-5　待测样品的编号

表 5-1　猫群算法初始解

样品值	(3)	(1)	(2)	(4)	(3)	(4)	(1)	(2)	(1)	(3)	(4)	(2)
分类号	1	3	2	1	4	3	2	4	3	2	4	1
样品编号	1	2	3	4	5	6	7	8	9	10	11	12

经过猫群算法找到的最优解见表 5-2。通过样品值与争类号（基因值）对照比较，会发现相同的数据被归为一类，分到相同的类号，而且全部正确。

表 5-2　猫群算法找到的最优解

样品值	(3)	(1)	(2)	(4)	(3)	(4)	(1)	(2)	(1)	(3)	(4)	(2)
分类号	3	2	4	1	3	1	2	4	2	3	1	4
样品编号	1	2	3	4	5	6	7	8	9	10	11	12

2. 计算适应度

系统初始化了 N 只猫，根据猫群算法中的分组率将猫分为搜寻模式下的猫和跟踪模式下的猫，算法中取分组率为 0.02，每一只猫的位置对应着所求问题的解。

1）将猫的编码表示法转化为类中心表示法

设模式样品集为 $X=\{X_i, i=1,2,\cdots,n\}$，其中 X_i 为 D 维模式向量，聚类问题就是要找到一个划分 $C=\{C_1, C_2, \cdots, C_k\}$，使得总的类内离散度和达到最小。

$$J_c = \sum_{j=1}^{k} \sum_{X_i \in C_j} d(X_i, C_j) \tag{5-3}$$

式中，C_j 为第 j 个聚类的中心，$d(X_i, C_j)$ 为样品到对应聚类中心的距离，聚类准则函数 J_c 即各类样品到对应聚类中心距离的总和。

当聚类中心确定时，聚类的划分可由最近邻法则决定。即对样品 X_i，若第 j 类的聚类中心 C_j 满足式（5-4），则 X_i 属于类 j。

$$d(X_i, C_j) = \min_{l=1,2,\cdots,k} d(X_i, C_l) \tag{5-4}$$

在使用猫群算法求解聚类问题的过程中，每一只猫作为一个可行解组成猫群（即解集）。根据解的不同含义，通常可以分为两种方法，一种是以聚类结果为解，另一种是以聚类中心集合为解。本节讨论的方法基于聚类中心集合作为猫的对应解，也就是每一只猫的位置是由 k 个聚类中心组成的，k 为已知的聚类数目。

一个具有 k 个聚类中心、样品向量维数为 D 的聚类问题中，每一只猫由三部分组成，即猫的位置、速度和适应度值。猫的结构表示为：

$$\mathrm{Cat}(i) = \left\{ \begin{array}{l} \mathrm{location}[\ ], \\ \mathrm{velocity}[\ ], \\ \mathrm{fitness} \end{array} \right. \tag{5-5}$$

猫的位置编码结构表示为：

$$\mathrm{Cat}(i).\,\mathrm{location}[\ ] = [C_1, \cdots, C_j, \cdots, C_k] \tag{5-6}$$

式中，C_j 表示第 j 类的聚类中心，是一个 D 维矢量。同时，每一只猫还有一个速度，其编码结构为：

$$\mathrm{Cat}(i).\,\mathrm{velocity}[\ ] = [V_1, \cdots, V_j, \cdots, V_k] \tag{5-7}$$

V_j 表示第 j 个聚类中心的速度值，可知 V_j 也是一个 D 维矢量。

2）计算适应度

猫的适应度值 Cat.fitness 为一个实数，表示猫的适应度。可以采用以下方法计算猎的适应度。

① 按照最近邻法则式（5-4），确定该猫的聚类划分。

② 根据聚类划分，重新计算聚类中心，按照式（5-3）计算总的类内离散度 J_c。

③ 猫的适应度可表示为下式：

$$\mathrm{Cat.\,fitness} = \frac{1}{J_c} \tag{5-8}$$

式中，J_c 是总的类内离散度和，根据具体情况而定。即猫所代表的聚类划分的总类间离散度越小，猫的适应度越大。

3. 位置更新

1）跟踪模式

在迭代过程中，记忆猫群的全局最优解 C_gd，表示猫群经历的最优位置和适应度。

$$C\_gd = \left\{ \begin{array}{l} \text{location}[\ ], \\ \text{fitness} \end{array} \right.$$ (5-9)

根据式（5-1）和式（5-2），可以得到猫的速度和位置更新公式。

$$\begin{aligned} &\text{Cat}(i).\,\text{velocity}(j).\,\text{feature} \\ =&\text{Cat}(i).\,\text{velocity}(j).\,\text{feature}+c*\text{rand}(\text{Nwidth},\text{Nwidth}).* \\ &(C\_gd.\,\text{location}(j).\,\text{feature}-\text{Cat}(i).\,\text{location}(j).\,\text{feature}) \end{aligned}$$ (5-10)

$$\begin{aligned} &\text{Cat}(i).\,\text{location}(j).\,\text{feature} \\ =&\text{Cat}(i).\,\text{location}(j).\,\text{feature}+\text{Cat}(i).\,\text{velocity}(j).\,\text{feature} \end{aligned}$$ (5-11)

式（5-10）中，c 为一个定值，根据经验一般 c 取 2 会有比较好的效果。

2) 搜寻模式

猫复制自身副本，在自身邻域内加一个随机扰动到达新的位置，再根据适应度函数求取适应度最高的点作为猫所要移动到的位置点。其副本的位置更新函数如下：

$$\begin{aligned} &\text{current\_Cat}(n).\,\text{location}(k).\,\text{feature} \\ =&\text{current\_Cat}(n).\,\text{location}(k).\,\text{feature}+\text{current\_Cat}(n).\,\text{location}(k).\,\text{feature}* \\ &(\text{SRD}*(\text{rand}*2-1)) \end{aligned}$$ (5-12)

式中，SRD = 0.2，即每个猫个体上的基因值变化范围控制在 0.2 之内，相当于是在自身邻域内的搜索。

4. 实现步骤

① 设置相关参数。从对话框中输入各参数，包括类中心数（centerNum）和最大迭代次数 MaxIter。

② 猫群的初始化。对于第 i 只猫 Cat(i)，先将每一个样品随机地指派为某一类，作为最初的聚类划分，并计算各类的聚类中心，作为猫 i 的位置编码 Cat(i).location[ ]，计算猫的适应度 Cat(i).fitness，反复进行，生成 CatNum 个猫。

③ 根据分组率随机设定猫群中执行搜寻模式的猫和跟踪模式的猫，即将猫的模式标志位做出相应的改变，在搜寻模式下猫的模式标志位为 0，在跟踪模式下猫的模式标志位为 1。

④ 在跟踪模式下，猫需要记住一个猫群的全局最优位置 C_gd.location(j)，对于每一只猫，根据式（5-10）和式（5-11）来更新猫的速度和位置，这样在执行跟踪模式下的猫总是向着最优解的方向趋近。

⑤ 在搜寻模式下，对于每一只猫进行自身位置的复制，共复制 5 份，对这 5 份副本应用变异算子并根据式（5-12）对它们进行位置改变。这里将每个聚类中心位置做变异，计算位置更新后的副本的适应度值，选取适应度最高的点来代替当前位置。

⑥ 对于每一个样品，根据猫的聚类中心编码，按照最邻近法则确定该样品的聚类划分。对于每一只猫，按照相应的聚类划分计算新的聚类中心，更新猫的适应度值。

⑦ 计算所有猫的适应度值，寻找并记录当前的最优解。

⑧ 如果达到结束条件，则结束算法，输出全局最优解；否则，转步骤③继续执行。

基于猫群算法的聚类分析流程图如图 5-6 所示。

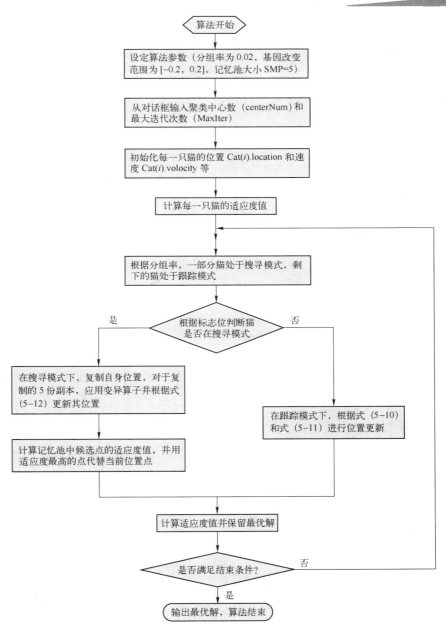

图 5-6　基于猫群算法的聚类分析流程图

5. 编程代码

```
%%%%%%%%%%%%%%%%%%%%%%%%%%%%%%%%%%%%%%%%%%%%%
%函数名称：C_CSO( )
%参数：m_pattern,样品特征库;patternNum,样品数目
%返回值：m_pattern,样品特征库
%函数功能：按照猫群聚类法对全体样品进行分类
%%%%%%%%%%%%%%%%%%%%%%%%%%%%%%%%%%%%%%%%%%%%%
```

```matlab
function [ m_pattern ] = C_CSO( m_pattern,patternNum )
disType = DisSelDlg( );                %获得距离计算类型
[ centerNum iterNum ] = InputClassDlg( );        %获得类中心数和最大迭代次数
CatNum = 200;                %初始化猫数目
SMP = 5;                        %记忆池大小
CDC = 1;                        %每个样品特征值的变化概率
SRD = 0. 2;                    %每个样品的变化值范围
%初始化中心和速度
global Nwidth;
for i = 1:centerNum
    m_center(i). feature = zeros( Nwidth,Nwidth );
    m_center(i). patternNum = 0;
    m_center(i). index = i;
    m_velocity(i). feature = zeros( Nwidth,Nwidth );
end
%初始化猫
for i = 1:CatNum
    Cat(i). location = m_center;        %猫各中心
    Cat(i). velocity = m_velocity;      %猫各中心速度
    Cat(i). fitness = 0;                %适应度
    Cat(i). flag = 0;      %个体猫所属的行为模式标志:flag = 0 时为搜寻模式,flag = 1 时为跟踪模式
end
C_gd. location = m_center;            %全局猫最优中心
C_gd. velocity = m_velocity;          %全局猫最优速度
C_gd. fitness = 0;                    %猫全局最优适应度
C_gd. string = zeros( 1,patternNum );
for i = 1:CatNum                      %生成随机猫分布矩阵
    ptDitrib(i,:) = ceil( rand( 1,patternNum ) * centerNum );
end
%生成初始猫群
for i = 1:CatNum
    for j = 1:patternNum
        m_pattern(j). category = ptDitrib(i,j);
    end
    for j = 1:centerNum
        m_center(j) = CalCenter( m_center(j),m_pattern,patternNum );
    end
    Cat(i). location = m_center;
end
%初始化参数
R = 2;                                %跟踪模式位移方程系数
for iter = 1:iterNum
    for i = 1:CatNum
        Cat(i). flag = 0;
    end
```

```
index = randperm( CatNum) ;
for i = 1:CatNum * 0.02
    Cat( index( i) ). flag = 1 ;        %随机从种群中选择 2%的猫执行跟踪模式,其他为搜寻模式
end
%更新猫速度、位置
for i = 1:CatNum
    if Cat( i). flag = = 1 ;            %跟踪行为
        for j = 1:centerNum
            Cat( i). velocity( j). feature = Cat( i). velocity( j). feature+R * rand( Nwidth,Nwidth). *
            ( C_gd. location( j). feature−Cat( i). location( j). feature) ;
            Cat( i). location( j). feature = Cat( i). location( j). feature+Cat( i). velocity( j).feature ;
        end
        %最近邻聚类
        for j = 1:patternNum
            min = inf ;
            for k = 1:centerNum
                tempDis = GetDistance( m_pattern( j) ,Cat( i). location( k) ,disType) ;
                if( tempDis<min)
                    min = tempDis ;
                    m_pattern( j). category = k ;
                    ptDitrib( i,j) = k ;
                end
            end
            %重新计算聚类中心
            for k = 1:centerNum
                Cat( i). location( k) = CalCenter( Cat( i). location( k) ,m_pattern,patternNum) ;
            end
        end
        %计算猫适应度值
        temp = 0 ;
        for j = 1:patternNum
            temp = temp+GetDistance( m_pattern( j) ,Cat( i). location( ptDitrib( i,j)) ,disType) ;
        end
        if( temp = = 0)                  %最优解,直接退出
            iter = iterNum+1 ;
            break ;
        end
        Cat( i). fitness = 1/temp ;
    else %搜寻行为
        for n = 1:SMP              %将自身位置复制 SMP 份,同自身一起存入记忆池
            current_Cat( n) = Cat( i) ;
        end
        for n = 1:SMP−1           %对记忆池中复制的位置进行改变
            for k = 1:centerNum
                current_Cat( n). location( k). feature = current_Cat( n). location( k). feature *
```

```
                    ( SRD * ( rand * 2 - 1 ) ) ;
              end
        end
        %最近邻聚类
        for n = 1 : SMP
            for j = 1 : patternNum
                min = inf;
                for k = 1 : centerNum
                    tempDis = GetDistance( m_pattern( j ) , current_Cat( n ) . location( k ) , disType ) ;
                    if( tempDis < min )
                        min = tempDis;
                        m_pattern( j ) . category = k ;
                        ptDitrib( i , j ) = k ;
                    end
                end
            end
            %重新计算聚类中心
            for j = 1 : centerNum
                current_Cat( n ) . location( j ) = CalCenter( current_Cat( n ) . location( j ) , m_
                pattern , patternNum ) ;
            end
        end
        %计算猫适应度值
        for n = 1 : SMP
            temp = 0 ;
            for j = 1 : patternNum
                temp = temp + GetDistance( m_pattern( j ) , current_Cat( n ) . location( ptDitrib( i ,
                j ) ) , disType ) ;
            end
            if( temp = = 0 )      %最优解,直接退出
                iter = iterNum + 1 ;
                break;
            end
            current_Cat( n ) . fitness = 1 / temp ;
        end
        %记录搜寻到的最好位置
        max_cat = current_Cat( 1 ) ;
        for n = 2 : 5
            if max_cat. fitness < current_Cat( n ) . fitness
                max_cat = current_Cat( n ) ;
            end
        end
        Cat( i ) = max_cat ;
    end
end
```

```
for i = 1 : CatNum% 更新 C_gd
    if( Cat( i ). fitness>C_gd. fitness )
        C_gd. fitness = Cat( i ). fitness ;
        C_gd. location = Cat( i ). location ;
        C_gd. velocity = Cat( i ). velocity ;
        C_gd. string = ptDitrib( i , : ) ;
    end
end
for i = 1 : patternNum
    m_pattern( i ). category = C_gd. string( 1 , i ) ;
end
end
```

6. 效果图

以英文字母聚类识别为例，猫群算法识别结果如图 5-7 所示。

（a）距离选择对话框

（b）参数输入对话框

（c）待聚类的样品

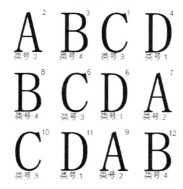

（d）输出聚类结果

（e）显示最优解出现在第几次迭代中

图 5-7 猫群算法识别结果

从结果图上可以看出，猫群算法应用于聚类分析效果很好。

本章小结

猫群算法是一种群体智能算法。在算法中将猫分为两组，一组执行搜寻模式，另一组执行跟踪模式。两种模式利用不同的方式进行猫的位置更新，提高了算法的收敛效率。猫群算法主要应用于函数优化问题，由于该算法具有的良好特性，其具有很好的理论探讨空间和广阔的应用前景。本章介绍了猫群算法的基本原理、关键参数和算法流程，着重介绍了猫群算法用于聚类分析的实现方法和步骤。

习题

1. 简述猫群算法的基本原理。
2. 叙述猫群算法与粒子群算法的异同。
3. 叙述猫群算法在聚类问题中的实现方法。

第6章 细菌觅食算法仿生计算

本章要点：

☑ 细菌觅食算法
☑ 细菌觅食算法仿生计算在聚类分析中的应用

6.1 细菌觅食算法

1. 基本原理

细菌觅食算法模仿大肠杆菌在人体肠道内的觅食行为，属于仿生类优化算法。大肠杆菌的觅食行为主要分为以下几个过程：

① 寻找可能存在食物源的区域。

② 通过先验知识判断是否该进入该觅食区域。

③ 当消耗掉一定量的食物或者觅食区域环境变得恶劣不适合生存时，细菌死亡或迁移到另一个适合的觅食区域。

细菌觅食算法（Bacterial Foraging Optimization，BFO）正是根据以上三个过程提出的一种仿生随机搜索算法，是 K. M. Passino 于 2002 年基于 Ecoli 大肠杆菌在人体肠道内搜寻食物行为过程中表现出来的群体竞争协作机制，提出的一种新型仿生类群体智能算法。该算法因具有群体智能算法并行搜索、易跳出局部极小值等优点，被广泛应用于电气工程与控制、滤波器控制、人工神经网络训练、颜色调度及各种群体智能识别等方面的问题，已经成为生物启发式计算研究领域的又一热点。

细菌觅食算法主要依靠以细菌特有的趋化、繁殖、迁徙三种行为为基础的三种算子进行位置更新和最优解的搜索，进而实现种群的进化。

细菌向食物源区域聚集并躲避有害区域的行为在算法中称为细菌的趋化算子。首先每只细菌分别执行趋化算子，在细菌位置更新过程中，每个细菌先向一个随机的方向前进一个步长，根据评价函数判断其适应度是否得到改善，如果适应度得以改善，就按此方向继续前进，直至适应度不再改善或达到最大的前进次数；如果按此方向前进一个步长后适应度值没有得到改善，就随机向另一个方向前进一个步长，直至每个细菌都完成预定的趋化算子次数。

细菌达到最大趋化算子次数后，将执行繁殖算子。细菌的繁殖行为同样遵循自然界

"优胜劣汰，适者生存"的原则。在繁殖算子中，每个细菌按照其执行完趋化算子后的适应度值进行排序，排序中适应度值较低的半数细菌个体死亡，适应度值高的半数细菌个体繁殖自身，生成新的群体。然后新产生的群体再次循环执行趋化算子、繁殖算子，直至群体执行完预定的繁殖算子次数后执行迁徙算子。

细菌生活的区域可能会突然发生剧烈变化，例如：温度的突然变化或食物的消耗殆尽。这样可能导致生活在这个区域的细菌种群死亡或迁徙到一个新的适宜的生活区域。细菌觅食优化算法中模拟这种现象的行为在算法中称为细菌的迁徙算子。每个细菌以一定概率 p_e 执行迁徙算子，如果种群中的某个个体满足迁徙算子发生的概率，则这个细菌个体死亡，并随机地在解空间的任意位置生成一个新的个体。执行完一次迁徙算子后，细菌再次循环执行趋化算子、繁殖算子、迁徙算子，直至执行完预定的迁徙算子次数，种群更新并输出最优解，算法结束。

其中趋化算子为算法的核心部分，决定着细菌搜寻食物源时位置的改变方式，并对细菌能否找到食物源起决定作用，对算法的收敛性和算法的优劣有极其重要的影响。繁殖算子保证了细菌种群总体优良性能的提高，使得群体向着最优的方向移动，有利于达到全局最优。迁徙算子产生的新个体与死亡的个体一般具有不同的位置，即不同的觅食能力，但是对趋化算子可能产生一定的促进作用，因为迁徙操作随机生成的新个体可能更靠近食物源区域，这样更有利于趋化算子跳出局部最优解和寻找全局最优解。

细菌觅食算法求解最优化问题的基本过程为：

① 初始化随机解；

② 设计评价函数；

③ 根据算法的三种算子进行群体更新和最优解搜索。

类似于其他的群智能算法，细菌觅食算法在搜索最优解时，首先要对所求问题的解进行编码，然后根据算法中细菌的行为进行信息的交流与更新，最终得到最优解。

2. 术语介绍

为了更好地理解算法，首先简单介绍细菌觅食算法中的几个重要术语。

（1）细菌个体

每个细菌称为一个单独的个体，在算法中作为问题的一个解。

（2）细菌群体

一定数量的细菌个体组合在一起构成细菌群体，细菌是群体中最基本的单位。

（3）群体规模

群体中个体数目的总和称为群体规模，又叫群体大小。

（4）食物源

食物源是细菌要搜索的目标，在算法中体现为细菌位置的最优解。

（5）适应度

适应度指细菌对环境的适应程度，在算法中表现为细菌离目标解的远近。

（6）趋化算子

细菌向食物源区域聚集并躲避有害区域的行为在算法中称为细菌的趋化算子。细菌向食物源靠近，在算法中表现为细菌位置的改善。

（7）繁殖算子

细菌达到最大趋化算子次数后，将执行繁殖算子。适应环境的细菌繁殖自身，在算法中表现为适应度高、离食物源近的细菌个体繁殖自己，适应度低的细菌个体死亡，以保证种群向高适应度解集逼近。

（8）迁徙算子

细菌生活的区域可能会突然发生剧烈变化，导致生活在这个区域的细菌种群死亡或迁徙到一个新的适宜的生活区域。在细菌觅食优化算法中模拟这种现象的行为在算法中称为细菌的迁徙算子，在算法中表现为某些细菌以一定的概率死亡并随机产生新位置的细菌。在环境恶化的情况下，细菌死亡并产生另一个新个体，会改善环境。

3. 基本流程

细菌觅食算法的基本流程可描述如下。

① 初始化群体，包括细菌种群大小 N、细菌的前进步长 C、细菌最大前进次数 N_s、趋化算子次数 N_c、繁殖算子次数 N_{re}、迁徙算子次数 N_{ed}。

② 设计评价函数，并根据评价函数记录当前最优解。

③ 种群进化分为三层循环：

➤ 内层循环，趋化算子；

➤ 中层循环，繁殖算子；

➤ 外层循环，迁徙算子。

④ 算法结束，输出群体最优解。

细菌觅食算法的基本流程图如图 6-1 所示。

4. 细菌觅食算法的构成要素

在细菌觅食算法模型中包括三个主要的算子，即趋化算子、繁殖算子和迁徙算子。这三个算子是算法的核心思想，并且决定算法的性能。

设 $X_i(j,k,l)$ 表示细菌个体 i 当前的位置，其中 j 表示细菌的第 j 代趋化算子，k 表示细菌的第 k 代繁殖算子，l 表示细菌的第 l 代迁徙算子。细菌觅食算法中细菌位置按照式（6-1）进行调整：

$$X_i(j+1,k,l) = X_i(j,k,l) + \text{rand}()\times\text{step}\times\phi(i)$$

$$（6-1）$$

$$\phi(i) = \frac{X_i(j,k,l) - X_{\text{rand}}(j,k,l)}{\parallel X_i(j,k,l) - X_{\text{rand}}(j,k,l) \parallel} \quad （6-2）$$

式中，step 表示细菌每次前进的步长，$\phi(i)$ 表示细菌随机翻滚的方向，$X_{\text{rand}}(j,k,l)$ 为当前个体 $X_i(j,k,l)$ 邻域内的一个随机位置。

下面分别对这三种算子进行介绍。

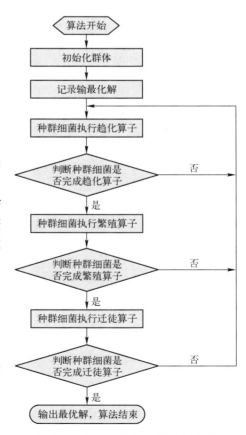

图 6-1　细菌觅食算法的基本流程

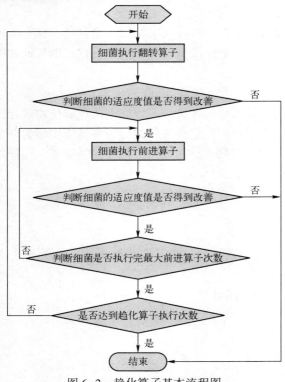

图 6-2　趋化算子基本流程图

1）趋化算子

在趋化算子中，细菌的运动模式包括翻转和前进两种。细菌向任意方向移动单位步长定义为翻转算子。当细菌执行完一次翻转算子后，若细菌的适应度值没有得到改善，则跳出循环；若细菌的适应度值得到改善，则细菌沿同一方向继续移动若干步，直至细菌的适应度值不再改善或达到最大的移动步数，此过程定义为前进算子。

趋化算子基本流程图如图 6-2 所示。

2）繁殖算子

细菌的繁殖行为遵循自然界"优胜劣汰，适者生存"的原则。以执行完趋化算子后各细菌适应度值的大小为标准，适应度值较低的半数细菌死亡；适应度值较高的半数细菌分裂成两个子细菌，这个过程在算法中称为细菌的繁殖算子。子细菌将继承母细菌的所有特性，具有与母细菌相同的位置、适应度值和移动步长。繁殖算子基本流程图如图 6-3 所示。

3）迁徙算子

迁徙算子基本流程图如图 6-4 所示。

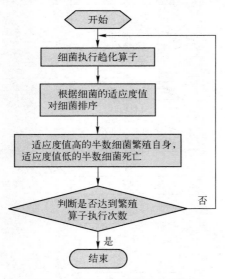

图 6-3　繁殖算子基本流程图

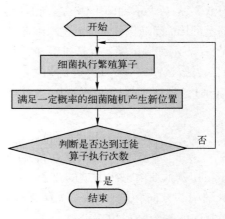

图 6-4　迁徙算子基本流程图

5. 控制参数选择

细菌觅食算法中，趋化、繁殖、迁徙三种算子决定了算法的性能，因此控制这些算子的参数对算法性能的影响至关重要。相比其他算法，细菌觅食算法需要调节的参数较多，包括种群大小 N、前进步长 C、最大前进次数 N_s、趋化算子次数 N_c、繁殖算子次数 N_{re}、迁徙算子次数 N_{ed}、迁徙概率 p_e，细菌觅食算法的优化能力和收敛速度与这些参数值的选择紧密相关。

（1）种群大小 N

种群规模的大小影响细菌觅食算法效能的发挥。种群规模小，算法执行速度快，但种群的多样性会降低，影响算法的性能；种群规模大，个体初始时分布的位置多，靠近最优解的机会也多，但算法的计算速度会变慢。

（2）前进步长 C

前进步长控制种群的多样性和收敛性。通常情况下，C 不应太小，这样能有效跳出局部最优解；如果 C 太大，会明显降低算法的收敛速度。

（3）最大前进次数 N_s

最大前进次数影响了搜索的深度，选择合适的前进次数能够提高算法的搜索能力。

（4）趋化算子次数 N_c

趋化次数越多算法搜索得越全面，但是会影响算法的整体执行效率；反之，算法容易陷入局部最优。

（5）繁殖算子次数 N_{re}

繁殖次数越多，细菌越能避开食物缺乏的区域而转向食物丰富的区域搜索，提高了算法的收敛速度，但是会增加算法的复杂度；反之，会导致算法过早收敛。

（6）迁徙算子次数 N_{ed}

迁徙次数太少，迁徙算子发挥的随机搜索作用小；反之，算法能搜索的区域大，解的多样性增加，能避免算法陷入"早熟"，当然算法的复杂度也会随之增加。

（7）迁徙概率 p_e

迁徙概率 p_e 取适当的值能帮助算法跳出局部最优，但是 p_e 的值不能太大，否则就变成了随机搜索算法。

上述参数对算法的求解结果和求解效率都有很大的影响，在解决实际问题时，要根据问题的复杂度和现实要求合理地选择参数，以确保算法寻优的正确率和算法的执行效率。

6. 细菌觅食算法群体智能搜索策略分析

1）个体行为及个体之间信息交互方法分析

细菌觅食算法中的个体行为主要表现为三个主要的算子，即趋化算子、繁殖算子和迁徙算子。

趋化算子类似于局部搜索，细菌的运动模式包括翻转和前进两种。细菌执行翻转算子，向任意方向移动单位步长后，若细菌的适应度值没有得到改善，则跳出循环；若细菌的适应度值得到改善，则细菌沿同一方向继续前进，移动若干步，直至细菌的适应度值不再改善或达到最大的移动步数。可见，每个个体在自身邻域中做局部深度搜索，能够在解的邻域内寻找更优秀的解，增强了算法的局部搜索能力；每个个体通过趋化算子，不断向食物丰富的区域靠近，位置得以改善，提高了自身的竞争性和生存能力，整个群体得到优化。

在遗传算法中采用交叉算子实现个体间的信息交互，而在细菌觅食算法中不存在个体之间的信息交互，如果将繁殖算子看作信息的交互，则只是单方向给予，用优良的个体取代差的个体，减少了差的个体搜索食物的时间，提高了算法的整体效率，使得细菌向食物源区域不断靠近。

细菌觅食算法不像遗传算法的变异算子仅仅是对某一位基因以一定的概率变异，在当前解的邻域范围内变异，细菌觅食算法的迁徙算子中细菌个体通过一定的概率死亡，并且随机生成一个新的个体，新个体的基因有可能全面改变，新产生的个体位置有可能靠近食物源也有可能远离食物源，远离食物源的细菌虽然一定程度上破坏了种群的优良特性，但同时也增加了细菌个体的多样性，提高了全局搜索的能力。可见迁徙算子的动作大，范围广，解的多样性丰富。

2）群体进化分析

与其他的群体智能算法类似，细菌觅食算法模拟现实生物在自然环境中的觅食与进化过程，通过自身所特有的趋化、繁殖、迁徙三种算子，不断更新个体的位置，产生下一代个体，从而生成新的种群，进而提高整个种群的搜索能力，使整个种群向着食物源近的区域靠近。

细菌觅食算法中，趋化算子是种群更新的核心算子，它控制着种群在寻找食物的过程中所采取的方向选择策略及前进步长，通过细菌个体位置的不断更新，使得群体的位置越来越接近食物源，整体的适应度值不断提高，有利于整个群体向着最优解靠近。在繁殖过程中适应度值较低的半数细菌死亡，而适应度值较高的半数细菌繁殖自身，从而使得细菌群体中适应度值较高的细菌个数增加，使细菌种群的适应度值整体增加，生成新的群体优于上一代群体，加快了搜索速度，提高了整个种群的觅食能力。

由于繁殖算子是大范围、大面积的行动，造成半数细菌死亡，使种群产生趋同现象，容易陷入局部最优解。而迁徙算子是细菌的一个随机搜索过程，在迁徙过程中满足迁徙概率的细菌通过随机产生新的位置，保证了细菌种群的多样性，因此迁徙算子在细菌觅食算法中非常重要。

可见，细菌觅食算法通过个体的趋化算子向最优解搜索，通过繁殖算子筛选出优良个体，淘汰差的个体，通过迁徙算子保证种群的多样性，这三个算子保证种群向着食物源的区域聚集，减少了"早熟"收敛，符合生物进化的整体自然规律。

6.2　细菌觅食算法仿生计算在聚类分析中的应用

细菌觅食算法搜索过程是从一个解集合开始的，而不是从单个个体开始的，因此不容易陷入局部最优解，具有并行性，并且这种并行性易于在并行计算机上实现，提高了算法的性能和效率。与其他进化算法相比，细菌觅食算法较为简单、灵活，能与其他各种算法相结合产生新的进化优化算法，适用于解决多方面的现实问题，具有较强的适应性和鲁棒性。但是细菌觅食算法也存在局限性和不足，例如，算法参数较多，参数设置对算法的结果影响较大。如果参数选取得不适当，会影响算法的整体性能；算法复杂性高，计算量大，不适于解决快速计算的问题。迁徙算子中细菌位置的更新具有随机性，一定程度上影响了算法的性能。本节以图像中不同物体的聚类分析为例，介绍用细菌觅食算法解决聚类问题的实现方法。

1. 构造个体

在用细菌觅食算法求解聚类问题的过程中，每个细菌可作为一个可行解组成细菌群体（即解集）。解的含义分为以聚类结果为解和以聚类中心集合为解两种。这里基于聚类中心集合作为细菌对应解进行讨论，也就是每个细菌的位置是由 k 个聚类中心组成的，k 为已知的聚类中心数。

在一个具有 k 个聚类中心、样品向量维数为 D 的聚类问题中，每个细菌 i 由两部分组成，即细菌位置和适应度值。细菌结构 i 表示为：

$$\text{Bacterial}(i) = \left\{ \begin{aligned} &\text{location}[\ ], \\ &\text{fitness} \end{aligned} \right. \tag{6-3}$$

细菌的位置编码结构表示为：

$$\text{Bacterial}(i).\text{location}[\ ] = [\boldsymbol{C}_1, \cdots, \boldsymbol{C}_j, \cdots, \boldsymbol{C}_k] \tag{6-4}$$

式中，$\boldsymbol{C}_j$ 表示第 j 类的聚类中心，是一个 D 维矢量。

细菌个体适应度值 $\text{Bacterial}(i).\text{fitness}$ 为一个实数，具体计算方法如下。

① 按照最近邻法则，确定该细菌个体的聚类划分。

② 根据聚类划分，重新计算聚类中心，计算总的类内离散度 J_c。

③ 细菌个体的适应度可表示为下式：

$$\text{Bacterial}(i).\text{fitness} = \frac{1}{J_c} \tag{6-5}$$

式中，整个细菌种群存在一个群体最优解 B_g，表示细菌群体中的最好位置和适应度。其结构如下：

$$B_g = \left\{ \begin{aligned} &\text{location}[\ ], \\ &\text{fitness} \end{aligned} \right. \tag{6-6}$$

根据式（6-1），可以得到细菌位置的更新公式：

$$\text{Bacterial}(i).\text{location} = \text{Bacteroal}(i).\text{location} + \text{rand} \times \text{step} \times \phi(i) \tag{6-7}$$

$$\phi(i) = \frac{\text{Bacterial}(i).\text{location} - \text{Bacterial}(j).\text{location}}{\|\text{Bacterial}(i).\text{location} - \text{Bacterial}(j).\text{location}\|} \tag{6-8}$$

式中，step 表示细菌每次前进的步长，$\phi(i)$ 表示细菌随机翻滚的方向，$\text{Bacterial}(j).\text{location}$ 为当前个体邻域内的一个随机位置。

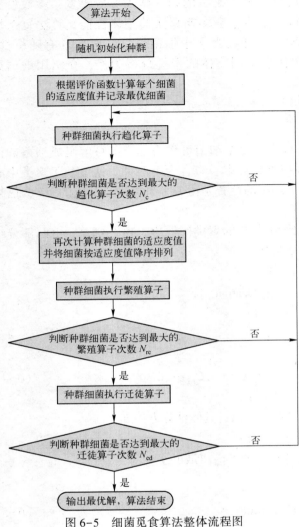

图 6-5　细菌觅食算法整体流程图

根据已定义好的细菌群结构，采用上面介绍的细菌觅食算法，可实现求解聚类问题的最优解。

2. 实现步骤

① 随机初始化种群，包括种群大小 N 和给定的聚类数目 centerNum，对于第 i 个细菌 Bacterial(i)，先将每个样品随机指派为某一类，作为最初的聚类划分，并计算各类的聚类中心，作为细菌 i 的位置编码 Bacterial(i).location[ ]，计算细菌的适应度值 Bacterial(i).fitness，反复进行，生成 N 个细菌，并记录最优细菌。

② 内层循环，细菌执行趋化算子，根据式（6-7）更新细菌个体。

③ 中层循环，细菌执行繁殖算子。

④ 外层循环，细菌执行迁徙算子。

⑤ 如果没有达到预定的趋化算子次数，则执行步骤②。

⑥ 如果没有达到预定的繁殖算子次数，则执行步骤③。

⑦ 如果没有达到预定的迁徙算子次数，则执行步骤④。

⑧ 如果达到最大迁徙算子次数，则结束循环，更新并输出最优解。

细菌觅食算法整体流程图如图 6-5 所示。

3. 编程代码

```
%%%%%%%%%%%%%%%%%%%%%%%%%%%%%%%%%%%%%%%%%%%
%函数名称：C_BFO( )
%参数：m_pattern，样品特征库；patternNum，样品数目
%返回值：m_pattern，样品特征库
%函数功能：按照细菌觅食聚类法对全体样品进行分类
%%%%%%%%%%%%%%%%%%%%%%%%%%%%%%%%%%%%%%%%%%%
function [ m_pattern ] = C_BFO( m_pattern，patternNum )
disType = DisSelDlg( );    %获得距离计算类型
[BacterialNum Nc Ns Nre Sr Ned Ped step centerNum ] = InputParameterDlg( );
global Nwidth;
% BacterialNum            % 初始化细菌数目
```

```
% step           % 移动步长
% Nc             % 趋化算子执行次数
% Ns             % 趋化算子最大前进次数
% Nre            % 繁殖行为执行次数
% Ned            % 迁徙算子执行次数
% Ped            % 执行迁徙算子的概率
% Sr             % 执行繁殖的比例 (0~1 之间的数)
%初始化中心和速度
for i = 1:centerNum
    m_center(i).feature = zeros(Nwidth,Nwidth);
    m_center(i).patternNum = 0;
    m_center(i).index = i;
end
%初始化细菌
for i = 1:BacterialNum
    Bacterial(i).location = m_center;        %细菌各中心
    Bacterial(i).fitness = 0;                %适应度
    Bacterial(i).string = ceil(rand(1,patternNum) * centerNum);
end
B_gd.location = m_center;                 %全局细菌最优中心
B_gd.fitness = 0;                         %细菌全局最优适应度
B_gd.string = zeros(1,patternNum);        %最优解(分类号)
%计算类中心
for i = 1:BacterialNum
    for j = 1:patternNum
        m_pattern(j).category = Bacterial(i).string(1,j);        %对样品分布类号
    end
    for j = 1:centerNum
        m_center(j) = CalCenter(m_center(j),m_pattern,patternNum);
    end
    Bacterial(i).location = m_center;
end
for l = 1:Ned                           %迁徙算子循环
    for n = 1:Nre                       %繁殖算子循环
        for m = 1:Nc                    %趋化算子循环
            for i = 1:BacterialNum
                %计算细菌适应度
                Bacterial(i) = CalFitness(Bacterial(i),patternNum,centerNum,m_pattern,disType);
                last_Bacterial = Bacterial(i);       %记录初始位置
                delta = rand(Nwidth,Nwidth);        %翻转角度
                for k = 1:centerNum
                    Bacterial(i).location(k).feature = Bacterial(i).location(k).feature+step. *
                    delta/norm(delta);               %按照翻转角度前进
                end
                Bacterial(i) = CalFitness(Bacterial(i),patternNum,centerNum,m_pattern,disType);
```

```matlab
                        %计算新位置的适应度值
                        t=0;
                        while t<Ns
                            t=t+1;
                            if Bacterial(i). fitness>=last_Bacterial. fitness
                                last_Bacterial=Bacterial(i);
                                for k=1:centerNum
                                    Bacterial(i). location(k). feature=Bacterial(i). location(k). feature
                                    +step. * delta/norm(delta);
                                end
                                Bacterial(i)=CalFitness(Bacterial(i),patternNum,centerNum,m_pattern,dis-
                                Type);
                            else
                                t=Ns ;
                                Bacterial(i)=last_Bacterial;
                            end
                        end
                    end
                end
                temp_Bacterial=Bacterial(1);
                for i=1:BacterialNum-1                    %依据适应度值降序排列
                    for j=i+1:BacterialNum
                        if Bacterial(i). fitness<Bacterial(j). fitness
                            temp_Bacterial=Bacterial(i);
                            Bacterial(i)=Bacterial(j);
                            Bacterial(j)=temp_Bacterial;
                        end
                    end
                end
                for i=1:floor(BacterialNum * Sr)     %适应度值较高的 50%的个体繁殖,取代后 50%的个体
                    Bacterial(BacterialNum-i+1)=Bacterial(i);
                end
            end
            for t=1:BacterialNum
                if Ped>rand                          %满足迁徙概率的细菌个体随机生成新的个体
                    for k=1:centerNum
                        Bacterial(i). location(k). feature=rand(Nwidth,Nwidth);
                    end
                end
                Bacterial(i)=CalFitness(Bacterial(i),patternNum,centerNum,m_pattern,disType);
            end
        end
        for i=1:BacterialNum                        %更新 B_gd
            Bacterial(i)=CalFitness(Bacterial(i),patternNum,centerNum,m_pattern,disType);
            if(Bacterial(i). fitness>B_gd. fitness)
```

```
                B_gd=Bacterial(i);
        end
end
for i=1:patternNum
        m_pattern(i).category=B_gd.string(1,i);
end
%%%%%%%%%%%%%%%%%%%%%%%%%%%%%%%%%%%%%%%%%%%%%%%%%%%%
%函数名称：CalFitness()
%函数功能：计算适应度值
%%%%%%%%%%%%%%%%%%%%%%%%%%%%%%%%%%%%%%%%%%%%%%%%%%%%
function Bacterial_i=CalFitness(Bacterial_i,patternNum,centerNum,m_pattern,disType)
%最近邻聚类
for j=1:patternNum
        min=inf;
        for k=1:centerNum
                tempDis=GetDistance(m_pattern(j),Bacterial_i.location(k),disType);
                if(tempDis<min)
                        min=tempDis;
                        m_pattern(j).category=k;
                        Bacterial_i.string(1,j)=k;
                end
        end
        %重新计算聚类中心
        for k=1:centerNum
                Bacterial_i.location(k)=CalCenter(Bacterial_i.location(k),m_pattern,patternNum);
        end
end
%计算细菌适应度值
temp=1;
for j=1:patternNum
        temp=temp+GetDistance(m_pattern(j),Bacterial_i.location(Bacterial_i.string(1,j)),disType);
end
Bacterial_i.fitness=1/temp;
%%%%%%%%%%%%%%%%%%%%%%%%%%%%%%%%%%%%%%%%%%%%%%%%%%%%
%函数名称：InputVisualDlg()
%函数功能：由用户输入参数
%%%%%%%%%%%%%%%%%%%%%%%%%%%%%%%%%%%%%%%%%%%%%%%%%%%%
function [BacterialNum Nc Ns Nre Sr Ned Ped step centerNum]=InputParameterDlg()
str={'细菌群体大小','趋化算子执行次数(Nc):','趋化算子执行中前进次数(Ns)','繁殖算子执行
次数(Nre):','执行繁殖算子的个体比例','迁徙算子执行次数(Ned):','执行迁徙算子的概率','移
动最大步长','类中心数'};
def={'50','5','3','2','0.5','2','0.25','0.05','4'};
T=inputdlg(str,'参数输入对话框',1,def);
BacterialNum=str2num(T{1,1});
Nc=str2num(T{2,1});
```

$Ns = str2num(T\{3,1\})$;
$Nre = str2num(T\{4,1\})$;
$Sr = str2num(T\{5,1\})$;
$Ned = str2num(T\{6,1\})$;
$Ped = str2num(T\{7,1\})$;
$step = str2num(T\{8,1\})$;
$centerNum = str2num(T\{9,1\})$;

4. 效果图

细菌觅食聚类算法的效果图如图 6-6 所示。

（a）原始数据　　　　　　　　　　（b）选择欧氏距离

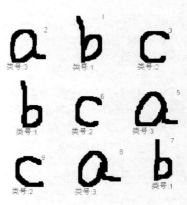

（c）设定各个参数　　　　　　　　（d）聚类结果

图 6-6　细菌觅食聚类算法的效果图

本章小结

　　本章介绍了细菌觅食算法的基本概念，包括细菌觅食算法的基本思想及基本流程；着重介绍了细菌觅食算法用于聚类问题的实现方法和步骤。基于细菌觅食的聚类算法在种群更新过程中，分别执行趋化、繁殖、迁徙三种算子，寻优能力更强，不容易陷入局部极小值，所以具有较快的收敛速度，并且具有较强的鲁棒性。虽然在执行迁徙算子时存在随机寻优的过程，但是并不影响算法的整体性能，并且能够增加解的多样性，使算法容易跳出局部最优。

习题

1. 简述细菌觅食算法的基本原理。
2. 叙述细菌觅食算法与其他进化算法的异同。
3. 在细菌觅食算法聚类问题设计中，简述如何定义细菌结构及细菌的更新方式。
4. 叙述细菌觅食算法在聚类问题中的实现方法和步骤。

第7章 人工鱼群算法仿生计算

本章要点：

☑ 人工鱼群算法
☑ 人工鱼群算法仿生计算在聚类分析中的应用

7.1 人工鱼群算法

1. 基本原理

人工鱼群算法（Artificial Fish School Algorithm，AFSA）是浙江大学的李晓磊博士于 2002 年基于现实环境中的鱼群觅食行为首次提出的一种新型的仿生类群体智能全局寻优算法。人工鱼群算法是在解决优化问题的过程中引入基于生物群体行为的人工智能思想，根据动物行为的适应性、自治性、盲目性、突现性和并行性的特点，推演出的一种全新的智能优化方法。人工鱼群算法具有良好的求取全局极值的能力，并具有对初值参数选择不敏感、鲁棒性强、简单易实现等优点。目前，人工鱼群算法已经在神经网络、模式识别、参数估计辨识方法等诸多方面得到了应用，并与其他算法相结合解决组合优化问题，得到了社会的广泛认可。

人工鱼群算法模拟自然界中鱼的集群觅食行为，通过个体之间的协作使群体达到最优选择的目的，算法实现的重点是人工鱼模型的建立和个体行为的描述与实现。鱼群算法采用了自下而上的设计思想，主要利用人工鱼群的觅食、聚群和追尾三种算子，构造了个体的底层行为。人工鱼个体探索它当前所处的环境，选择执行一种行为算子，通过不断调整自己的位置，最终集结在食物密度较大的区域周围，取得全局极值。

人工鱼是真实鱼的虚拟实体，人工鱼存在的环境指的是问题的解空间和其他同伴的状态，下一刻的行为取决于目前自身状态和目前环境的状态，并且它还通过自身活动来影响环境和其他同伴的活动，进而达到最终寻优的目的。

首先每条人工鱼根据自身所处的环境，分别试探执行聚群和追尾两种算子，通过目标函数计算其适应度值是否得到改善，选择执行适应度值改善较大的行为算子；若某条人工鱼试探聚群算子和追尾算子后，适应度值均没有改善，则这条人工鱼执行觅食算子；若这条人工鱼在达到觅食算子的最大尝试次数之后，适应度值仍没有改善，则执行随机算子，即这条人工鱼在自己周围环境中随机游动到一个新的位置，最终人工鱼集结在几个局部最优解的周围。一般而言，拥有较大食物量或靠近目标解的人工鱼处于全局最优解周围，这有助于获取全局最优解，而全局最优解周围总能集结较多的人工鱼，同样有助于获取全局最优解。

在人工鱼群算法中，觅食、聚群和追尾三种算子是人工鱼的核心算子，控制着人工鱼寻找食物时位置的改变方式，并最终决定人工鱼是否能够找到食物，对种群的更新与进化起决定性的作用。而随机算子是执行上述三种行为算子后适应度都不能得到改善后执行的行为，随机算子不一定向最优解的方向移动，但是随机算子能够帮助种群跳出局部最优，增加种群解的多样性，同样是种群进化不可缺少的部分，同时也符合生物多样性的进化规律。

2. 术语介绍

为了更好地理解算法，首先简单介绍人工鱼群算法中的几个重要术语。

（1）人工鱼

每条人工鱼称为一个单独的个体，在算法中作为问题的一个解。

（2）人工鱼群体

一定数量的人工鱼个体组合在一起构成一个人工鱼群体，人工鱼是群体的基本单位。

（3）群体规模

群体中个体数目的总和称为群体规模，又叫群体大小。

（4）食物源

食物源是人工鱼要搜索的目标，算法中体现为人工鱼要搜索的最优位置。

（5）适应度

适应度指人工鱼对环境的适应程度，在算法中表现为人工鱼离食物源的远近。

（6）觅食算子

人工鱼能够通过视觉或味觉来搜寻水中的食物，并且向着食物多的方向快速游去。在寻优过程中，人工鱼根据自身的位置，经过有限次试探，在感知范围内寻找更优的位置。如果没有找到，则执行随机游动行为。因此，觅食算子可理解为根据当前自身位置寻找更优位置的行为，是一种寻找个体最优解的过程。

（7）聚群算子

人工鱼在寻优过程中为了保证自身的生存和躲避危害，会自然地聚集成群。人工鱼群算法沿用了 Revnolds 所采用的三条规则：分隔规则、对准规则和内聚规则。聚群算子能够使人工鱼向可视范围内的鱼群中心聚集，符合内聚规则。

（8）追尾算子

当某一条鱼发现食物较多且周围环境不太拥挤的区域时，附近的人工鱼会尾随其后快速游到食物处。在人工鱼的感知范围内，若找到处于最优位置的伙伴，则向其移动一步；否则，执行觅食算子。追尾算子加快了人工鱼向更优位置的游动，同时也能促使陷于局部最优解的人工鱼向更优人工鱼的方向移动，从而提高解的质量。

3. 基本流程

基本人工鱼群算法的流程可描述如下。

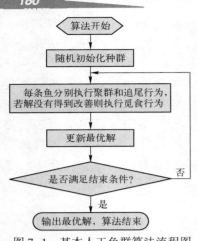

图 7-1　基本人工鱼群算法流程图

① 初始化种群，包括种群大小、移动步长、感知范围、拥挤度因子、尝试次数及种群的最大迭代次数等参数。

② 根据目标函数计算每条人工鱼的适应度值，找出并记录最大适应度值对应的人工鱼，即最优解。

③ 对当前鱼分别尝试执行聚群算子和追尾算子，执行对适应度值改善较大的算子；否则，执行觅食算子。

④ 更新最优解。

⑤ 判断是否满足结束条件，若满足，输出最优解；若不满足，返回步骤③，继续循环。

基本人工鱼群算法流程图如图 7-1 所示。

4. 人工鱼群算法构成要素

在人工鱼群算法模型中包括三个主要的算子，即聚群算子、追尾算子和觅食算子。这三个算子是算法的核心，并且决定算法的性能和最优解搜寻的准确度。

假设在一个 D 维的目标搜索空间中，由 N 条人工鱼组成一个群体，其中第 i 条人工鱼的位置向量为 X_i，$i=1$，2，…，N。人工鱼当前所在位置的食物浓度（目标函数适应度值）表示为 $Y=f(X)$，其中人工鱼个体状态为欲寻优变量，即每条人工鱼的位置就是一个潜在的解，将 X_i 带入目标函数可以计算出适应度值 Y_i，根据适应度值 Y_i 的大小衡量 X_i 的优劣。两条人工鱼个体之间的距离表示为 $\| X_j-X_i \|$。δ 为拥挤度因子，代表某个位置附近的拥挤程度，以避免与邻域伙伴过于拥挤。visual 表示人工鱼的感知范围，人工鱼每次移动都要观测感知范围内其他鱼的运动情况及适应度值，从而决定自己的运动方向。step 表示人工鱼每次移动的最大步长，为了防止运动速度过快而错过最优解，步长不能设置得过大，当然，太小的步长也不利于算法的收敛。try_number 表示人工鱼在觅食算子中最大的试探次数。

下面分别对这三种算子进行介绍。

1）觅食算子

数学模型为：设第 i 条人工鱼当前位置为 X_i，适应度值为 Y_i，按照式（7-1）进行位置转移，即随机选择当前感知范围内的一个位置 X_j，根据适应度值函数计算该位置的适应度值 Y_j，若 $Y_i<Y_j$，则向该方向前进一步，即按照式（7-2）进行位置更新，使得 X_i 到达一个新的较好的位置 X_{next}；反之，若 $Y_i>Y_j$，则按照式（7-1）进行位置更新，重新随机选择位置 X_j，判断是否满足前进条件；这样反复尝试 try_number 次后，如果仍不满足前进条件，则按照式（7-3）进行位置更新，即在感知范围内随机移动一步，使得 X_i 到达一个新的位置 X_{next}。

$$X_j = X_i + \text{rand}(\ ) \times \text{visual} \tag{7-1}$$

$$X_{\text{next}} = X_i + \text{rand}(\ ) \times \text{step} \times \frac{X_j - X_i}{\| X_j - X_i \|} \tag{7-2}$$

$$X_{\text{next}} = X_i + \text{rand}(\ ) \times \text{step} \tag{7-3}$$

2）聚群算子

在自然界中，人工鱼在寻找食物的过程中为了保证自身的生存和躲避危害，会自发地聚集成群体。人工鱼群算法沿用了 Revnolds 所采用的三条规则：

（1）分隔规则，尽量避免与临近伙伴过于拥挤；

（2）对准规则，尽量与临近伙伴的平均方向一致；

（3）内聚规则，尽量朝临近伙伴的中心移动。

聚群算子能够使人工鱼向可视范围内的鱼群中心聚集，符合内聚规则。

数学模型为：设第 i 条人工鱼的当前位置为 X_i，适应度值为 Y_i，以自身位置为中心、其感知范围内的人工鱼的数目为 n_f，这些人工鱼形成集合 S_i，$S_i = \{X_j \mid \|X_j - X_i\| \leqslant \text{visual}\}$。

若集合 $S_i \neq \varnothing$（$\varnothing$ 为空集），表明第 i 条人工鱼 X_i 的感知范围内存在其他伙伴，即 $n_f \geqslant 1$，则按照式（7-4）计算该集合的中心位置 X_{center}。

$$X_{\text{center}} = \frac{\sum\limits_{j=1}^{n_f} X_j}{n_f} \tag{7-4}$$

计算该中心位置的适应度值 Y_{center}，如果满足 $Y_{\text{center}} > Y_i$ 且 $Y_{\text{center}}/n_f < \delta \times Y_i$（$\delta < 1$），表明伙伴中心有很多食物并且不太拥挤，则按照式（7-5）朝该中心位置方向前进一步；否则，执行觅食算子，即

$$X_{\text{next}} = X_i + \text{rand}() \times \text{step} \times \frac{X_{\text{center}} - X_i}{\|X_{\text{center}} - X_i\|} \tag{7-5}$$

3）追尾算子

当某一条鱼或几条鱼发现食物较多且周围环境不太拥挤的区域时，附近的人工鱼会尾随其后快速游到食物处。在人工鱼的感知范围内，找到处于最优位置的伙伴，然后向其移动一步；如果没有，则执行觅食算子。追尾算子加快了人工鱼向更优位置的游动，同时也能促使人工鱼向更优位置移动。

数学模型为：设第 i 条人工鱼的当前位置为 X_i，适应度值为 Y_i，人工鱼 X_i 根据自己的当前位置搜索其感知范围内所有伙伴中适应度值最大的伙伴 $X_{\max}$，其适应度值为 $Y_{\max}$。如果 $Y_{\max} > Y_i$，就以 $X_{\max}$ 为中心搜索其感知范围内的人工鱼，数目为 n_f，并且满足 $Y_{\max} > Y_i$ 且 $Y_{\max}/n_f < \delta \times Y_i$（$\delta < 1$），则表明该位置较优且其周围不太拥挤，按照式（7-6）向着适应度值最大的伙伴 $X_{\max}$ 的方向前进一步；如果 $Y_{\max} < Y_i$，则执行觅食算子。

$$X_{\text{next}} = X_i + \text{rand}() \times \text{step} \times \frac{X_{\max} - X_i}{\|X_{\max} - X_i\|} \tag{7-6}$$

5. 控制参数选择

人工鱼群的觅食算子奠定了算法收敛的基础，聚群算子增强了算法收敛的稳定性和全局性，追尾算子则增强了算法收敛的快速性和全局性。人工鱼群算法中的参数包含尝试次数（try_number）、感知范围（visual）、步长（step）、拥挤度因子（δ）、人工鱼群数目（N）。在算法的执行过程中对各参数的取值范围比较宽容，并且对算法的初值也基本无要求。

1）尝试次数（try_number）

在觅食算子中，人工鱼的个体总是尝试向更优的方向前进，这就奠定了算法收敛的基

础。人工鱼随机搜索其视野范围中某点的位置，如果发现比当前位置更好的位置，就向该方向前进一个步长；如果前进后适应度值并没有得到改善，则继续随机搜索视野范围内的其他位置，如果尝试达到一定的次数后仍旧没有找到更优的位置，就随机游动。由于每次巡视的位置都是随机的，所以不能保证每一次觅食都是向着更优的方向前进的，这在一定程度上减缓了收敛的速度；但是从另一方面看，这又有助于人工鱼摆脱局部最优解的诱惑，从而去寻找全局最优解。

2）感知范围（visual）

感知范围对算法中各算子都有较大的影响。当感知范围较大时可以使观测更加全面，需要判断的鱼的数目也越多，从而增加了计算量；当感知范围较小时，容易陷入局部最优。

3）步长（step）

在本算法中，采用了随机步长的方式，即移动步长 Random（step）（在 $0 \sim$ step 之间随机取值）。采用随机步长的方式在一定程度上防止了振荡现象的发生，但却使得该参数的敏感度大大降低。随着步长的增加，收敛的速度加快，但超过一定范围后，又使收敛速度减慢。

如果采用固定步长，随着步长的增加，收敛的速度加快，但超过一定的范围后，又使收敛速度减慢，出现振荡现象而大大影响收敛的速度。

研究发现，要想得到最快的收敛速度还是采取固定步长为好。所以，对于特定的优化问题，可以考虑采取合适的固定步长或变尺度方法来提高算法收敛的速度。

4）拥挤度因子（δ）

拥挤度因子用来限制人工鱼群聚集的规模，希望在较优状态的邻域内聚集较多的人工鱼，而在次优状态的邻域内聚集较少的人工鱼或不聚集人工鱼。拥挤度因子越大，人工鱼摆脱局部极值的能力越强，但是群体收敛的速度会减缓。这主要是因为人工鱼在逼近极值的同时，会因避免过分拥挤而随机走开或受其他人工鱼的排斥作用，不能精确逼近极值点。

5）人工鱼数目（N）

人工鱼的数目越多，跳出局部极值的能力越强；当然，付出的代价就是算法每次迭代的计算量也越大。因此实际应用中，在满足稳定收敛的前提下，应尽可能减少人工鱼的鱼群数目。

参数的选择直接影响到算法的性能，在解决实际问题时要根据问题的复杂度和现实问题的要求精确度，合理地选择适当的参数，以保证算法的执行速度和最优解的搜寻精度。

6. 人工鱼群算法群体智能搜索策略分析

1）个体行为及个体之间信息交互方法分析

在人工鱼群算法中，每条人工鱼的个体行为具体表现在聚群、追尾和觅食三种行为上。人工鱼通过对环境的感知，在每次移动中经过尝试后，执行其中的一种算子。人工鱼群算法就是利用这几种典型算子，从构造单条鱼底层行为做起，通过鱼群中个体的局部寻优最终达到全局最优值的搜寻。算法的进行过程就是人工鱼个体的自适应活动过程，最优解将在该过程中突显出来。其中觅食算子可以理解为人工鱼根据当前自身的适应度值随机游动的行为，是一种个体极值寻优过程，属于自学习的过程。而聚群和追尾算子则可理解为人工鱼与周围环境的交互过程，有向他人学习的思想与机制。

在人工鱼群算法中存在随机算子，这种算子在算法上表现为产生新解，有助于算法跳出局部最优。与遗传算法的变异算子不同，变异算子是针对基因位的某一位随机改变，改变幅度小，产生的新解特异性不大；而人工鱼群的随机算子是产生一个完整的新解，各个编码位都有可能改变，整体改变幅度较大，产生的新解特异性大，丰富了解的多样性，符合生物群体进化的规律。并且是在觅食算子执行一定次数的尝试后适应度值没有得到改善的情况下选择执行随机算子，新解的产生受到周围同伴和环境的影响，并不是盲目地寻找新解，这在一定程度上加快了算法的收敛速度。

2）群体进化分析

在人工鱼群算法中，每个个体通过不断执行三种算子实现群体的进化。人工鱼总是聚集在几个位置较优的区域，人工鱼通过自己对周围环境的判断和尝试，选择其中一种算子，向比自己当前位置好的区域聚集，从而实现整个群体向最优解靠近。

人工鱼群算法的各种算子保证了算法的收敛速度和鲁棒性。聚群算子能够促使少数陷于局部最优的人工鱼向多数趋向全局最优的人工鱼区域聚集，从而逃离局部最优解，增强算法收敛的稳定性和全局性。追尾算子则加快了人工鱼向更优的位置游动，同时也促使陷于局部最优的人工鱼向位于全局最优的人工鱼方向移动而逃离局部最优，加快了算法的收敛性。

由此可见，人工鱼群算法也是一类基于群体智能的优化方法，整个寻优过程中充分利用自身信息和环境信息来调整自身的搜索方向，从而最终搜索到食物最多的地方，找到最优解。

7.2 人工鱼群算法仿生计算在聚类分析中的应用

人工鱼群算法作为一种模仿生物活动而抽象出来的搜索算法，仅使用了问题的目标函数，对搜索空间有一定的自适应能力，可以并行搜索，具有较好的全局寻优能力；对初值、参数选择不敏感，鲁棒性较强。在具体的应用中，可以针对问题的性质对鱼群算法进行灵活的简化，也可以与其他算法进行融合。人工鱼群算法具有把握搜索方向和在一定程度上避免陷入局部最优的特性，但当一部分人工鱼处于随机移动或人工鱼群在非全局极值点出现较严重的聚集情况时，收敛速度将大大减慢，使得搜索精度也大大降低。在寻优过程中由于随机进行觅食算子，存在迂回搜索的问题，减缓了系统最优解的搜索速度。而且，一般在优化初期具有较快的收敛性，后期却往往收敛较慢。本节以图像中不同物体的聚类分析为例，介绍用人工鱼群算法解决聚类问题的实现方法。

1. 构造个体

在用人工鱼群算法求解聚类问题的过程中，每条人工鱼可作为一个可行解组成鱼群（即解集）。解的含义分为以聚类结果为解和以聚类中心集合为解两种。这里的讨论基于聚类中心集合作为对应解，也就是每条人工鱼的位置由 k 个聚类中心组成，k 为已知的聚类数目。

一个具有 k 个聚类中心、样品向量维数为 D 的聚类问题中，每个解由两部分组成，即鱼的位置和适应度值。第 i 条人工鱼个体结构表示为：

$$\text{Fish}(i) = \begin{cases} \text{location}[\ ], \\ \text{fitness} \end{cases} \tag{7-7}$$

人工鱼的位置编码结构表示为：

$$\text{Fish}(i).\text{location}[\ ] = [\boldsymbol{C}_1, \cdots, \boldsymbol{C}_j, \cdots, \boldsymbol{C}_k] \tag{7-8}$$

式中，$\boldsymbol{C}_j$ 表示第 j 类的聚类中心，是一个 D 维矢量。

人工鱼个体的适应度值 fish. fitness 为一个实数，可以采用以下方法计算其适应度值。

① 按照最近邻法则，确定该鱼个体的聚类划分。

② 根据聚类划分，重新计算聚类中心，计算总的类内离散度 J_c。

③ 人工鱼个体的适应度可表示为下式：

$$\text{Fish}(i).\text{fitness} = \frac{1}{J_c} \tag{7-9}$$

2. 实现步骤

① 设置相关参数，包括人工鱼个数 N、移动步长 step、可见范围 visual、拥挤度因子 δ、觅食算子尝试次数 try-number。并由用户输入最大迭代次数 MaxIter 及类中心数 centerNum。

② 初始化鱼群，并计算每条人工鱼的适应度值。

③ 从 Iter=1 开始进行迭代。

④ 循环每一条人工鱼，进行位置更改。

➤ 尝试聚群算子：在当前人工鱼可见范围内进行搜索，得到所有人工鱼的聚群中心和伙伴个数。计算该聚群中心的适应度（即食物浓度）。如果满足 $Y_{\text{center}} > Y_i$ 且 $Y_{\text{center}}/n_f < \delta \times Y_i (\delta < 1)$，则人工鱼向该聚类中心移动。

➤ 尝试追尾算子：在当前人工鱼可见范围内对每条鱼进行搜索，并找到适应度值最高的鱼。如果满足 $Y_{\text{max}} > Y_i$ AND $Y_{\text{max}}/n_f < \delta \times Y_i (\delta < 1)$，则人工鱼向该聚类中心移动。

比较两种行为的结果，选择适应度最高的结果作为真实移动的结果。

➤ 如果聚群算子和追尾算子都未能成功，则执行觅食算子：在可见范围内随意找一个位置，公式为 $X_j = X_i + \text{rand}(\ ) \times \text{visual}$，并计算其适应度值。如果该处适应度值大于当前鱼的适应度值，则向该处移动。如果在最大尝试次数（try-number）里未找到适应度值更大的点，则执行随机算子，令当前鱼向周围随机移动。

⑤ 位置更改之后，重新计算新位置的适应度值并更新最优解。

⑥ 每条人工鱼都循环完毕后，令迭代次数加 1，返回步骤③继续迭代。如果迭代次数达到最大迭代次数 MaxIter，则结束迭代。

⑦ 输出最优解。其对应的样品类号向量即为聚类结果。

人工鱼群算法流程图如图 7-2 所示。

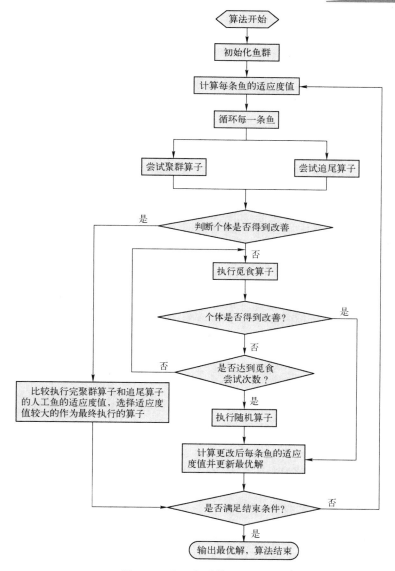

图 7-2　人工鱼群算法流程图

3. 编程代码

```
%%%%%%%%%%%%%%%%%%%%%%%%%%%%%%%%%%%%%%%%%%
%函数名称：C_AF( )
%参数：m_pattern，样品特征库；patternNum，样品数目
%返回值：m_pattern，样品特征库
%函数功能：按照人工鱼群算法对全体样品进行聚类
%%%%%%%%%%%%%%%%%%%%%%%%%%%%%%%%%%%%%%%%%%
function［m_pattern］＝C_AF( m_pattern，patternNum )
global Nwidth；
disType＝DisSelDlg( )；    %获得距离计算类型
```

```
[centerNum iterNum] = InputClassDlg();        %获得类中心数和最大迭代次数
%%%%%%%%%%%%%%%%%%%%%%%%%%%%%%%%%%%%%%%%%%%%%%
FishNum = 50;                    %鱼群大小
for i = 1:centerNum              %初始化类中心
    center(i).feature = zeros(Nwidth,Nwidth);
    center(i).index = i;
    center(i).patternNum = 0;
end
for i = 1:FishNum                %初始化鱼个体
    Fish(i).location = center;
    Fish(i).fitness = 0;
    Fish(i).string = fix(rand(1,patternNum) * centerNum) + ones(1,patternNum);
end
bestFish = Fish(1);              %初始化全局最优解
%生成初始鱼群
for i = 1:FishNum
    for j = 1:patternNum
        m_pattern(j).category = Fish(i).string(1,j);
    end
    for j = 1:centerNum
        center(j) = CalCenter(center(j),m_pattern,patternNum);
    end
    Fish(i).location = center;
end
%初次计算适应度值
for i = 1:FishNum
    Fish(i) = Calfitness(Fish(i),m_pattern,patternNum,centerNum,disType);
end
[step delta trynum] = InputParameterDlg();                %用户设置参数
visual = InputVisualDlg(Fish,FishNum,disType,centerNum);  %输入可视范围(visual)
%%%%%%%%%%%%%%%%%%%%%%%%%%%%%%%%%%%%%%%%%%%%%%
%进行迭代
swarm_center = Fish(1);          %聚群行为中的聚群中心
swarm = Fish(1);
follow = Fish(1);
newlocation = Fish(1);           %觅食行为中随机找寻的新位置
%%%%%%%%%%%%%%%%%%%%%%%%%%%%%%%%%%%%%%%%%%%%%%
for iter = 1:iterNum             %开始迭代
    for i = 1:FishNum            %对每条鱼进行位置更新
        nf = 0;                  %记录伙伴个数
        is_swarm = 0;            %是否完成聚群算子
        is_follow = 0;           %是否完成追尾算子
        is_prey = 1;             %是否执行觅食算子,觅食算子为默认行为
%%%%%%%%%%%%%%%%%%%%%%%%%%%%%%%%%%%%%%%%%%%%%%
        %聚群算子 swarm
```

```
FishOrigin = Fish(i);          %记录原始状态,尝试聚群算子
for j = 1:FishNum
    for k = 1:centerNum
        swarm_center. location(k). feature = zeros(Nwidth, Nwidth);
    end
    distance1 = 0;
    for k = 1:centerNum
        distance1 = distance1+GetDistance(Fish(i). location(k), Fish(j). location(k), dis-
        Type);
    end
    if distance1 <= visual   %在可视范围内寻找个体鱼的个数 nf
        nf = nf+1;
        for k = 1:centerNum
            swarm_center. location(k). feature = swarm_center. location(k). feature+Fish
            (j). location(k). feature;
        end
    end
end
for j = 1:centerNum           %计算鱼群中心位置
    swarm_center. location(j). feature = swarm_center. location(j). feature/nf;
end
for j = 1:patternNum
    min = inf;
    for k = 1:centerNum
        tempDis = GetDistance(m_pattern(j), swarm_center. location(k), disType);
        if(tempDis<min)
            min = tempDis;
            m_pattern(j). category = k;
            swarm_center. string(1,j) = k;
        end
    end
end
%计算聚群中心人工鱼的聚类中心
for j = 1:centerNum
    swarm_center. location(j) = CalCenter(swarm_center. location(j), m_pattern, patternNum);
end
swarm_center = Calfitness(swarm_center, m_pattern, patternNum, centerNum, disType);
%计算该中心位置人工鱼的适应度
%如果该位置鱼满足聚群要求,则 Fish(i)向其移动,做聚群算子
if swarm_center. fitness>Fish(i). fitness&&swarm_center. fitness/nf>delta * Fish(i). fitness
    for k = 1:centerNum
        if swarm_center. location(k). feature ~ = Fish(i). location(k). feature
            Fish(i). location(k). feature = Fish(i). location(k). feature+step * rand(Nwidth,
            Nwidth). * (swarm_center. location(k). feature-Fish(i). location(k). feature)/
            norm(swarm_center. location(k). feature-Fish(i). location(k). feature);
```

```
                swarm. location( k). feature = Fish( i). location( k). feature;
                    %记录聚群算子后的位置
                end
            end
            is_swarm = 1;            %标识已经完成聚群算子
        end
%%%%%%%%%%%%%%%%%%%%%%%%%%%%%%%%%%%%%%%%%%%%
        %追尾算子
        Fish( i) = FishOrigin;        %恢复原始状态,尝试追尾算子
        x = 0;
        index = 0;
        for j = 1 : FishNum
            distance2 = 0;
            for k = 1 : centerNum
                distance2 = distance2+GetDistance( Fish( i). location( k), Fish( j). location( k), dis-
                Type);
            end
            %在视野内寻找适应度最高的人工鱼位置
            if distance2< = visual
                if Fish( j). fitness>x
                    x = Fish( j). fitness;
                    index = j;
                end
            end
        end
        %如果满足条件,则执行追尾算子
        if Fish( index). fitness/nf>delta * Fish( i). fitness&&Fish( index). fitness>Fish( i). fitness
            for k = 1 : centerNum
                if Fish( index). location( k). feature ~ = Fish( i). location( k). feature
                    Fish( i). location( k). feature = Fish( i). location( k). feature+step * rand( Nwidth,
                    Nwidth). * ( Fish( index). location( k). feature−Fish( i). location( k). feature)/
                    norm( Fish( index). location( k). feature−Fish( i). location( k). feature);
                end
                follow. location( k). feature = Fish( i). location( k). feature;
                    %记录追尾算子后的位置
            end
            is_follow = 1;            %标识已经完成追尾算子
        end
%%%%%%%%%%%%%%%%%%%%%%%%%%%%%%%%%%%%%%%%%%%%
        %对聚群和追尾算子结果进行评估,已选择最优行为
        if is_swarm = = 1 ‖ is_follow = = 1
            %计算适应度,即个体所在位置的食物浓度
            temp1 = 0;
            temp2 = 0;
            for j = 1 : patternNum
```

```
            temp1 = temp1+GetDistance( m_pattern( j) ,follow. location( follow. string( 1 ,j) ) ,dis-
        Type) ;
    end
    for j = 1 :patternNum
            temp2 = temp2 + GetDistance( m_pattern( j) , swarm. location( swarm. string( 1 ,j) ) ,
        disType) ;
    end
    fitness1 = 1/temp1 ;
    fitness2 = 1/temp2 ;
    %选择最好的行为结果
    if fitness1 > = fitness2
        Fish( i) = follow;
    else
        Fish( i) = swarm;
    end
    %执行过聚群或追尾算子,则控制不再执行觅食算子
    is_prey = 0 ;
end
%%%%%%%%%%%%%%%%%%%%%%%%%%%%%%%%%%%%%%%%%%%
%觅食算子
Fish( i) = FishOrigin;
if is_prey = = 1
    is_done = 0 ;            %是否成功完成觅食算子
    for l = 1 :trynum
        for k = 1 :centerNum
            newlocation. location( k) . feature = Fish( i) . location( k) . feature+rand( Nwidth,
            Nwidth) * visual;        %在视野内随机找寻新位置
        end
        %计算新位置聚类中心及适应度
        for j = 1 :patternNum
            min = inf;
            for k = 1 :centerNum
                tempDis = GetDistance( m_pattern( j) ,newlocation. location( k) ,disType) ;
                if( tempDis<min)
                    min = tempDis;
                    m_pattern( j) . category = k;
                    newlocation. string( 1 ,j) = k;
                end
            end
        end
        for j = 1 :centerNum
            newlocation. location( j) = CalCenter( newlocation. location( j) ,m_pattern ,pat-
            ternNum) ;
        end
        newlocation = Calfitness( newlocation ,m_pattern ,patternNum ,centerNum ,disType) ;
```

```
                        %如果随机目标在感知范围内并且适应度更高
                    if newlocation. fitness>Fish(i). fitness&&i~=j
                        for k=1:centerNum
                            if newlocation. location(k). feature~=Fish(i). location(k). feature
                                Fish(i). location(k). feature=Fish(i). location(k). feature+step *
                                rand(Nwidth,Nwidth). * (newlocation. location(k). feature-Fish
                                (i). location(k). feature)/norm(newlocation. location(k). feature-
                                Fish(i). location(k). feature);
                            end
                        end
                        is_done=1;
                    end
                    if is_done==1
                        break;
                    end
                end
                if is_done==0          %如果经过 trynum 次尝试还未觅食成功,则执行随机算子
                    for k=1:centerNum
                        Fish(i). location(k). feature = Fish(i). location(k). feature+step * rand
                        (Nwidth,Nwidth);%(rand(Nwidth,Nwidth) * 2-ones(Nwidth,Nwidth));
                    end
                end
            end
%%%%%%%%%%%%%%%%%%%%%%%%%%%%%%%%%%%%%%%%%%%%%%%%
    end          %位置更新完毕
%%%%%%%%%%%%%%%%%%%%%%%%%%%%%%%%%%%%%%%%%%%%%%%%
    %最近邻聚类
    for i=1:FishNum
        for j=1:patternNum
            min=inf;
            for k=1:centerNum
                tempDis=GetDistance(m_pattern(j),Fish(i). location(k),disType);
                if(tempDis<min)
                    min=tempDis;
                    m_pattern(j). category=k;
                    Fish(i). string(1,j)=k;
                end
            end
        end
        %重新计算聚类中心
        for j=1:centerNum
            Fish(i). location(j)= CalCenter(Fish(i). location(j),m_pattern,patternNum);
        end
    end
%计算适应度
```

```
        for i = 1:FishNum
            Fish(i) = Calfitness(Fish(i),m_pattern,patternNum,centerNum,disType);
        end
        for i = 1:FishNum                    %在公告版中记录最优解
            if(Fish(i).fitness>bestFish.fitness)
                bestFish.fitness = Fish(i).fitness;
                bestFish.location = Fish(i).location;
                bestFish.string = Fish(i).string;
            end
        end
%%%%%%%%%%%%%%%%%%%%%%%%%%%%%%%%%%%%%%%%%%%
end %迭代完毕,进程结束
for i = 1:patternNum
    m_pattern(i).category = bestFish.string(1,i);
end


%%%%%%%%%%%%%%%%%%%%%%%%%%%%%%%%%%%%%%%%%%%
%函数名称：Calfitness()
%参数：Fish_i,需要计算适应度的人工鱼;m_pattern,样品特征库;
%      patternNum,样品数目;centerNum,聚类中心数;
%      disType,距离计算类型
%返回值：Fish_i,需要计算适应度的人工鱼
%函数功能：计算适应度值函数
%%%%%%%%%%%%%%%%%%%%%%%%%%%%%%%%%%%%%%%%%%%
function Fish_i = Calfitness(Fish_i,m_pattern,patternNum,centerNum,disType)
d = 0;
temp = 0;
for j = 1:centerNum
    if(Fish_i.location(j).patternNum = = 0)
        d = d+1;
    end
end
for j = 1:patternNum
    temp = temp+GetDistance(m_pattern(j),Fish_i.location(Fish_i.string(1,j)),disType);
end
temp = temp+d;
if temp ~ = 0
    Fish_i.fitness = 1/temp;
else
    Fish_i.fitness = 1;
end


%%%%%%%%%%%%%%%%%%%%%%%%%%%%%%%%%%%%%%%%%%%
%函数名称：InputVisualDlg()
%参数：Fish,需要计算距离的人工鱼群;FishNum,人工鱼群个数;
```

```
%          centerNum,聚类中心数;disType,距离计算类型
%返回值：T,用户输入的可视范围(visual)
%函数功能：用户输入可视范围(visual)
%%%%%%%%%%%%%%%%%%%%%%%%%%%%%%%%%%%%%%%%%%%%%
function [ step delta trynum ] = InputParameterDlg( )
str = {'步长(step)为：','拥挤度因子(delta)为','觅食尝试次数(trynum)为'};
def = {'1','0.01','40'};
T = inputdlg( str,'参数输入对话框',1,def);
step = str2num( T{1,1});
delta = str2num( T{2,1});
trynum = str2num( T{3,1});


%%%%%%%%%%%%%%%%%%%%%%%%%%%%%%%%%%%%%%%%%%%%%
%函数名称：InputVisualDlg( )
%参数：Fish,需要计算距离的人工鱼群;FishNum,人工鱼群个数;
%          centerNum,聚类中心数;disType,距离计算类型
%返回值：T,用户输入的可视范围(visual)
%函数功能：用户输入可视范围(visual)
%%%%%%%%%%%%%%%%%%%%%%%%%%%%%%%%%%%%%%%%%%%%%
function [ T ] = InputVisualDlg( Fish,FishNum,disType,centerNum )
m_min = inf;
m_max = 0;
%计算最大、最小距离
for i = 1:FishNum-1
    for j = i:FishNum
        temp = 0;
        for k = 1:centerNum
            temp = temp+GetDistance( Fish(i).location(k),Fish(j).location(k),disType);
        end
        if( m_min>temp)
            m_min = temp;
        end
        if( m_max<temp)
            m_max = temp;
        end
    end
end
str1 = ['样品间最小距离为：' num2str( m_min)];
str2 = ['样品间最大距离为：' num2str( m_max)];
str3 = ['输入可视范围值(visual)：'];
str4 = char( str1,str2,str3);
def = {num2str( m_max)};
T = inputdlg( str4,'输入可视范围值(visual)对话框',1,def);
T = str2num( T{1,1});
```

4. 效果图

人工鱼群聚类算法的效果图如图 7-3 所示。

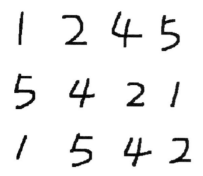

（a）原始数据

（b）选择欧氏距离

（c）设定步长、拥挤度因子和觅食尝试次数　　　　（d）设定可视范围

（e）聚类结果

图 7-3　人工鱼群聚类算法的效果图

本章小结

本章介绍了人工鱼群算法模拟自然界中鱼的聚群行为和觅食行为，介绍了聚群算子、追

尾算子及觅食算子实现个体之间的协作，使群体达到最优选择的方法，重点是人工鱼模型的建立和个体行为的描述与实现；着重介绍了人工鱼群算法用于聚类问题的实现方法。

习题

1. 简述人工鱼群算法的基本原理。
2. 叙述人工鱼群算法与其他进化算法的异同。
3. 在人工鱼群算法聚类问题设计中，简述如何定义人工鱼结构及更新方式。
4. 叙述人工鱼群算法在聚类问题中的实现方法和步骤。

第 8 章 蚁群算法仿生计算

本章要点：

☑ 蚁群算法

☑ 蚁群算法仿生计算在聚类分析中的应用

8.1 蚁群算法

1. 基本原理

蚁群算法（Ant Colony Optimization，ACO）是近年来才提出的一种基于种群寻优的启发式搜索算法，由意大利学者 M. Dorigo 等人于 1991 年首先提出。该算法受到自然界中真实蚂蚁群集体在觅食过程中行为的启发，利用真实蚁群通过个体间的信息传递、搜索从蚁穴到食物间的最短路径等集体寻优特征，来解决一些离散系统优化中的困难问题。目前，该算法已经被用于求解 NP 难度的旅行商问题（Traveling Salesman Problem，TSP）的最优解答，指派问题及调度问题等，取得了较好的试验结果。虽然研究时间不长，但是现在的研究显示，蚁群算法在求解复杂优化问题（特别是离散优化问题）等方面有一定的优势，表明蚁群算法是一种很有发展前景的优化算法。

蚁群算法源于自然界中真实蚂蚁觅食行为的启发，自然界中单只蚂蚁的个体行为极为简单，然而，蚂蚁却能够通过相互之间的协作寻找到从蚁巢到食物之间的最短路径。

经过观察发现，蚂蚁在寻找食物的过程中，会在它所经过的路径上留下一种被称为信息素的化学物质，信息素能够沉积在路径上，并且随着时间逐步挥发。在蚂蚁的觅食过程中，同一蚁群中的其他蚂蚁能够感知到这种物质的存在及其强度，后续的蚂蚁会根据信息素浓度的高低来选择自己的行动方向，蚂蚁总会倾向于向信息素浓度高的方向行进，而蚂蚁在行进过程中留下的信息素又会对原有的信息素浓度予以加强，因此，经过蚂蚁越多的路径上的信息素浓度会越强，而后续的蚂蚁选择该路径的可能性就越大。通常在单位时间内，越短的路径会被越多的蚂蚁所访问，该路径上的信息素强度也越来越强，因此，后续的蚂蚁选择该短路径的概率也就越大。经过一段时间的搜索后，所有的蚂蚁都将选择这条最短的路径，也就是说，当蚁巢与食物之间存在多条路径时，整个蚁群能够通过搜索蚂蚁个体留下的信息素痕迹，寻找到蚁巢和食物之间的最短路径。

蚁群算法中，蚂蚁个体作为每一个优化问题的可行解。首先随机生成初始种群，包括确定解的个数、信息素挥发系数、构造解的结构等。然后构造蚁群算法所特有的信息素矩阵，每只蚂蚁执行蚂蚁移动算子后，对整个群体的蚂蚁做一评价，记录最优的蚂蚁。之后算法根据信息素更新算子更新信息素矩阵，至此种群的一次迭代过程完成。整个蚂蚁群体执行一定次数的迭代后退出循环，输出最优解。

与其他进化算法相似，蚁群算法通过对候选解组成群体的进化来寻求最优解。各候选解根据积累的信息不断调整自身结构，并且通过信息与其他候选解进行交流，以产生更好的解。作为一种随机优化方法，蚁群算法最初只是随机地选择搜索路径，随着对解空间的了解，搜索更加具有规律，并逐渐达到全局最优解。

2. 术语介绍

为了更好地理解算法，首先简单介绍蚁群算法中的几个重要术语。

（1）蚂蚁个体

每只蚂蚁称为一个单独的个体，在算法中作为问题的一个解。

（2）蚂蚁群体

一定数量的蚂蚁个体组合在一起构成一个群体，蚂蚁是群体的基本单位。

（3）群体规模

群体中个体的数目总和称为群体规模，又叫群体大小。

（4）信息素

信息素是蚂蚁在所经过的路径上释放的一种化学物质，后来的蚂蚁根据路径的信息素强度选择路径。

（5）蚂蚁移动算子

蚂蚁在寻优过程中，通过蚂蚁移动算子来改善基因位，向最优解靠近。

（6）信息素更新算子

蚁群算法中，种群在每次迭代过程中，通过信息素更新算子改变信息素矩阵，为蚂蚁移动算子提供基础。

3. 基本流程

基本蚁群算法流程可描述如下。

① 初始化蚁群。初始化蚁群参数，包括设置蚂蚁数量、蚂蚁解的结构、信息素挥发系数等。

② 构造信息素矩阵。

③ 每只蚂蚁执行蚂蚁移动算子。蚂蚁依据前面蚂蚁所留下的信息素，修改自己的解结构，完成一次循环。

④ 依据适应度值对蚂蚁进行排序，对前 n 个解执行局部搜索算子。

⑤ 评价蚁群。根据目标函数对每只蚂蚁的适应度值做一评价，并记录最优解。

⑥ 根据信息素更新算子更新信息素矩阵。

⑦ 若满足终止条件，即最短路径，输出最优解；否则，信息素挥发，算法继续进行步骤③。

基本蚁群算法流程图如图 8-1 所示。

4. 蚁群算法构成要素

在蚁群算法的执行过程中，蚂蚁移动算子和信息素更新算子是蚁群算法的核心思想，决定着蚂蚁的寻优路径和寻优方式，可以说这两个算子决定了蚁群算法性能的优劣。下面分析几种基本的算子。

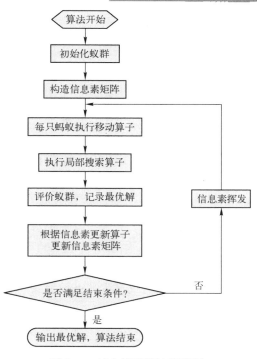

图 8-1　基本蚁群算法流程图

1）蚂蚁移动算子

蚂蚁移动在现实环境中表现为蚂蚁从巢穴到食物源的过程中在各条路径上的选择和移动的过程。在具体算法中，每只蚂蚁定义为问题的一个可行解，蚂蚁移动算子的执行过程表现为对解结构中的某一个或某几个基因位的改变或调整。具体的调整规则为：针对解的每个基因位产生一个（$0 \sim 1$）之间的随机数 rand，预先定好一个数 P_o，将每个基因位产生的随机数 rand 与 P_o 比较，若 rand$<P_o$ 则根据信息素矩阵表中每个基因位对应的信息素最大值定向修改基因位的值；若 rand$>P_o$ 则根据转换概率随机选择基因位要修改的值，具体的随机修改过程类似于前面遗传算法中的赌盘轮选择规则，转换概率由下式求得：

$$P_{ij} = \frac{\tau_{ij}}{\sum\limits_{j=1}^{k} \tau_{ij}}, \ j=1,\cdots,k \tag{8-1}$$

式中，τ_{ij} 表示信息素表（i,j）位置上的信息素量，P_{ij} 为转换概率。

2）局部搜索算子

采用类似遗传算法的染色体变异机制，对当前解进行局部搜索。若比原解集的目标函数值小，保留新解集；否则，还原旧解集。

3）信息素更新算子

在蚁群算法中，释放信息素是蚁群算法特有的一种寻优机制，现实环境中蚂蚁在寻找食物的过程中，通过在路径上释放信息素来吸引更多的蚂蚁，从而使更多的蚂蚁向着食物源靠近；同样在信息素少的路径上，由于经过的蚂蚁越来越少并且随着信息素的挥发，这条路径吸引的蚂蚁也会越来越少。在算法中，蚂蚁的移动也是根据信息素这一重要信息进行路径的选择，并最终聚集在最优解附近。信息素更新的具体方式如下式所示：

$$\tau_{ij}(t+1) = (1-\rho)\tau_{ij}(t) + \Delta\tau_{ij} \tag{8-2}$$

$$\Delta\tau_{ij} = \sum_{k=1}^{m} \Delta\tau_{ij}^{k} \tag{8-3}$$

式中，$\Delta\tau_{ij}$ 为信息素量的增量；$\Delta\tau_{ij}^{k}$ 表示第 k 只蚂蚁在本次循环中在路径（i,j）上释放的信息素量；ρ 为信息素的衰减系数，通常设置系数 $\rho<1$ 来避免信息素量的无限累加。

根据具体算法的不同，$\Delta\tau_{ij}$、$\Delta\tau_{ij}^k$ 的表达形式可以不同，应根据具体问题而定。M. Dorigo 曾给出三种不同模型，分别称为蚁密系统（Ant-Density System）、蚁量系统（Ant-Quantity System）、蚁周系统（Ant-Cycle System），它们的差别在于求解 $\Delta\tau_{ij}^k$ 的方法不同。

在蚁密系统模型中：

$$\Delta\tau_{ij}^k = \begin{cases} Q & \text{若第 } k \text{ 只蚂蚁在本次循环中经过路径 } (i,j) \\ 0 & \text{否则} \end{cases} \qquad (8-4)$$

在蚁量系统中：

$$\Delta\tau_{ij}^k = \begin{cases} Q/d_{ij} & \text{若第 } k \text{ 只蚂蚁在本次循环中经过路径 } (i,j) \\ 0 & \text{否则} \end{cases} \qquad (8-5)$$

式中，d_{ij} 表示路径 (i,j) 之间的距离。

在蚁周系统模型中：

$$\Delta\tau_{ij}^k = \begin{cases} Q/L_k & \text{若第 } k \text{ 只蚂蚁在本次循环中经过路径 } (i,j) \\ 0 & \text{否则} \end{cases} \qquad (8-6)$$

式中，L_k 为第 k 只蚂蚁在本次循环中所走的路径长度。

在蚁密系统和蚁量系统中，蚂蚁在建立方案的同时释放信息素，利用的是局部信息；而蚁周系统是在蚂蚁已经建立了完整的轨迹后再释放信息素，利用的是整体信息。

5. 控制参数选择

蚁群算法中参数的选择对算法的影响较大，如果参数选取不当，会使算法的适应性变差甚至影响算法的整体性能。在蚁群算法中，比较重要的参数为蚁群的大小 N、信息素挥发系数 ρ 和固定值 P_o 等。

1）种群大小 N

在蚁群算法中，种群大小直接影响算法的收敛速度和执行效率，因为蚁群算法的搜索范围较广，速度较慢。若种群太大，虽然可以增加找到最优解的概率，但是同时也增加了算法的复杂度，大大增加了算法的运行时间；种群太小，又不能保证找到最优解。

2）信息素的挥发系数 ρ

在蚁群算法中，以前蚂蚁所留下的信息将会逐渐消失，ρ 表示信息素轨迹的挥发系数，$1-\rho$ 表示信息素残留系数，ρ 直接影响算法的全局搜索能力及收敛速度。为了防止残留信息的无限积累并使残留信息能够得到一定的保持，ρ 取值必须为 $0 < \rho < 1$。如果 ρ 过大，会使以前访问过的区域再次被访问的机会增大，对全局搜索能力产生很大的影响；如果 ρ 过小，虽然会使算法有较好的随机性及全局搜索能力，但会对算法的收敛速度产生影响。

3）固定值 P_o 的选择

在蚁群算法中，固定值 P_o 的选择对蚂蚁个体解具体基因位的改变起着关键作用：P_o 增大，基因位改变的概率相应增大，这在一定程度上促进了种群跳出局部最优，增加了解的多样性，但是新解并不一定是朝着最优解的方向进化的；P_o 太小，则基因位改变的概率较小，不易产生新解，算法容易陷入局部最优。

所以在解决实际问题时，需要根据现实中问题的复杂度与精确度相应选择适当的参数，以保证算法的鲁棒性和适应性。

6. 蚁群算法群体智能搜索策略分析

1）个体行为及个体之间信息交互方法分析

与其他群智能优化算法类似，蚁群算法中的个体解蚂蚁也是根据进化过程中的先验知识，不断地向最优解靠近。不同的是在蚁群算法中蚂蚁之间采用自己独特的交流方式——信息素，进行信息的交流与共享。每只蚂蚁在遇到一个没有走过的路径时，会随机地选择一条路径，并释放一定量的信息素，其他蚂蚁在运动过程中能够感知这种物质的存在及其强度，并以此指导自己的运动方向，使自己朝着信息素强度高的方向移动。信息素轨迹可以使蚂蚁快速找到食物源或蚁穴的最优路径。当同伴蚂蚁进行路径选择时，会根据路径上的信息素强度做出选择，这样信息素成为蚂蚁之间通信的媒介，有效增强了蚂蚁在搜索食物或回蚁穴路径时的效率，减小了算法的复杂度，加快了算法速度。

在蚁群算法中也存在局部搜索策略，但是与细菌觅食算法中的迁徙算子不同的是，蚁群算法中的局部搜索策略是对几个较优解进行调整，而且根据局部搜索策略，只有调整后的解得到优化后才能作为新解，若调整后的解没有得到优化则舍弃新解，选择原来的解。这在一定程度上保持了解的优良特性。而细菌觅食算法中的迁徙算子是随机产生一个新解，并不保证新解一定靠近最优解，所以蚁群算法中的局部搜索策略更具有适应性。

2）群体进化分析

蚂蚁在群体进化过程中主要包括三个方面：蚂蚁的记忆、蚂蚁之间的信息交流及群体向目标靠近。虽然每只蚂蚁在寻找食物源的时候只贡献了非常小的一部分，但整个种群的蚂蚁通过信息素强度的判断做出最优的路径选择这一行为却表现出了具有找出最短路径的能力。由大量蚂蚁组成的蚁群的集体行为表现出一种信息的正反馈现象：某一路径上走过的蚂蚁越多，导致信息素强度越大，该路径对后来的蚂蚁就越有吸引力，即一只蚂蚁选择一条路径的概率随着以前选择该路径的蚂蚁数量的增加而增大；而某些路径上通过的蚂蚁较少时，路径上的信息素就会随时间的推移而逐渐蒸发，信息素强度减小，从而对蚂蚁的吸引力减弱。蚂蚁这种搜索路径的过程被称为自催化行为或正反馈机制。因此，通过模拟这种机制即可使蚁群算法的搜索向最优解推进。

此外，蚁群在每一代的进化过程中有先验知识（信息素）的积累，这种先验知识是每只蚂蚁对最优解搜寻的一个寻优过程。每只蚂蚁都对最优解的搜寻起促进的作用，虽然蚂蚁在路径选择时也是一定概率的搜索，但是与遗传算法中的变异算子不同，变异算子是随机地在某一个基因位发生改变，并不一定是向着最优解的方向进化；也与细菌觅食算法中的迁徙行为不同，迁徙行为虽然也是以一定的概率执行随机搜索，可是由于没有先验知识的指导，个体不一定向最优解的方向移动，这在一定程度上减慢了算法的搜寻速度；而在蚁群算法中，由于有了信息素的积累这个先验知识，使得后来的蚂蚁以一定概率进行搜索后，向着最优解方向进化的概率明显变大，有效地加快了算法的收敛性，减少了算法对最优解的搜寻时间。

8.2　蚁群算法仿生计算在聚类分析中的应用

聚类分析是一种传统的多变量统计分类方法，用以探讨如何将所搜集的物体分类，使得相同群体内个体具有高度的相似性及不同群体间个体具有高度的相异性。聚类分析的用途很广，在科学数据探测、图像处理、模式识别、文档检索、医疗诊断、Web 分析等领域起着非常重要的作用。

　　聚类问题的本质是一个非线性规划问题，目前没有有效的算法解决这些问题。蚁群算法作为一种分布式寻优算法，已经展示了其优良的搜索最优解的能力，并具有其他通用型算法不具备的特性。蚁群算法本质上是一种模拟进化算法，在搜索过程中不容易陷入局部最优，即在所定义的适应函数是不连续的、非规则的或有噪声的情况下，也能以较大的概率发现最优解，同时贪婪式搜索有利于快速找出可行解，缩短了搜索时间。算法采用自然进化机制来表现复杂的现象，通过信息素合作而不是个体之间的通信机制，使算法具有较好的可扩充性，能够快速可靠地解决问题。具有很高的并行性。由于蚁群中个体的运动是随机性的，当群体规模较大时，要找出一条较好的路径就需要较长的搜索时间，在搜索过程中容易出现停滞现象，表现为搜索到一定阶段后，所有解趋向一致，无法对解空间进行进一步搜索，不利于发现更好的解。因此，在针对不同的优化问题求解时，需要设计不同的蚁群算法，合理地选择目标函数、信息更新和群体协调机制，尽量避免出现算法缺陷。由于蚁群算法能够应用于各种优化组合问题，因此可以用来解决聚类分析问题。

　　当一幅图像中含有多个物体时，在图像中进行聚类分析需要对不同的物体分割标识。待分类的样品数字如图 8-2 所示，图中手写了 12 个待分类样品，要分成 4 类，如何让计算机自动将这 12 个样品归类呢？本节介绍用蚁群算法解决聚类问题的实现方法。

图 8-2　待分类的样品数字

1. 构造个体

　　在已知聚类数目的蚁群聚类算法中，每只蚂蚁都表示为一种可能的聚类结果。首先生成具有 N 只蚂蚁的蚁群，每只蚂蚁在搜索开始之前分配一个长度为 L 的解集 S，L 为样品个数。解集中的第 i 个位置对应于第 i 个样品。在搜索结束后，解集中的值表示的是第 i 个样品所归属的类。

　　针对图 8-2，要分成 4 类的 12 个样品，设计蚂蚁的解集，假设第一只蚂蚁 S_1 进行搜索后找到的解集见表 8-1。

表 8-1　第一只蚂蚁的解集

样品号	1	2	3	4	5	6	7	8	9	10	11	12
蚂蚁 S_1	2	4	1	3	2	3	1	4	4	1	3	1

　　第一只蚂蚁 S_1 中的值表示的是第 1 个样品分到第 2 类，第 2 个样品分到第 4 类……这是蚂蚁利用信息素把每个样品分到相应的类中得到的解集。

2. 构造信息素矩阵

　　在将 12 个样品分到 4 个类规模的聚类问题中，信息素是一个在迭代过程中不断更新的 12×4 的矩阵。在初始阶段，信息素值 τ 被初始化为同一个数值 τ_0，τ_{ij} 代表样品 i 分配

到它所属的类 j 的信息素值。将 12 个样品分到 4 个类的初始信息素矩阵见表 8-2。

表 8-2　信息素矩阵

样品 i ＼ 类别 j	1	2	3	4	样品 i ＼ 类别 j	1	2	3	4
1	0.01	0.01	0.01	0.01	7	0.01	0.01	0.01	0.01
2	0.01	0.01	0.01	0.01	8	0.01	0.01	0.01	0.01
3	0.01	0.01	0.01	0.01	9	0.01	0.01	0.01	0.01
4	0.01	0.01	0.01	0.01	10	0.01	0.01	0.01	0.01
5	0.01	0.01	0.01	0.01	11	0.01	0.01	0.01	0.01
6	0.01	0.01	0.01	0.01	12	0.01	0.01	0.01	0.01

3. 构造目标函数

已知模式样品集 $\{X\}$ 有 patternNum 个样品和 centerNum 个模式分类 $\{S_j, j=1,2,\cdots,\text{centerNum}\}$，每个样品有 D 个特征。以每个模式样品到聚类中心的距离之和作为目标函数，其数学模型表示为：

$$J(w,m) = \sum_{j=1}^{k} \sum_{i=1}^{n} \sum_{p=1}^{l} w_{ij} \parallel x_{ip} - c_{jp} \parallel^2 \tag{8-7}$$

$$c_{jp} = \frac{\sum_{i=1}^{n} w_{ij} x_{ip}}{\sum_{i=1}^{n} w_{ij}} \quad j=1,\cdots,k, \ v=1,\cdots,n \tag{8-8}$$

$$w_{ij} = \begin{cases} 1 & \text{若样品 } i \text{ 属于 } j \text{ 类} \\ 0 & \text{否则} \end{cases} \quad j=1,\cdots,k, \ i=1,\cdots,n \tag{8-9}$$

式中，x_{ip} 为第 i 个样品的第 p 个属性，m_{jp} 为第 j 个类中心的第 p 个属性。

4. 更新蚁群

在每一次蚁群更新中，蚂蚁将通过信息素的间接通信实现把 patternNum 个样品划分为 centerNum 个类的一个近似划分。当 N 只蚂蚁都迭代结束后，加入局部搜索以便进一步提高划分的质量，然后根据划分的质量更新信息素矩阵。如此循环，直至满足循环条件结束。

下面介绍具体的更新过程，用 Iter 表示迭代的次数。每只蚂蚁依赖于第 Iter-1 次迭代提供的信息来实现分类。设表 8-2 表示本次迭代中继承的信息素矩阵。斜对每只蚂蚁所构成的每个样品，系统产生一个随机数 rand，预先定义好概率 q_0（$0 < q_0 < 1$），对每只蚂蚁的更新根据概率 q_0 有两种方式。

① 若此随机数小于 q_0，则选择与样品间具有最大信息素的类作为样品要归属的类。

例如，假设某次迭代中样品 1 归属于不同类的信息素为：$\tau_{11} = 0.31$，$\tau_{12} = 0.21$，$\tau_{13} = 0.41$，$\tau_{14} = 0.51$。这组数据表明，τ_{14} 的值较大，当随机数 rand $< q_0$ 时，第 1 个样品将归属于第 4 类。

② 若此随机数大于 q_0，根据转换概率随机选择样品要转换的类。

计算样品 i 转换到类 j 的转换概率 p_{ij}：

$$p_{ij} = \frac{\tau_{ij}}{\sum\limits_{l=1}^{k} \tau_{il}}, \ j = 1, \cdots, k \qquad (8\text{-}10)$$

这里 k 为类别个数，τ_{ij} 为样品 i 和所属类 j 间的标准化信息素。将 p_{ij} 逐级累加，然后产生一个随机数，判断该随机数在哪个区域内，则将该区域的类号作为样品的类号。每个样品 i 根据转换概率分布，选择要转换到的类别。

具体方法类似于赌盘轮选择方法，其基本思想在前面的遗传算法中有详细介绍。

第一种方式为利用已有的知识，而第二种方式为开发新解的空间。

5. 局部搜索

依照上述方法计算所有蚂蚁对应的解集。对每一只蚂蚁根据式（8-7）～式（8-9）计算其对应的聚类中心及目标函数值。为提高算法中蚂蚁找到近似解的效率，很多改进的蚁群算法都加入了局部搜索，特别是当问题域的启发信息不易获得时，加入局部搜索可以帮助找到更好的解。目前，局部搜索可以对所有个体都实行，也可以只对部分个体实行。在进行局部搜索前，把所有的个体按照目标函数值进行升序排列。对具有小的目标函数值的前 n 个解进行局部搜索操作。局部搜索操作有很多种，本算法选择变换操作，方法如下。

① 为解集中的每个样品产生随机数，预先产生一个（0，1）间的随机数 Pls。设只有第 i 个样品被分配的随机值小于 Pls，所以这个样品要被分到其他类当中。

② 选择类中心与这个样品的距离最短的类为第 i 个样品要去的类，重新聚类。

③ 根据式（8-7）重新计算变换操作后的目标函数值，与原解集的目标函数值比较。若比原解集的目标函数值小，保留新解集；否则，还原旧解集。

④ 对前 n 个解集进行上述操作。在前 n 个蚂蚁中选择具有最小目标函数的蚂蚁作为最优解。

6. 信息素矩阵更新

执行过局部搜索之后，对信息素值进行更新。信息素更新公式如下：

$$\tau_{ij}(t+1) = (1-\rho)\tau_{ij}(t) + \sum_{s=1}^{L} \Delta\tau_{ij}^{s} \quad i = 1, \cdots, L, \quad j = 1, \cdots, k \qquad (8\text{-}11)$$

式中，$\rho(0<\rho<1)$ 为信息素蒸发参数，$\tau_{ij}(t)$ 为样品 i 与类 j 在 t 时刻的信息素浓度。J^s 为蚂蚁 s 的目标函数值，Q 为转换规则参数值。若蚂蚁 s 中的样品 i 属于 j 类，则 $\Delta\tau_{ij}^{s} = Q/J^s$；否则，$\Delta\tau_{ij}^{s} = 0$。

至此，一次迭代结束。继续迭代，直到达到最大迭代次数，返回最优解为聚类结果。

最终找到的最优蚂蚁对应的解集见表 8-3，图 8-3 所示为蚁群算法找到的最优聚类划分，图 8-4 所示为最终信息素矩阵。

表 8-3　最优蚂蚁对应的解集

	1	2	3	4	5	6	7	8	9	10	11	12
S_1	3	2	1	4	1	3	2	4	1	2	3	4

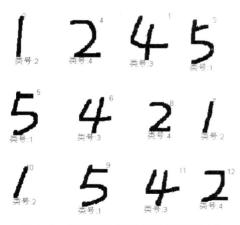

类号:2　　类号:4　　类号:3　　类号:1

类号:1　　类号:3　　类号:4　　类号:4

类号:2　　类号:1　　类号:3　　类号:4

图 8-3　蚁群算法找到的最优聚类划分

	1	2	3	4
1	0.0012	0.0012	0.0023	0.0012
2	0.0012	0.0022	0.0012	0.0013
3	0.0023	0.0012	0.0012	0.0012
4	0.0012	0.0012	0.0012	0.0024
5	0.0023	0.0012	0.0012	0.0012
6	0.0014	0.0013	0.0022	0.0012
7	0.0012	0.0023	0.0012	0.0012
8	0.0012	0.0014	0.0012	0.0022
9	0.0024	0.0012	0.0012	0.0012
10	0.0012	0.0024	0.0012	0.0012
11	0.0012	0.0012	0.0024	0.0012
12	0.0012	0.0012	0.0012	0.0023

图 8-4　最终信息素矩阵

7. 实现步骤

① 初始化蚁群参数,包括蚂蚁数目 N(取 200)、聚类个数 centerNum、转换规则参数 Q(取 0.5)、信息素蒸发参数 ρ(取 0.1)、局部搜索阈值(取 0.05)等。

② 初始化信息素矩阵。

③ 所有蚂蚁根据信息素矩阵构建解集。

④ 计算各类中心;计算每只蚂蚁的目标函数,并对蚂蚁按目标函数值排序。

⑤ 在排序后的蚂蚁解集中,将前 n 个蚂蚁作为要交换样品的蚂蚁,取 $n=2$,对要交换样品的蚂蚁实施局部搜索操作。

⑥ 按照式(8-11)更新信息素值。

⑦ 如果没有达到最大迭代次数,则转向步骤③继续执行;否则,输出最优聚类解集。

已知聚类数目的蚁群聚类算法流程图如图 8-5 所示。

8. 编程代码

具体实现方法见作者撰写的《模式识别与智能计算——MATLAB技术实现(第 4 版)》一书。

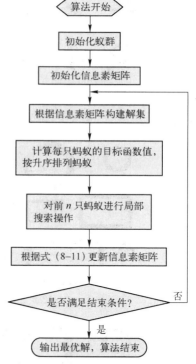

图 8-5　已知聚类数目的蚁群聚类算法流程图

9. 效果图

这里给读者提供两个实例效果图,一个是基于手写数字的聚类效果图,如图 8-6 所示,另一个是基于图形的聚类效果图,如图 8-7 所示。这两个图比较复杂,但从结果可以看出,应用已知聚类数目的蚁群算法解决聚类问题的效果非常好。(注意:图右上角显示样品编号,左下角显示该样品所属类别)

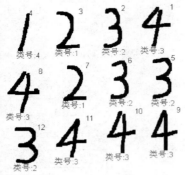

（a）原图数据　　　　　　　　　　（b）设定类中心数和最大迭代次数

	1	2	3	4
1	0.0021	0.0015	0.0364	0.0133
2	0.0016	0.0468	0.0017	0.0021
3	0.0459	0.0012	0.0025	0.0023
4	0.0122	0.0068	0.0022	0.0316
5	0.0022	0.0475	0.0023	0.0014
6	0.0014	0.0469	0.0016	0.0016
7	0.0471	0.0019	0.002	0.0026
8	0.0017	0.0018	0.0445	0.0051
9	0.0014	0.0017	0.0439	0.006
10	0.0019	0.0016	0.0467	0.003
11	0.0017	0.0012	0.043	0.007
12	0.0016	0.0475	0.0018	0.0012

（c）聚类结果　　　　　　　　　　（d）信息素（τ_{ij}）矩阵

图 8-6　已知聚类数目的蚁群聚类算法效果图（基于手写数字）

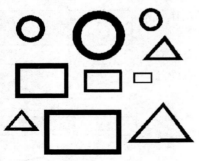

（a）原图数据　　　　　　　　　　（b）设定类中心数和最大迭代次数

	1	2	3
1	0.0048	0.0049	0.0807
2	0.0072	0.0088	0.0782
3	0.0093	0.0052	0.0798
4	0.0052	0.0799	0.0089
5	0.0817	0.0047	0.0051
6	0.083	0.0064	0.0042
7	0.077	0.0049	0.0119
8	0.0046	0.0824	0.0058
9	0.0056	0.0759	0.0095
10	0.0811	0.0053	0.0071

（c）聚类结果　　　　　　　　　　（d）信息素（τ_{ij}）矩阵

图 8-7　已知聚类数目的蚁群聚类算法效果图（基于图形）

本章小结

蚁群算法源于自然界中真实蚂蚁觅食行为的启发，自然界中单只蚂蚁的个体行为极为简单，然而蚂蚁却能够通过相互之间的协作寻找到从蚁巢到食物之间的最短路径。本章介绍了蚁群算法的基本概念，包括蚁群算法的基本思想、蚁群算法的基本模型及特点、信息素的作用，并着重介绍了蚁群算法用于聚类问题的实现方法。

习题

1. 简述蚁群算法的基本原理。
2. 简述信息素的作用。
3. 简述蚁群算法应用于旅行商问题的求解步骤。
4. 对于已知聚类数目的蚁群算法聚类问题设计中，如果一幅位图中包含 15 个样品，分成 5 类，叙述蚂蚁的编码方法，给出一种可能的蚂蚁编码方案。蚂蚁长度应该设为多长？如何计算蚂蚁的适应度？信息素矩阵如何构造？
5. 叙述蚁群算法在已知聚类中心数聚类问题中的实现方法和步骤。
6. 叙述蚁群算法在未知聚类中心数聚类问题中的实现方法和步骤。

第9章　蜂群算法仿生计算

本章要点：

☑ 蜂群算法
☑ 蜂群算法仿生计算在聚类分析中的应用

9.1　蜂群算法

1. 基本原理

几十年来，随着人们对生物进化现象研究的深入，提出了许多用于解决复杂优化问题的仿生进化算法，如蚁群算法、粒子群算法、遗传算法等，这种群体智能优化方法越来越引起人们的重视，成为解决优化问题的有效途径。近年来，在优化领域中出现了一种新的随机型搜索方法——蜂群算法。Seeley 于 1995 年最先提出了蜂群的自组织模拟模型，在该模型中，虽然各社会阶层的蜜蜂只完成了一种任务，但是蜜蜂以"摆尾舞"、气味等多种方式在种群中进行信息的交流，使得整个群体可以完成诸如喂养、采蜜、筑巢等多种工作。Karaboga 于 2005 年将蜂群算法成功应用于函数的极值优化问题，系统地提出了人工蜂群算法（Artificial Bee Colony Algorithm，ABCA），该算法简单、鲁棒性强。Basturk 等人在 2006 年又进一步将人工蜂群算法理论应用到限制性数值优化问题上，并且取得了比较好的测试效果。

蜜蜂是一种群居昆虫，单个蜜蜂的行为极其简单，但是由单个简单的个体组成的群体却表现出极其复杂的行为。现实生活中的蜜蜂能够在任何环境下，以极高的效率获得食物；同时它们能够适应环境的改变。

在蜂群算法中，蜜源的位置代表了所求优化问题的可行解，蜜源的丰富程度表示可行解的质量。首先在 D 维解空间中初始化 N 个可行解（蜜源）X_i，其中 $(i=1,2,\cdots,N)$；每一个蜜源吸引一个引领蜂，因此 N 个蜜源吸引了 N 个引领蜂，使引领蜂所在的位置即为蜜源的位置。蜜源的个数不会随着迭代过程的进行而改变。引领蜂在舞蹈区将蜜源的信息与跟随蜂共享，吸引大量的跟随蜂采蜜，蜜源适应度越高则被选择过来的跟随蜂越多。跟随蜂依照选择概率来决定去哪个蜜源采蜜，每个跟随蜂到达蜜源后，对该蜜源做一次邻域搜索，对吸引过来的跟随蜂所搜索的位置进行比较，在引领蜂所对应的跟随蜂中找到最好的蜜源，并与原来引领蜂所对应的蜜源比较，如果比原来的蜜源好，则新位置作为新的蜜源，由引领蜂开采；否则，继续开采原来的蜜源，并记录开采次数。所有蜜源再次吸引引领蜂进行新一轮开采。当同一个蜜源被开采的次数超过限定的次数后，如果解的质量还是没有得到改善，此时采集该蜜源的引领蜂变成侦察蜂，并且由侦察蜂随机在解空间中产生一个新的蜜源来代替原来的蜜源。

实际中蜜蜂的采蜜过程如图 9-1 所示。

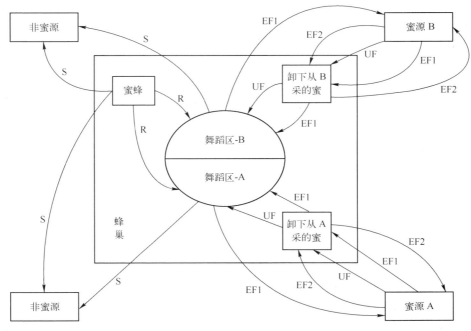

图 9-1 蜜蜂的采蜜过程

蜜蜂采蜜的工作过程可以简单地描述如下。

以蜜源 A 为例，引领蜂采集完花蜜，来到蜂巢的某个固定区域卸下蜂蜜之后，有三种选择：

① 直接放弃原来开采的蜜源，成为侦察蜂，见图 9-1 中的 UF-S 路线。

② 在舞蹈区，引领蜂通过"摆尾舞"与跟随蜂分享蜜源的相关信息，根据蜜源的适应度吸引一定数量的跟随蜂采蜜，见图 9-1 中的 EF1 路线。

③ 卸下蜂蜜后，引领蜂不招募其他蜜蜂，继续回到原来的蜜源采蜜，见图 9-1 中的 EF2 路线。

在现实生活中，大多数蜜蜂在一次采蜜完成之后都会选择到舞蹈区招募更多的跟随蜂去蜜源采蜜。为了使算法简单有效，这里直接选取 EF1 路线，即引领蜂回到舞蹈区招募跟随蜂去蜜源采蜜。

假设已经发现了蜜源 A 和 B，在一开始蜜蜂有两种选择：

① 一开始没有蜜源信息的情况下，作为侦察蜂在蜂巢附近随机地寻找蜜源，见图 9-1 中的 S 路线。

② 在看到引领蜂的"摆尾舞"后，飞到舞蹈区，被招募到蜜源去采蜜，见图 9-1 中的 R 路线。

2. 术语介绍

下面简单介绍蜂群算法中所用到的术语。

（1）蜜源

在任何一种组合优化问题中，问题的解都是以一定的形式给出的。在蜂群算法中，蜜源即待求优化问题的可行解。蜜源是蜂群算法中所要处理的基本对象、结构。

（2）适应度

在蜂群算法中适应度指蜜源的丰富程度，用来描述可行解质量的好坏。

（3）群体规模

群体中个体数目的总和称为群体规模，又叫群体大小。

（4）引领蜂

与其所采的蜜源相对应，一个蜜源对应一个引领蜂，也就是说蜜源的个数与引领蜂的个数相等。引领蜂储存有蜜源的相关信息，并且将这些信息以一定的概率在舞蹈区与跟随蜂分享。

（5）跟随蜂

在蜂巢的舞蹈区，跟随蜂通过分享引领蜂有关蜜源的信息去选择蜜源。

（6）侦察蜂

侦察蜂完全在蜂巢附近随机搜索新的蜜源。

（7）招募跟随蜂算子

引领蜂在蜂巢的舞蹈区将蜜源的信息传递给跟随蜂，吸引更多的跟随蜂到蜜源附近采蜜。正是通过这种招募行为使得整个蜂群有序地工作，引领蜂根据蜜源的信息情况，不断地更新自身的位置并且选取更好的蜜源，提高了解的质量。

（8）放弃蜜源算子

每个蜜源都有一定的开采极限，如果某蜜源被持续开采超过该极限次数，则原来在此开采的引领蜂会放弃该蜜源，变为侦察蜂，并寻找新的采蜜位置。放弃蜜源算子避免了蜜源的枯竭问题，有效防止了随着算法的进行，解的质量不能得到有效提高的问题，在一定程度上提高了算法的收敛性能。

（9）变异算子

变异算子是指蜜蜂在搜索蜜源的过程中所采用的一种搜索策略，也就是在解空间中产生新解的方法，该方法的性能优劣直接决定着解的搜索效率和质量。针对不同的实际问题可以采用不同的变异算子。

（10）选择算子

在传统的进化算法中，都会用到选择算子，选择体现了生物界"适者生存"的原则，选择算子是生物进化的主要驱动力，是搜寻最优解的关键因素。选择算子也有好几种，最常用的选择方法有轮盘赌法、锦标赛法、最优个体保留法等。依据不同的问题合理地采用选择算子是十分必要的。

蜂群算法与求解最优问题的对应关系见表 9-1。

表 9-1 蜂群算法与求解最优问题的对应关系

蜂群采蜜行为	具体问题
蜜源的位置	具体问题的可行解
蜜源的丰富程度	可行解的质量
寻找和采集蜜源的速度	求解的速度
最大适应度的蜜源	问题最优解

3. 基本流程

基本蜂群算法的步骤可以描述如下。

① 产生初始解，初始化各个参数，如聚类数目、蜂群总数、蜜源被采集次数及同一蜜源的开采极限等。在开始搜索之前，对解空间编码之后，就需要准备一个由若干蜜源组成的解空间。生成初始解要考虑到搜索的效率和解的质量问题，一方面要使解尽量地分散到解空间中去，防止出现"早熟"现象；另一方面要求产生初始解的工作量不应太大。常用的初始解的产生方法有随机产生或通过先验知识产生。

② 对于每一只蜜蜂，将样品随机指派为某一类，作为样品的位置编码，并计算各类的聚类中心。

③ 进入采蜜过程。每个蜜源对应一个引领蜂，由引领蜂招募跟随蜂，跟随蜂不断地利用变异算子搜寻蜜源，以此来更新引领蜂所处的位置，一次次迭代，直至达到算法终止条件为止。因此采蜜过程由引领蜂招募跟随蜂采蜜、判断蜜源的可开采度、侦察蜂产生新蜜源三部分组成。

> 引领蜂招募跟随蜂采蜜：跟随蜂在蜂巢的舞蹈区内观看引领蜂的"摆尾舞"，之后它们根据蜜源的适应度大小来决定去往哪个蜜源采蜜。

> 判断蜜源的可开采度：跟随蜂根据引领蜂传递过来的信息，在引领蜂位置的基础上产生一个变化的位置，也就是说在它们所要去的蜜源附近找到一个新的蜜源。之后计算该蜜源的适应度，比较新蜜源的适应度是否好于原来蜜源的适应度，如果新蜜源的适应度比原来蜜源的适应度好，则开采新蜜源，并且其开采度置零；否则，继续开采原来的蜜源，并且其开采度加 1。在蜜源被开采多次之后，其可开采度必然降低。在这里以蜜源的开采次数来衡量蜜源的可开采度。一个蜜源被开采过的次数越多则其可开采度就越低。假定每一个蜜源的可重复开采次数为一定值 Limit，同一蜜源被开采的次数不能超过这个限定的次数，以保证解的质量。

> 侦察蜂寻找新蜜源：判断同一蜜源被采集的次数是否大于开采极限，假设一个蜜源在被开采了 Limit 次之后，还是没有找到比当前蜜源适应度更高的新蜜源，则该蜜蜂将放弃此蜜源，身份变为侦察蜂，并且由此侦察蜂在整个解空间中随机找到一个新的蜜源代替当前蜜源，并令新蜜源的开采度置零；否则，由引领蜂在蜂巢的舞蹈区招募跟随蜂到蜜源附近采蜜。

④ 计算各个蜜源的适应度，记录并保留当前的最优解。

类似于遗传算法中的染色体的适应度，在蜂群算法中，蜜源的适应度对应着要优化问题的解的质量，适应度越高，解的质量就越好。在蜂群算法中适应度主要是指蜜源的丰富程度，是蜂群算法中一个重要的指标，是区分解空间中解好坏的标准。蜜源的适应度高，则其被选择的概率就高；反之，被选择的概率就低。适应度函数是蜂群算法寻优过程的驱动力。因此，适应度函数的选取至关重要，将直接影响蜂群算法的收敛速度及能否找到最优解。

适应度函数的选取要依据不同的问题而定，例如，在函数优化问题中，目标函数一般作为它的适应度函数，而对于一些复杂系统的适应度函数的设计，要结合具体问题的本身要求而定，但要能够反映问题本身且便于计算。

⑤ 判断是否满足终止条件，若没有满足，则转到步骤③继续执行；否则，输出最优解，结束程序。

蜂群算法的流程图如图 9-2 所示。

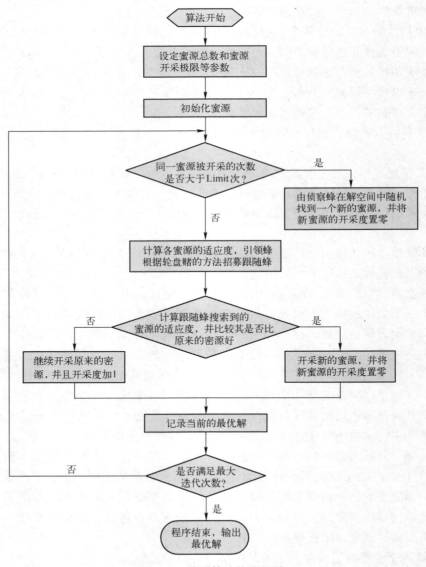

图 9-2　蜂群算法的流程图

4. 蜂群算法的构成要素

在蜂群算法中，其基本构成要素为蜜源、招募跟随蜂算子、跟随蜂搜索蜜源算子、放弃蜜源算子。在整个蜂群算法中，由引领蜂采蜜，采蜜之后到舞蹈区与跟随蜂进行信息共享，招募跟随蜂到蜜源采蜜，在蜜源枯竭时由侦察蜂在解空间中随机搜索一个新的位置代替原来的蜜源，以不断地采蜜。下面详细介绍蜂群算法中的基本构成要素。

（1）蜜源

在群体智能优化问题中，所求的问题解都是以具体的形式给出的，例如，在遗传算法中用染色体来表示问题的解，蚁群算法中用蚂蚁来代表所求问题的解，粒子群算法中用粒子来表示问题的解。同样，在蜂群算法中，用蜜源来表示所求问题的可行解，解的好坏用蜜源的适应度来表示。算法一开始时蜂群中所有的蜜蜂都是以引领蜂的身份出现的。

（2）招募跟随蜂算子

该算子指的是引领蜂在蜂巢内的舞蹈区，将有关蜜源的信息，即蜜源的适应度，分享给跟随蜂，然后跟随蜂会根据蜜源的信息选择一个蜜源跟随引领蜂去采蜜。其选择的标准也是根据蜜源的适应度来判别的，跟随蜂更倾向于到适应度高的蜜源那里采蜜。一般在算法中都是采用轮盘赌的选择方法决定跟随蜂到哪个蜜源去采蜜，每个蜜源被选择的概率是根据其适应度来决定的，即蜜源被选择的概率是该蜜源的适应度在整个备选蜜源总适应度中所占的比例，见式（9-1）。蜜源的适应度越高，被跟随蜂选择的概率越大。

$$P_i = \frac{\text{fitness}}{\sum_{i=1}^{N} \text{fitness}_i} \tag{9-1}$$

式中，P_i 代表第 i 个蜜源被选择的概率；fitness_i 为基于第 i 个蜜源的适应度；N 为蜜源的总个数。

（3）跟随蜂搜索蜜源算子

蜂群算法中，引领蜂与其所采的蜜源相对应，引领蜂能够记忆自己所采蜜源的相关信息，并且将这些信息在蜂巢的舞蹈区中与跟随蜂分享，从而招募更多的蜜蜂去采蜜。

蜂群算法中引领蜂的位置更新主要是通过跟随蜂搜索蜜源算子实现的，类似于遗传算法中染色体的变异操作，就是在个体邻域范围内随机搜索，通过改变个体上的部分或全部基因来产生新的个体。在蜂群算法中跟随蜂的位置更新是通过公式（9-2）产生的。

公式（9-2）表示跟随蜂搜索的一个新位置：

$$\boldsymbol{X}_i(t+1) = \boldsymbol{X}_i(t) + r \times (\boldsymbol{X}_i(t) - \boldsymbol{X}_k(t)) \tag{9-2}$$

式中，$\boldsymbol{X}_i(t+1)$ 代表了新产生的第 i 个蜜源位置；$\boldsymbol{X}_i(t)$ 代表了原来的第 i 个蜜源位置；r 为在 $[-1,1]$ 范围内的随机数；$k \neq i$，$k \in \{1,2,\cdots,N\}$，k 代表随机指定的个体。由式（9-2）可以看出，引领蜂在其可视范围内随机地向某一个跟随蜂前进，随着参数 $\boldsymbol{X}_i(t)$ 与参数 $\boldsymbol{X}_k(t)$ 之差的变小，位置 $\boldsymbol{X}_i(t)$ 的变动也越来越小。因此，随着对最优解的逼近，步长会自适应地缩减。

计算跟随蜂搜索到的新蜜源的适应度，并比较新蜜源是否好于引领蜂所对应的原蜜源，如果新蜜源的适应度比原蜜源的适应度高，则放弃原蜜源开采新蜜源；否则，继续开采原来的蜜源。

（4）放弃蜜源算子

随着采蜜工作的进行，蜜源的丰富程度会降低，很有可能出现蜜源枯竭的现象，即蜜源的适应度过低，这种情况下使得解的质量变坏。为了防止这种现象的发生，需要对蜜源的采集次数进行限制，算法中规定蜜源的最大采集次数为 Limit。

当同一蜜源被采集了 Limit 次之后，蜜源的丰富程度必然降到很低，如果在其周围进行邻域搜索时还是没有找到比此蜜源适应度更高的蜜源，则放弃这个蜜源，在整个解空间中随机产生一个新的蜜源。这样既提高了解的质量，同时也增加了解的多样性，有利于找到全局最优解。

此时，引领蜂的身份变为侦察蜂，由该侦察蜂在解空间中随机产生一个解。随机产生解的操作如式（9-3）所示。

$$X_i(t+1) = \text{rand} \tag{9-3}$$

5. 控制参数选择

蜂群算法中的关键参数主要有群体规模、同一蜜源被限定的采蜜次数、最大进化次数等。这些参数都是在算法开始之前就设定好的，对于算法的运算性能有很大的影响。蜂群算法参数的设置与问题本身的性质有很大关系。常用的方法是根据经验设置控制参数值，由于蜂群算法是一个动态寻优的过程，故参数也应随着蜂群迭代过程进行自适应调节。

（1）群体规模

不同的问题适用于不同的群体规模。群体规模过大，虽然可以增大搜索的空间，使所求得的解更逼近于最优解，但是这也同样增加了求解的计算量；群体规模过小，虽然可以较快地收敛到最优，但是这样所求得的解很容易陷于局部最优，不能很好地得出全局最优解。

（2）同一蜜源被限定的采蜜次数

对于蜜源的开采次数，要进行适当的设定，开采次数过少，不能很好地进行局部搜索；开采次数过多，不但增加了算法的时间复杂度，而且对局部最优解没有很好的改进作用。

（3）最大进化次数

最大进化次数的选取是根据某一具体问题的试验得出的。进化次数过少，使得算法无法取得最优解；进化次数过多，可能导致算法早已收敛到了最优解，之后进行的迭代对于最优解的改进几乎没有什么效果，增加了算法的运算时间。

6. 蜂群算法群体智能搜索策略分析

1）个体行为及个体之间信息交互方法分析

在蜂群算法中，主要是通过变异算子、选择算子、招募跟随蜂算子、跟随蜂搜索蜜源算子、放弃蜜源算子等构成整个蜂群算法的结构。变异算子主要进行新蜜源的寻找，即产生新的解。选择算子在蜂群算法中主要是指根据蜜源的适应度来确定蜜源被选择的概率，其选择方法一般采用轮盘赌的方式。跟随蜂搜索蜜源算子在原来蜜源的邻域内做一次搜索，通过变异算子产生一个新的蜜源，并比较新蜜源是否比原来蜜源的适应度高、如果新蜜源的适应度较高则忘掉原来的蜜源，开采新蜜源；否则，继续开采原来蜜源。招募跟随蜂算子能扩大引领蜂的搜索范围，通过选择算子，使适应度越高的引领蜂招募的跟随蜂越多，越能扩大其搜索能力。放弃蜜源算子是指在蜜源枯竭时放弃该蜜源的采集，在整个解空间中重新产生一个新解。通过分析个体行为及个体之间的信息交互方法和群体进化分析，能更清楚直观地了解和掌握蜂群算法。

在蜂群算法中个体行为主要体现在引领蜂的位置更新上，算法中利用跟随蜂搜索到的位置来不断更新引领蜂所处的位置，一般类似于传统进化算法中的变异操作，通过改变部分或全部的基因来实现位置的更新，增加了解的多样性。蜂群算法中位置更新的过程就是在其自身解的邻域内寻找更好解的过程。

在传统的进化算法中，个体之间的信息交互是通过交叉等操作完成的，而在蜂群算法中个体之间的信息交互主要体现在引领蜂与跟随蜂在蜂巢舞蹈区蜜源的信息共享。引领蜂通过跳"摆尾舞"等方式将蜜源的适应度"告诉"跟随蜂，跟随蜂会根据蜜源的适应度确定每个蜜源被选择的概率。正是通过这种蜂群中所特有的方式，引领蜂不断地招募跟随蜂去开采更多的蜜源。通过这种方式进行信息的交换，是一对多的方式，可搜索更广阔的解空间，使种群向全局最优解逼近。

2）群体进化分析

招募跟随蜂算子通过选择算子扩大引领蜂的搜索范围，跟随蜂个体是在引领蜂所处蜜源的基础上加一个扰动，到原来蜜源的邻域内采蜜，并且判断新产生的蜜源适应度是否高于原来的蜜源，如果比原来的高则开采新的蜜源，否则继续采集原来的蜜源。选择算子根据蜜源的适应度来确定蜜源被选择的概率，其选择方法一般采用轮盘赌的方式，这样使得适应度越高的引领蜂招募的跟随蜂越多，越能扩大其搜索能力。随着迭代次数的增加，蜂群的整体适应度呈现一个上升的趋势，解的质量也不断提高。

随着蜜源被采集次数的增多，如果还是没有找到较好的解，当同一个蜜源被采集了设定的 Limit 次之后，则由侦察蜂在解空间中随机产生一个新的蜜源，即产生一个新解。蜂群算法在每一次迭代过程中，如果出现了比当前最优解更好的解，则用更好的解代替当前的最优解，使整个迭代过程向着最优的方向发展。

9.2 蜂群算法仿生计算在聚类分析中的应用

蜂群算法是一种基于种群的优化算法，易于并行实现，具有较强的通用性。较其他进化算法，蜂群算法设定的参数较少，在寻优等方面有着收敛速度快、鲁棒性好、全局收敛、适应范围宽等优点，适用于多种类型的优化问题，特别适合工程应用。但蜂群算法也存在早熟收敛、在后期容易陷入局部极点、搜索精度不高的缺点。本节以图像中不同物体的聚类分析为例，介绍用蜂群算法解决聚类问题的实现方法。

一幅图像中含有多个物体，在图像中进行聚类分析需要对不同的物体分割标识。待测样品的编号如图 9-3 所示，通过画图工具手写了（7、8、4、7、4、7、8、3）共 8 个待分类样品，要分成 4 类，如何让计算机自动将这 8 个物体归类呢？蜂群算法在解决这种聚类问题上表现得非常出色，它不仅运算速度快，而且准确率高。

1. 构造个体

对图 9-3 中的 8 个样品进行编号，如图 9-4 所示，样品编号位于每个样品的右上角，不同的样品编号不同，而且编号始终固定。

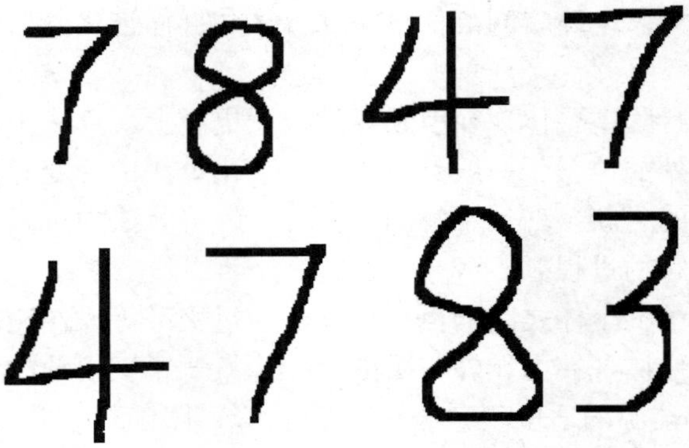

图 9-3　待聚类的样品数字

图 9-4　待测样品的编号

采用符号编码，位串长度 L 取 8 位，分类号代表样品所属的类号（1～4），样品编号是固定的，也就是说某个样品在每个解中的位置是固定的，而每个样品所属的类别随时在变化。如果编号为 n，则其对应第 n 个样品，而第 n 个位所指向的值代表第 n 个样品的归属类号。

每个解包含一种分类方案。设初始解的编码为（2，3，4，1，2，1，3，4），这是处于假设分类情况，并不是最优解，其含义为：第 1、5 个样品被分到第 2 类；第 2、7 个样品被分到第 3 类；第 3、8 个样品被分到第 4 类；第 4、6 个样品被分到第 1 类，初始解的编码见表 9-2。

表 9-2　初始解的编码

样品值	(7)	(4)	(8)	(7)	(8)	(3)	(7)	(4)
分类号	2	3	4	1	2	1	3	4
样品编号	1	2	3	4	5	6	7	8

经过蜂群算法找到的最优解见图 9-4。蜂群算法找到的最优解编码见表 9-3。通过样品值与基因值对照比较，会发现相同的数据被归为一类，分到相同的类号，而且全部正确。

表 9-3 蜂群算法找到的最优解编码

样品值	(7)	(4)	(8)	(7)	(8)	(3)	(7)	(4)
分类号	3	1	4	3	4	2	3	1
样品编号	1	2	3	4	5	6	7	8

2. 计算适应度

系统初始化了 N 个蜜源。蜜源与引领蜂相同，对应着所求问题的解。

设模式样品集为 $X=\{X_i, i=1,2,\cdots,n\}$，其中 X_i 为 D 维模式向量，根据解的含义不同，通常可以分为两种方法。一种是以聚类结果为解，一种是以聚类中心集合为解。本节讨论的方法基于聚类中心集合作为蜜蜂的对应解，也就是每个蜜蜂的位置是由 k 个聚类中心组成的。在样品向量维数为 D 的聚类问题中，每个蜜蜂 i 由 4 部分组成，表示为：

$$\text{Bee}(i) = \left\{ \begin{array}{l} \text{location}[\ ], \\ \text{String}, \\ \text{oBas}, \\ \text{fitness} \end{array} \right.$$

蜜蜂的位置编码结构表示为：

$$\text{Bee}(i).\text{location}[\ ] = [C_1, \cdots, C_j, \cdots, C_k]$$

式中，C_j 表示第 j 类的聚类中心，是一个 D 维矢量；蜜源被开采度 Bee.oBas 表示蜜源被采集的次数，主要是为了防止蜜源枯竭，导致解的质量下降；Bee.String 为一个整数，表示样品的分类号；蜜源适应度值 Bee.fitness 为一个实数，表示蜜源的适应度。可以采用以下方法计算适应度。

① 按照最近邻法则见式（9-4），确定该蜜蜂的聚类划分。

当聚类中心确定时，聚类的划分可由最近邻法则决定。即针对样品 X_i，若第 j 类的聚类中心 C_j 满足式（9-4），则 X_i 属于类 j。

$$d(X_i, C_j) = \min_{l=1,2,\cdots,k} d(X_i, C_l) \tag{9-4}$$

② 根据聚类划分，重新计算聚类中心，按照式（9-5）计算总的类内离散度 J_c。

$$J_c = \sum_{j=1}^{k} \sum_{X_i \in C_j} d(X_i, C_j) \tag{9-5}$$

式中，C_j 为第 j 个聚类的中心，$d(X_i, C_j)$ 为样品到对应聚类中心的距离，聚类准则函数 J_c 即各类样品到对应聚类中心距离的总和。

③ 蜜源的适应度可表示为式（9-6）。

$$\text{Bee.fitness} = \frac{1}{J_c} \tag{9-6}$$

式中，J_c 是总的类内离散度和，根据具体情况而定。即蜜源所代表的聚类划分的总类间离散度越小，蜜源的适应度越大。

3. 位置更新

根据式（9-2），跟随蜂的位置更新见式（9-7）：

$$Bee(i).location(k).feature = Bee(i).location(k).feature + abs(Bee(neighbour).$$
$$location(k).feature - Bee(i).location(k).feature) * rand \tag{9-7}$$

式中，neighbour 是一个从 0 到蜜源数的随机值，centerNum 表示聚类中心数。

当蜜源枯竭时由侦察蜂在解空间中随机产生一个新解。

4. 实现步骤

① 蜂群的初始化。给定聚类数目 centerNum、蜜蜂的数量 BeeNum、蜜源的开采极限 limit 等参数。将每一个样品随机指定为某一类，作为最初的聚类划分，以此反复进行，生成 BeeNum 个蜜蜂。对于第 i 只蜜蜂 Bee(i)，计算各类的聚类中心，作为蜜蜂 i 的位置编码 Bee(i).location[ ]，并计算蜜蜂的适应度 Bee(i).fitness。

② 每一只引领蜂所在的位置即为一个蜜源，开始进入迭代过程。

③ 对于每一个蜜源，判断其开采度是否大于设定的开采极限 limit。如果 Bee(i).oBas> limit，则根据公式（9-3）在解空间中随机产生一个新的位置来更新蜜源的位置，并且蜜源开采度 Bee(i).oBas 置零；否则，继续向下执行。

④ 根据蜜源的适应度，按照公式（9-1）确定蜜源被选择的概率。跟随蜂根据轮盘赌的选择方式选择去哪个蜜源附近采蜜。

⑤ 跟随蜂分别根据公式（9-7）来更新自己的位置。

⑥ 对于每一个样品，根据蜜蜂的聚类中心编码，按照最邻近法则确定该样品的聚类划分。对于每一只蜜蜂，按照相应的聚类划分计算新位置的适应度。

⑦ 将跟随蜂的新位置与原来蜜源的位置进行适应度值比较，如果某一蜜蜂所在位置的适应度值得到改善，则该蜜蜂在该位置进行开采，并且开采度 Bee(i).oBas 置零；否则，继续开采原来的蜜源，且原蜜源开采度 Bee(i).oBas 增加 1，在适应度值得到改善的新位置中选择适应度值最高的位置作为对应的引领蜂下一次开采的蜜源位置，以此来更新引领蜂所处的位置。

⑧ 计算所有蜜蜂的适应度，寻找并记录当前的最优解。

⑨ 如果达到结束条件（得到足够好的解或最大迭代次数），则结束算法，输出全局最优解；否则，转步骤③继续执行。

基于蜂群算法的聚类分析流程图如图 9-5 所示。

5. 编程代码

```
%%%%%%%%%%%%%%%%%%%%%%%%%%%%%%%%%%%%%%%%%%%%%%
%函数名称:C_ABC( )
%参数:m_pattern,样品特征库;patternNum,样品数目
%返回值:m_pattern,样品特征库
%函数功能:按照人工蜂群聚类法对全体样品进行分类
%%%%%%%%%%%%%%%%%%%%%%%%%%%%%%%%%%%%%%%%%%%%%%
```

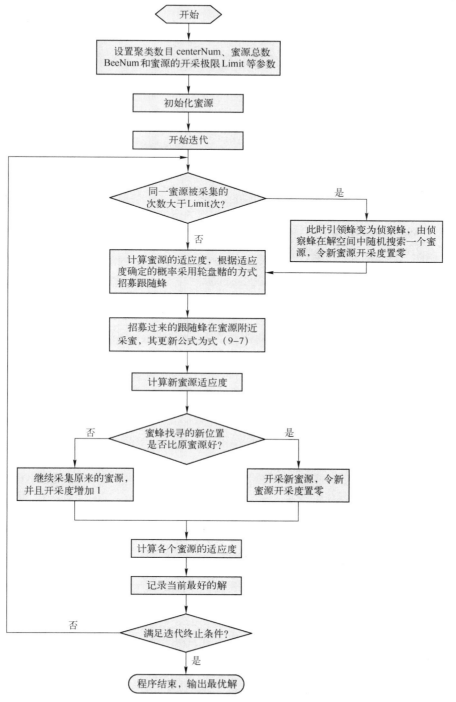

图 9-5 基于蜂群算法的聚类分析流程图

function [m_pattern] = C_ABC(m_pattern, patternNum)
disType = DisSelDlg( ) ;   %获得距离计算类型
[centerNum MaxIter BeeNum limit] = InputParameterDlg( ) ;   %用户输入参数

```matlab
%初始化中心和速度
global Nwidth;
for i=1:centerNum
    m_center(i).feature=zeros(Nwidth,Nwidth);
    m_center(i).patternNum=0;
    m_center(i).index=i;
end
%初始化蜜蜂
for i=1:BeeNum
    Bee(i).location=m_center;                                    %蜜蜂各中心
    Bee(i).fitness=0;                                            %适应度
    Bee(i).string=ceil(rand(1,patternNum)*centerNum);           %初始化解集
    Bee(i).normfitness=0;                                       %归一化的 fitness 值
    Bee(i).oBas=0;                                              %所在蜜源的开采度
    Bee(i).index=i;
end
B_gd.fitness=0;                                                 %最优解
B_gd.string=ceil(rand(1,patternNum)*centerNum);
B_gd.index=0;
%生成初始人工蜂群
for i=1:BeeNum
    for j=1:patternNum
        m_pattern(j).category=Bee(i).string(1,j);
    end
    for j=1:centerNum
        m_center(j)=CalCenter(m_center(j),m_pattern,patternNum);
    end
    Bee(i).location=m_center;
end
for i=1:BeeNum
    Bee(i)=CalFitness(Bee(i),patternNum,centerNum,m_pattern,disType);
end
for iter=1:MaxIter
%%%%%%%%%%%%%%%%%%%%%%%%%%%%%%%%%%%%%%%%%%%%%%%%%%%%%%%%%
    %侦察蜂行为描述
    for i=1:BeeNum
        if Bee(i).oBas>limit    %判断蜜源是否达到开采极限,如果是,则该处的引领蜂变为侦察蜂
            for k=1:centerNum
                Bee(i).location(k).feature=rand(Nwidth,Nwidth);
            end
            Bee(i).oBas=0;
            Bee(i)=CalFitness(Bee(i),patternNum,centerNum,m_pattern,disType);
        end
```

```
        end
%%%%%%%%%%%%%%%%%%%%%%%%%%%%%%%%%%%%%%%%%%%%%%%
    %将 fitness 值归一化
    cFitness = zeros(1,BeeNum);
    for i = 1:BeeNum
        if(i == 1)
            cFitness(i) = Bee(i).fitness;
        else
            cFitness(i) = cFitness(i-1)+Bee(i).fitness;
        end
    end
%    cFitness = cFitness/cFitness(BeeNum);
    followBeeNum = BeeNum * cFitness;
    newBee = Bee(1);
%%%%%%%%%%%%%%%%%%%%%%%%%%%%%%%%%%%%%%%%%%%%%%%
    for i = 1:BeeNum
        for j = 1:followBeeNum(i)
            neighbour = ceil(rand * BeeNum);      %随机在邻域找另一个蜜蜂
            while neighbour == i
                neighbour = ceil(rand * BeeNum);
            end
            for k = 1:centerNum
newBee.location(k).feature = Bee(i).location(k).feature+abs(Bee(neighbour).location(k).feature-
Bee(i).location(k).feature) * rand;
            end
            newBee = CalFitness(newBee,patternNum,centerNum,m_pattern,disType);
            if newBee.fitness<Bee(i).fitness    %如果新位置优于原位置,则开采新位置,并将
                                                %开采度置零
                Bee(i).oBas = Bee(i).oBas+1;
            else                                             %否则,开采度加 1
                Bee(i).oBas = 0;
                Bee(i) = newBee;
            end
        end
    end
    B_gd = FindBest(Bee,BeeNum,B_gd,iter);
end
for i = 1:patternNum
    m_pattern(i).category = B_gd.string(1,i);
end
%显示结果
str = ['最优解出现在第' num2str(B_gd.index) '代'];
msgbox(str,'modal');
```

```
%%%%%%%%%%%%%%%%%%%%%%%%%%%%%%%%%%%%%%%%%%%%%%%%%
%函数名称:CalFitness
%函数功能:计算适应度值
%%%%%%%%%%%%%%%%%%%%%%%%%%%%%%%%%%%%%%%%%%%%%%%%%
function Bee_i = CalFitness(Bee_i,patternNum,centerNum,m_pattern,disType)
%最近邻聚类
for j = 1:patternNum
    min = inf;
    for k = 1:centerNum
        tempDis = GetDistance(m_pattern(j),Bee_i.location(k),disType);
        if(tempDis<min)
            min = tempDis;
            m_pattern(j).category = k;
            Bee_i.string(1,j) = k;
        end
    end
    %重新计算聚类中心
    for k = 1:centerNum
        Bee_i.location(k) = CalCenter(Bee_i.location(k),m_pattern,patternNum);
    end
end
%计算适应度
temp = 1;
for j = 1:patternNum
    temp = temp+GetDistance(m_pattern(j),Bee_i.location(Bee_i.string(1,j)),disType);
end
Bee_i.fitness = 1/temp;
%%%%%%%%%%%%%%%%%%%%%%%%%%%%%%%%%%%%%%%%%%%%%%%%%
%函数名称:FindBest()
%参数:Bee,种群结构;popSize,种群规模;
%      cBest,最优个体;cWorst,最差个体;iter,当前代数
%返回值:cBest,最优个体;cWorst,最差个体
%函数功能:寻找最优个体,更新总的最优个体
%%%%%%%%%%%%%%%%%%%%%%%%%%%%%%%%%%%%%%%%%%%%%%%%%
function [B_gd] = FindBest(Bee,BeeNum,B_gd,iter)
best = Bee(1);
for i = 1:BeeNum
    if Bee(i).fitness>best.fitness
        best = Bee(i);
    end
end
if(iter == 1)
    B_gd = best;
```

```
        B_gd. index = 1;
    else
        if( best. fitness>B_gd. fitness)
            B_gd = best;
            B_gd. index = iter;
        end
    end
%%%%%%%%%%%%%%%%%%%%%%%%%%%%%%%%%%%%%%%%
% 函数名称:InputParameterDlg( )
% 函数功能:用户输入参数
%%%%%%%%%%%%%%%%%%%%%%%%%%%%%%%%%%%%%%%%
function [ centerNum MaxIter BeeNum limit] = InputParameterDlg( )
str = {'类中心数','迭代次数','蜜蜂群体大小','食物源开采极限( limit)'};
def = {'4','5','300','20'};
T = inputdlg( str,'参数输入对话框',1,def);
centerNum = str2num( T{1,1});
MaxIter = str2num( T{2,1});
BeeNum = str2num( T{3,1});
limit = str2num( T{4,1});
```

6. 效果图

这里给读者提供一个基于手写数字的聚类效果图，如图 9-6 所示。从效果图上可以看出，蜂群算法应用于聚类分析的效果很好。

（a）距离选择对话框

（b）参数输入对话框

图 9-6　基于手写数字的聚类效果图

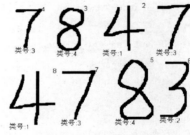

（c）待聚类的样品 （d）输出聚类结果

（e）显示最优解出现在第几次迭代中

图 9-6　基于手写数字的聚类效果图（续）

本章小结

本章主要介绍了蜂群算法的基本概念，包括蜂群算法的基本思想、蜂群算法的算法流程及参数控制；着重介绍了蜂群算法用于聚类问题的实现方法和步骤。基于蜂群的聚类算法在产生下一代时利用了群体中的其他个体，具有向"他人"学习的能力，在群体内部有效地进行了个体之间的信息交互，所以具有较快的收敛速度。

习题

1. 简述蜂群算法的基本原理。
2. 叙述蜂群算法与其他群算法的异同。
3. 在蜂群算法聚类问题设计中，简述如何定义蜜蜂的结构及蜜蜂位置的更新方式。
4. 叙述蜂群算法在聚类问题中的实现方法。

第 10 章　量子遗传算法仿生计算

本章要点：

☑ 量子计算
☑ 量子进化算法
☑ 量子遗传算法仿生计算
☑ 量子遗传算法仿生计算在聚类分析中的应用

10.1　量子计算

1. 量子力学

微观过程存在于微观世界，而微观世界的客体是由统称为量子的微观粒子组成的，它们包括分子、原子、原子核、电子、质子、中子、夸克等。这些微观粒子具有波粒二象性，粒子之间也存在着相干特性。量子系统的态空间一般有两个基态（Basic State），如两种偏振态的光子（水平和垂直偏振）、磁场中自旋的粒子（自旋向上和向下）、两能级的原子或离子（基态和激发态）。量子并不是确定性地呈现某一种状态，而是以一定的概率指向某个基态，因而量子态具有叠加性。人们把微观粒子拥有的那些特性统称为量子态特性，量子态特性包括量子的波粒二象性、量子态叠加性、量子态纠缠性、量子态不可克隆性，以及测量导致的量子态坍缩性等。

在物理学史上，经典力学最早由牛顿开创，并由拉格朗日、哈密顿、雅克比和泊松等人持续不断地研究发展，逐渐得到完善。经典力学的创立成为近代物理学的开端，为推动科学发展做出了巨大的贡献。但是，经典力学的研究对象只是宏观世界的物质运动。由于微观粒子具有波粒二象性，微观粒子（即量子）本身的状态是由某个力学量的多个本征态叠加构成的，测量时无法获得它们所有确定的量值，而是以被测量值发生在一定概率区间的概率幅得到它们的某个本征值。因而微观粒子的运动不同于宏观物质，它们不服从确定性的规律，而是服从统计概率，行为多变。从而用经典力学来研究微观粒子将会导致失效。因此，引发了人们对微观世界物质的探索和研究。由爱因斯坦、普朗克、德布罗意、薛定谔、波尔、海森堡、狄拉克等人创立的量子力学是对牛顿力学的重大突破。量子理论的提出和建立是 20 世纪人类最伟大的科学成就之一，它解释了物质内部原子及其组成粒子的结构和性质，使人们对物质的认识深入到了微观领域。经典力学和量子力学研究内容的对比见表 10-1。

表 10-1　经典力学和量子力学研究内容的对比

	经 典 力 学	量 子 力 学
研究内容	研究宏观世界的物质运动，研究确定性的规律，属于决定论	研究微观世界里的量子运动，研究微观粒子性质及其运动规律的理论，属于概率论
研究对象的运动特点	宏观物体在速度不太高的情况下服从确定性轨道运动的规律，遵从牛顿力学的法则，具有确定性的规律	微观粒子的低速运动不遵从牛顿力学的规律，其状态随时间变化的规律满足薛定谔方程。粒子的状态用波函数描述，它是坐标和时间的复函数，波函数是多个不同状态的叠加。波函数的平方代表其变数的物理量出现的概率
测量	测量结果具有确定性　　对一个体系的测量不会改变它的状态，服从明确的规律，它只有一种变化，并按运动方程演进。因此，运动方程对力学量可以做出确定的预言。每个粒子的位置和动量是完全可知的，它们的轨迹可以被预测。物理量具有确定的量值	测量结果具有不确定性　　一个量子有多个"本征值"，每次测量之前不可能判断测量的结果，也不能预测下一次测量值。测量时无法获得它们所有确定的量值，而是通过被测量值发生在一定概率区间的概率幅得到它们的某个本征值。因此，量子力学对物理量不能给出确定的预言，只能给出取值的概率
测量过程	在经典力学中，一个物理系统的位置和动量，可以被无限精确地确定和预测。至少在理论上，测量对这个系统本身并没有任何影响，并可以无限精确地进行	测量导致量子体系的相干性被破坏，使其由叠加态转化为某一基本态的过程叫做量子态的坍缩。测量过程可以看成在这些本征态上的一个投影，测量结果对应于被投影的本征态的本征值。例如，对这个系统的无限多个拷贝，每一个拷贝都进行一次测量，可以获得所有可能的测量值的概率分布，每个值的概率等于对应的本征态系数的绝对值的平方

　　量子力学研究如何描述粒子系统的状态，如何描述微观粒子系统的力学量、微观系统态的演化、量子力学的测量理论等。量子力学把微观粒子具有的那些神奇的属性统称为量子态特性。量子态特性包括量子态叠加性、量子态相干性、态叠加原理、量子态纠缠性、不可分离性、不确定性等。

　　（1）量子态叠加性

　　量子力学中的物理量要服从统计规律，必须用态矢空间中的算符表示。一般来说，一个量子态是由某个力学量的多个本征态叠加构成的，一个微观粒子的状态可以用一个粒子坐标和时间的复函数 $\psi(r, t)$ 来完全描述，称该复函数为波函数。在波函数分布区内的小体积元 $\mathrm{d}V$ 中找到粒子的概率为 $\mathrm{d}P = \psi^* \psi \mathrm{d}V$，其中 ψ^* 是 ψ 的复共轭，模平方 $|\psi|^2$ 称为概率密度。测量时无法获得它们所有确定的量值，而是以被测量值发生在一定概率区间的概率幅得到它们的某个本征值。概率幅是复数，其模平方是概率，概率幅具有模量和相角，因此量子状态的叠加还会产生干涉现象。这个干涉现象，宏观世界的人类无法理解，也为微观世界蒙上了神秘的色彩。

　　（2）量子态相干性

　　因为微观粒子具有波动性，导致同一个粒子不同动量的本征态之间是相干的。

　　（3）态叠加原理

　　测量结果的不确定性源于量子态的叠加性，叠加的本质在于态的相干性，相干性导致态的叠加，量子态的相干叠加性及测量结果的概率特性称为态叠加原理。

　　（4）量子态纠缠性

　　如果量子态不能分解成两个粒子态的直积形式，即每个粒子的状态不能单独表示出来，则两个粒子彼此关联，量子态是两个粒子共有的状态，这种特性称为量子态纠缠性。

　　（5）不可分离性

量子力学表明，微观物体的状态既不是波也不是粒子，真正的状态是量子态。真实状态分解为隐态和显态，是由测量所造成的，在这里只有显态才符合经典物理学实在的含义。微观体系的实在性还表现在它的不可分离性上。量子力学把研究对象及其所处的环境看成一个整体，它不允许把世界看成由彼此分离的、独立的部分组成。当微观粒子处于某一状态时，它的力学量（如坐标、动量、角动量、能量等）一般不具有确定的数值，而具有一系列可能值，每个可能值以一定的概率出现。当粒子所处的状态确定时，其力学量具有某一可能值的概率也就完全确定。

（6）不确定性

在量子力学中，不确定性指测量物理量的不确定性。由于在一定条件下，一些力学量只能处在它的本征态上，所表现出来的值是分立的，因此在不同的时间测量，就有可能得到不同的值，会出现不确定值，也就是说，当你测量它时得到的值是不确定的。只有在这个力学量的本征态上测量它，才能得到确切的值。在量子力学中，测量过程本身对系统造成影响。要描写一个可观察量的测量，需要将一个系统的状态线性分解为该可观察量的一组本征态的线性组合。在量子力学中当对量子体系进行某一力学量的测量时，测量导致量子体系的相干性被破坏，从而使其由叠加态转化为某一基态，这一过程叫作量子态的坍缩。对量子力学中量子体系进行某一力学量的测量时，导致体系相干性的破坏和量子态的坍缩，这与经典力学对一个力学量的测量不影响体系状态的情况截然不同。

2. 量子计算

量子的重叠与牵连原理产生了巨大的计算能力。普通计算机中的 2 位寄存器在某一时间仅能存储 4 个二进制数（00、01、10、11）中的一个，而量子计算机中的 2 位量子位寄存器可同时存储这 4 个数，因为每一个量子位可表示两个值。如果有更多量子位，计算能力就呈指数级提高。量子计算具有天然的并行性，极大地加快了对海量信息处理的速度，使得大规模复杂问题能够在有限的指定时间内完成。量子计算的并行性、指数级存储容量和指数加速特征展示了其强大的运算能力，具有极强的理论创新性，对未来人类社会的发展、生活方式、科学技术等产生主要影响。

量子计算和量子通信建立在这些量子态特性之上，充分利用量子相干性的独特性质，探索以全新的方式对信息进行计算、编码和传输，这是量子信息学研究的目标之一。量子计算是建立在量子力学基础上，并与数学、计算机科学、信息科学、认知科学、复杂性科学等多学科交叉而形成的一种全新的计算模式。

将量子计算技术应用于信息安全中，可以解决经典方法难以解决或无法解决的许多问题，近年来，其研究已掀起一阵热潮。量子计算已在量子算法、量子通信、量子密码术等方面取得了巨大成功，同时它也为其他科学技术带来了创造性的方法，因此它成为当今世界各国紧密跟踪的研究热点和前沿学科之一。

1）量子信息

用量子比特来存储和处理信息，称为量子信息。量子信息与经典信息最大的不同在于：经典信息中，比特只能处在一个状态，非 0 即 1，在经典计算机中，比特是构成计算机内信息的最小单位，所有的信息都是由 0 和 1 组成、保存、运算及传递的；而在量子信息中，量子比特可以同时处在 $|0\rangle$ 和 $|1\rangle$ 两个状态，量子信息的存储单元称为量子

比特。一个量子比特的状态是一个二维复数空间的矢量，它的两个极化状态 $|0\rangle$ 和 $|1\rangle$ 对应于经典状态的 0 和 1。

在量子力学中使用狄拉克标记"$|\rangle$"和"$\langle|$"表示量子态。"$|\rangle$"和"$\langle|$"是量子力学中表示量子状态的标记。英文中括号叫 bra-ket，狄拉克把符号"$\langle\cdot|\cdot\rangle$"拆成两半：bra 和 ket，分别用来称呼括号的左半边"$\langle x|$"和右半边"$|y\rangle$"，bra 和 ket 在中文中分别译做左矢（左向量）和右矢（右向量）。

量子的状态叠加原理，即如果状态 $|0\rangle$ 和 $|1\rangle$ 是两个相互独立的量子态，它们的任意线性叠加 $|\varphi\rangle = \alpha|0\rangle + \beta|1\rangle$ 也是某一时刻的一个量子态，而系数 α 与 β 的平方则描述系统分别处在 $|0\rangle$ 和 $|1\rangle$ 的概率。这使得每个量子比特可表示的信息比经典位多得多，量子比特能利用不同的量子叠加态记录不同的信息，在同一位置上可拥有不同的信息。

量子态可用矩阵的形式表示。

一对量子比特 $|0\rangle \equiv \begin{pmatrix} 1 \\ 0 \end{pmatrix}$ 和 $|1\rangle \equiv \begin{pmatrix} 0 \\ 1 \end{pmatrix}$ 能够组成 4 个不重复的量子比特对 $|00\rangle$、$|01\rangle$、$|10\rangle$、$|11\rangle$，它们张量积的矩阵表示如下：

$$|00\rangle \equiv |0\rangle \otimes |0\rangle = \begin{pmatrix} 1 \\ 0 \end{pmatrix} \otimes \begin{pmatrix} 1 \\ 0 \end{pmatrix} = \begin{pmatrix} 1 \times \begin{pmatrix} 1 \\ 0 \end{pmatrix} \\ 0 \times \begin{pmatrix} 1 \\ 0 \end{pmatrix} \end{pmatrix} = \begin{pmatrix} 1 \\ 0 \\ 0 \\ 0 \end{pmatrix}$$

$$|01\rangle \equiv |0\rangle \otimes |1\rangle = \begin{pmatrix} 1 \\ 0 \end{pmatrix} \otimes \begin{pmatrix} 0 \\ 1 \end{pmatrix} = \begin{pmatrix} 1 \times \begin{pmatrix} 0 \\ 1 \end{pmatrix} \\ 0 \times \begin{pmatrix} 0 \\ 1 \end{pmatrix} \end{pmatrix} = \begin{pmatrix} 0 \\ 1 \\ 0 \\ 0 \end{pmatrix}$$

$$|10\rangle \equiv |1\rangle \otimes |0\rangle = \begin{pmatrix} 0 \\ 1 \end{pmatrix} \otimes \begin{pmatrix} 1 \\ 0 \end{pmatrix} = \begin{pmatrix} 0 \times \begin{pmatrix} 1 \\ 0 \end{pmatrix} \\ 1 \times \begin{pmatrix} 1 \\ 0 \end{pmatrix} \end{pmatrix} = \begin{pmatrix} 0 \\ 0 \\ 1 \\ 0 \end{pmatrix}$$

$$|11\rangle \equiv |1\rangle \otimes |1\rangle = \begin{pmatrix} 0 \\ 1 \end{pmatrix} \otimes \begin{pmatrix} 0 \\ 1 \end{pmatrix} = \begin{pmatrix} 0 \times \begin{pmatrix} 0 \\ 1 \end{pmatrix} \\ 1 \times \begin{pmatrix} 0 \\ 1 \end{pmatrix} \end{pmatrix} = \begin{pmatrix} 0 \\ 0 \\ 0 \\ 1 \end{pmatrix}$$

很显然，集合 $\{|00\rangle, |01\rangle, |10\rangle, |11\rangle\}$ 是四维向量空间的生成集合。

由于量子状态具有可叠加的物理特性，因此描述量子信息的量子比特使用二维复数向量的形式表示量子信息的模拟特性。与只能取 0 和 1 的经典比特不同，理论上告诉我们量子比特可以取无限多个值。

2）量子比特的测定

对于量子比特来说，给定一个量子比特 $|\varphi\rangle = \alpha|0\rangle + \beta|1\rangle$，通常不可能正确地知道 α 和 β 的值。通过一个被称为测定或观测的过程，可以把一个量子比特的状态以概率幅（概率区域）的方式变换成经典比特信息，即 $|\varphi\rangle$ 以概率 $|\alpha|^2$ 取值 bit0、以概率 $|\beta|^2$ 取值 bit1。特别当 $\alpha=1$ 时 $|\varphi\rangle$ 取值 0 的概率为 1，当 $\beta=1$ 时 $|\varphi\rangle$ 取值 1 的概率为 1。在这样的情况下，量

子比特的行为与 bit 完全一致。从这个意义上来说，量子比特包含了经典比特，是信息状态的更一般性表示。

3）量子门

在量子计算中，某些逻辑变换功能是通过对量子比特状态进行一系列的幺正变换来实现的。而在一定时间间隔内实现逻辑变换的量子装置称为量子门，它是在物理上实现量子计算的基础。

经典计算机中，信息的处理是通过逻辑门进行的，量子门的作用与逻辑电路门类似，量子寄存器中的量子态则是通过量子门的作用进行操作的。量子门可以由作用于希尔伯特空间中的矩阵描述。由于量子态可以叠加的物理特性，量子门对希尔伯特空间中量子状态的作用将同时作用于所有基态上。描述逻辑门的矩阵 U 都是幺正矩阵，也就是说 $U^*U=I$，这里的 U^* 是 U 的伴随矩阵，I 是单位矩阵。幺正性约束是量子逻辑门唯一的约束。任何一个幺正矩阵都可以指定为有效的量子逻辑门。根据量子计算理论，人们只要能完成单比特的量子操作和两比特的控制非门操作，就可以构建对量子系统的任一幺正操作。量子门按照其作用的量子位数目的不同分为一位门、二位门、三位门、多位门。

量子信息输入到量子门、经过量子门的操作等价于量子信息与逻辑门矩阵 U 的乘积。

有趣的是，与经典信息理论中的比特逻辑门的情况对照，经典信息理论中非平凡单一比特逻辑门仅有一个，即非门，而量子信息理论中有许多非平凡单一量子比特逻辑门。

（1）一位门

常见的一位门（单比特量子门）主要有量子非门（X）、Hadamard 门（H）和相移门（Φ）。在基矢 $\left\{ |0\rangle = \begin{pmatrix} 1 \\ 0 \end{pmatrix}, |1\rangle = \begin{pmatrix} 0 \\ 1 \end{pmatrix} \right\}$ 下，可以用矩阵语言来表示上面几个常见的典型一位量子门，见表 10-2。

表 10-2　典型一位量子门

量子门名称	功　能	矩　阵　表　示	输　入	输　出
量子非门（X）	对一个量子位的态进行"非"变换	$X=|0\rangle\langle 1|+|1\rangle\langle 0| = \begin{bmatrix} 0 & 1 \\ 1 & 0 \end{bmatrix}$	$|0\rangle$ $|1\rangle$	$|1\rangle$ $|0\rangle$
Hadamard 门（H）	相当于将 $|0\rangle$ 态顺时针旋转 45°，将 1 态逆时针旋转 45°	$H=\dfrac{1}{\sqrt{2}}\begin{bmatrix} 1 & 1 \\ 1 & -1 \end{bmatrix}$	$|0\rangle$ $|1\rangle$	$\dfrac{1}{\sqrt{2}}|0\rangle + \dfrac{1}{\sqrt{2}}|1\rangle$ $\dfrac{1}{\sqrt{2}}|0\rangle - \dfrac{1}{\sqrt{2}}|1\rangle$
相移门（Φ）	使 $|x\rangle$ 旋转一个角度	$\Phi=\begin{bmatrix} 1 & 0 \\ 0 & e^{i\varphi} \end{bmatrix}$	$|0\rangle$ $|1\rangle$	$|0\rangle$ $e^{i\varphi}|1\rangle$

一位量子信息输入到一位门，量子信息与逻辑门矩阵的乘积等价于表的右列。

（2）二位门

量子"异或"门是最常用的二位门（二比特量子门）之一，其中的两个量子位分别为控制位 $|x\rangle$ 与目标位 $|y\rangle$。其特征在于：控制位 $|x\rangle$ 不随门的操作而改变，当控制位 $|x\rangle$ 为 $|0\rangle$ 时，它不改变目标位 $|y\rangle$；当控制位 $|x\rangle$ 为 $|1\rangle$ 时，它将翻转目标位 $|y\rangle$，所以量子异或门又可称为量子受控非门。在两量子位的基矢下，

$$
|00\rangle \equiv |0\rangle \otimes |0\rangle = \begin{pmatrix} 1 \\ 0 \\ 0 \\ 0 \end{pmatrix}, \quad |01\rangle \equiv |0\rangle \otimes |1\rangle = \begin{pmatrix} 0 \\ 1 \\ 0 \\ 0 \end{pmatrix}, \quad |10\rangle \equiv |1\rangle \otimes |0\rangle = \begin{pmatrix} 0 \\ 0 \\ 1 \\ 0 \end{pmatrix}, \quad |11\rangle \equiv |1\rangle \otimes |1\rangle = \begin{pmatrix} 0 \\ 0 \\ 0 \\ 1 \end{pmatrix} 。
$$

用矩阵表示为：

$$
\boldsymbol{C}_{\text{not}} = \begin{pmatrix} 1 & 0 & 0 & 0 \\ 0 & 1 & 0 & 0 \\ 0 & 0 & 0 & 1 \\ 0 & 0 & 1 & 0 \end{pmatrix}
$$

两个量子位信息输入到二位门，量子信息与逻辑门矩阵 $\boldsymbol{C}_{\text{not}}$ 的乘积，量子态转换关系为 $|00\rangle \rightarrow |00\rangle$，$|01\rangle \rightarrow |01\rangle$，$|10\rangle \rightarrow |11\rangle$，$|11\rangle \rightarrow |10\rangle$。量子受控非门真值见表 10-3。

表 10-3　量子受控非门真值表

输　　　入		输　　出
控制位 $|x\rangle$	目标位 $|y\rangle$	目标位输出
$|0\rangle$	$|0\rangle$ $|1\rangle$	$|0\rangle$ $|1\rangle$
$|1\rangle$	$|0\rangle$ $|1\rangle$	$|1\rangle$ $|0\rangle$

不难发现，量子"异或"门是幺正矩阵，也是厄米矩阵，量子受控非门的逻辑表示如图 10-1 所示。

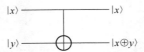

图 10-1　量子受控非门的逻辑表示

（3）三位门

三位门中常用的是量子"与"门，它有三个输入端 $|x\rangle$、$|y\rangle$、$|z\rangle$。两个输入量子位 $|x\rangle$ 和 $|y\rangle$（控制位）控制第三个量子位 $|z\rangle$（目标位）的状态，两控制位 $|x\rangle$ 和 $|y\rangle$ 不随门操作而改变。当两控制位 $|x\rangle$ 和 $|y\rangle$ 同时为 $|1\rangle$ 时目标位 $|z\rangle$ 改变；否则，保持不变。用矩阵表示为：

$$
\boldsymbol{CC}_{\text{not}} = \begin{pmatrix} 1 & 0 & 0 & 0 & 0 & 0 & 0 & 0 \\ 0 & 1 & 0 & 0 & 0 & 0 & 0 & 0 \\ 0 & 0 & 1 & 0 & 0 & 0 & 0 & 0 \\ 0 & 0 & 0 & 1 & 0 & 0 & 0 & 0 \\ 0 & 0 & 0 & 0 & 1 & 0 & 0 & 0 \\ 0 & 0 & 0 & 0 & 0 & 1 & 0 & 0 \\ 0 & 0 & 0 & 0 & 0 & 0 & 1 & 0 \\ 0 & 0 & 0 & 0 & 0 & 0 & 0 & 1 \end{pmatrix}
$$

两个量子位信息输入到二位门，量子信息与逻辑门矩阵 CC_{not} 的乘积，量子态转换关系为：

$|000\rangle \to |000\rangle$，$|001\rangle \to |001\rangle$，$|010\rangle \to |010\rangle$，$|011\rangle \to |011\rangle$，$|100\rangle \to |100\rangle$，$|101\rangle \to |101\rangle$，$|110\rangle \to |111\rangle$，$|111\rangle \to |110\rangle$。量子受控非门真值见表 10-4。

表 10-4　量子受控非门真值

输　　　入			输　　出
控制位 $|x\rangle$	控制位 $|y\rangle$	目标位 $|z\rangle$	目标位输出
$|0\rangle$	$|0\rangle$	$|0\rangle$	$|0\rangle$
$|0\rangle$	$|1\rangle$	$|0\rangle$	$|0\rangle$
$|1\rangle$	$|0\rangle$	$|0\rangle$	$|0\rangle$
$|1\rangle$	$|1\rangle$	$|0\rangle$	$|1\rangle$
$|0\rangle$	$|0\rangle$	$|1\rangle$	$|1\rangle$
$|0\rangle$	$|1\rangle$	$|1\rangle$	$|1\rangle$
$|1\rangle$	$|0\rangle$	$|1\rangle$	$|1\rangle$
$|1\rangle$	$|1\rangle$	$|0\rangle$	$|1\rangle$

因为只有当 $|x\rangle$ 和 $|y\rangle$ 同时为 $|1\rangle$ 时，$|z\rangle$ 才变为相反的态，所以又称"受控非"门。由于 Toffoli 曾证明该量子与门具有经典计算通用性这个重要特性，所以该门又称 Toffoli 门。量子与门的逻辑表示如图 10-2 所示，显然若令 $|z\rangle$ 为 $|0\rangle$，Toffoli 门就实现了"与"的功能。

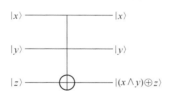

图 10-2　量子与门的逻辑表示

4）量子态特性

微观粒子拥有的特性统称为量子态特性，包括量子态叠加性、量子态纠缠性、量子并行性、量子态不可克隆性等。

（1）量子态叠加性

量子的叠加性源于微观粒子"波粒二象性"的波动"相干叠加性"（一个以上的信息状态累加在同一个微观粒子上的现象）。由于量子比特并不是确定地表示某一个状态，而是服从概率统计，以一定的概率呈现某一个状态。例如，状态 $|0\rangle$ 和 $|1\rangle$ 是两个相互独立的量子态，它们的任意线性叠加 $|\varphi\rangle = \alpha|0\rangle + \beta|1\rangle$ 也是某一时刻的一个量子态，而系数 α 与 β 绝对值的平方则描述系统分别处在 $|0\rangle$ 和 $|1\rangle$ 的概率。因此，一个量子比特可以连续地、随机地存在于状态 $|0\rangle$ 和 $|1\rangle$ 的任意叠加状态上。这使得每个量子比特可表示的信息比经典比特多得多，量子比特能利用不同的量子叠加态记录不同的信息，在同一位置上可拥有不同的信息。因此，可以同时输入或操作 N 个量子比特的叠加态，这是量子可以进行并行运算的前提。

（2）量子态纠缠性

量子纠缠态指的是，若复合系统的一个纯态不能写成两个子系统纯态的直积，就称为纠缠态。

例如，有一个量子叠加状态：

$$\frac{1}{\sqrt{2}}|00\rangle + \frac{1}{\sqrt{2}}|10\rangle = \frac{1}{\sqrt{2}}|0\rangle|0\rangle + \frac{1}{\sqrt{2}}|1\rangle|0\rangle$$

由于其最后一位量子比特都是 $|0\rangle$，因此能将其写成两个量子比特 $\frac{1}{\sqrt{2}}|0\rangle + \frac{1}{\sqrt{2}}|1\rangle$ 与 $|0\rangle$ 的乘积 $\left(\frac{1}{\sqrt{2}}|0\rangle + \frac{1}{\sqrt{2}}|1\rangle\right)|0\rangle$。但是，对于叠加状态 $\frac{1}{\sqrt{2}}|01\rangle + \frac{1}{\sqrt{2}}|10\rangle$，无论采用什么方法都无法写成两个量子比特的乘积。这个叠加状态就称为量子纠缠状态。

再看下列的叠加状态：$\frac{1}{2}(|010\rangle + |011\rangle + |100\rangle + |101\rangle)$，能将其写成如下的乘积形式：$\left(\frac{1}{\sqrt{2}}|01\rangle + \frac{1}{\sqrt{2}}|10\rangle\right)\left(\frac{1}{\sqrt{2}}|0\rangle + \frac{1}{\sqrt{2}}|1\rangle\right)$。但乘积左因子的最初两位量子比特是纠缠状态，所以这个叠加状态也是纠缠状态。

两个粒子若处于纠缠态，则每个粒子状态不能单独表示出来，彼此关联，量子态是两个粒子共有的状态，对量子位的某几位进行操作，不但会改变这些量子位的状态，还会改变与其相纠缠的其他量子位的状态。这说明一个处于纠缠态的完整量子系统的一些确定态和子系统的确定态并不对应，各子系统之间存有关联。量子纠缠现象是量子力学特有的不同于经典力学的最奇特现象，也是量子信息理论中特有的概念，是实现信息高速的不可破译通信的理论基础。

（3）量子并行性

量子门的作用与逻辑电路门类似，量子寄存器中的量子态则是通过量子门的作用进行操作的。量子门可以由作用于希尔伯特空间中的矩阵描述。由于量子态可以叠加的物理特性，量子门对希尔伯特空间中量子状态的作用将同时作用于所有基态上。对应到 m 位量子计算机模型中，相当于同时对 2^m 个数进行运算，这就是量子并行性。

（4）量子态不可克隆性

克隆是指原来的量子态不被改变，而在另一个系统中产生一个完全相同的量子。克隆不同于量子态传输，传输是指量子态从原来的系统中消失，而在另一个系统中出现。量子态不能克隆是量子力学理论的一个直接结果。由于量子态具有叠加性，因此单次测量是不能完全得知一个量子态的。

在一次测量量子态的过程中，可得到它的本征值，由于该次测量中此量子状态已坍缩，不可能对它再进行重复测量。所以不可能在另外一次完全复制中得到它的相同本征值，即一个位置的量子态不能被完全复制。因此，如果 $|\alpha\rangle$ 和 $|\beta\rangle$ 是两个不同的非正交态，不存在一个物理过程可以做出 $|\alpha\rangle$ 和 $|\beta\rangle$ 两者的完全复制。量子不可克隆定理是信息理论的重要基础，它为量子密码的安全性提供了理论保障。

通过上面对量子计算的基础理论，包括量子的特性、观测、操作等内容的介绍，相信读者已经对量子计算的相关知识有了大体的认知。后面我们会介绍在遗传算法的框架中引入量子机制，从而形成的新型算法——量子遗传算法。

10.2　量子进化算法

为了使多种智能算法优势互补，遵循"组合优化"的思想，对不同智能优化算法进行融合是一个重要的研究思路。利用量子计算的特点和优势，将量子算法与经典算法相结合，通过对经典算法进行相应调整，使得其具有量子理论的优点，从而成为更有效的算法。例如，量子计算智能（Quantum Computational Intelligence，QCI）结合了量子计算和传统智能计算各自的优势，为计算智能的研究另辟蹊径，有效利用量子理论的原理和概念，在应用中会取得明显优于传统智能计算模型的结果，具有很高的理论价值和发展潜力。

量子进化算法（Quantum-inspired Evolutionary Algorithm，QEA）是将量子计算与进化计算相结合的一种崭新的优化方法。1996 年 Narayanan 和 Moore 等人开创了量子计算与进化计算融合的研究方向，提出了量子衍生遗传算法（Quantum Inspired Genetic Algorithm，QIGA），将量子多宇宙的概念引入遗传算法，并成功地用它解决了旅行商问题。K. H. Han 等人将量子的态矢量表达引入遗传编码，利用量子旋转门实现染色体基因的调整，提出了一种量子遗传算法（Quantum Genetic Algorithm，QGA），该方法给出了一种基因调整策略。K. H. Han 等人在遗传量子算法的基础上，引入了种群迁移机制，并把算法更名为量子衍生进化算法。

目前，量子进化算法（QEA）的融合点主要集中在种群编码方式和进化策略的构造上，与传统的进化算法相比，它最大的优点是具有更好的保持种群多样性的能力。种群编码方式的本质是利用量子计算的一些概念和理论，如量子位、量子叠加态等构造染色体编码，这种编码方式可以使一个量子染色体同时表征多个状态的信息，隐含着强大的并行性，并且能够保持种群多样性；以当前最优个体的信息为引导，通过量子门作用和量子门更新来完成进化搜索。在量子进化算法中，个体用量子位的概率幅编码，利用基于量子门的量子位相位旋转实现个体进化，用量子非门实现个体变异以增加种群的多样性。与传统的进化算法相比，量子进化算法能够在探索与开发之间取得平衡，具有种群规模小而不影响算法性能、同时兼有"勘探"和"开采"的能力、收敛速度快和全局寻优能力强的特点。

在本章中，首先介绍量子计算中的相关概念和理论，然后介绍量子进化算法体系中的量子遗传算法，通过与传统进化算法进行比较，体会量子计算的特点和优势。

10.3　量子遗传算法

1. 基本原理

遗传算法（Genetic Algorithm，GA）是一种模仿自然界中生物种群不断适应环境，个体彼此之间相互作用，并通过优胜劣汰的自然选择，使种群整体不断进化的过程，从而实现某些问题的求解、优化等目的的智能算法，充分体现了群体智能的特点和优势。然而，由于自然进化和生命现象的不可知性，遗传算法也有自己的不足，遗传算法依据概率产生信息交互和随机搜索机制，不可避免存在概率算法的缺陷，导致收敛过慢或易陷入局部最优等问题。为了保证算法的全局收敛性，就需要维持种群中个体的多样性，避免有效基因的缺失；为了加快收敛速度，又需要减少种群的多样性。因此遗传算法的进化过程同时也是一个追求群体的收敛性和个体的多样性之间平衡的过程。为了使多种智能算法优势互补，遵循"组合优化"的思想，对不同智能优化算法进行融合是一个重要的研究方向。

量子计算具有天然的并行性，极大地加快了对海量信息处理的速度，使得大规模复杂问题能够在有限的指定时间内完成。利用量子计算的这一思想，将量子算法与经典算法相结合，通过对经典表示方法进行相应的调整，使得其具有量子理论的优点，从而成为更有效的算法。

量子遗传算法是在传统的遗传算法中引入量子计算的概念和机制后形成的新型算法。目前，融合点主要集中在种群编码方式和进化策略的构造上。种群编码方式的本质是利用量子计算的一些概念和理论，如量子位、量子叠加态等构造染色体编码，这种编码方式可以使一个量子染色体同时表征多个状态的信息，隐含着强大的并行性，并且能够保持种群多样性和避免选择压力，以当前最优个体的信息为引导，通过量子门作用和量子门更新来完成进化搜索。在量子遗传算法中，个体用量子位的概率幅编码，利用基于量子门的量子位相位旋转实现个体进化，用量子非门实现个体变异以增加种群的多样性。

与传统的遗传算法一样，量子遗传算法中也包括个体种群的构造、适应度值的计算、个体的改变，以及种群的更新。而与传统遗传算法不同的是，量子遗传算法中的个体是包含多个量子位的量子染色体，具有叠加性、纠缠性等特性，一个量子染色体可呈现多个不同状态的叠加。量子染色体利用量子旋转门或量子非门等变异机制实现更新，并获得丰富的种群多样性。通过不断的迭代，每个量子位的叠加态将坍缩到一个确定的态，从而达到稳定，趋于收敛。量子遗传算法就是通过这样的方式，不断进行探索、进化，最后达到寻优的目的的。

2. 基本流程

量子遗传算法的算法步骤可描述如下。

① 给定算法参数，包括种群大小、最大迭代次数、交叉概率、变异概率。

② 种群初始化。

初始化 N 条染色体 $P(t)=(X_1^t, X_2^t, \cdots, X_N^t)$，将每条染色体 X_i^t 的每一个基因用二进制表示，每一个二进制位对应一个量子位，设每个染色体有 m 个量子位，$X_i^t=(x_{i1}^t, x_{i2}^t, \cdots, x_{im}^t)$ $(i=1, 2, \cdots, N)$ 为一个长度为 m 的二进制串，有 m 个观察角度 $Q_i^t=(\varphi_{i1}^t, \varphi_{i2}^t, \cdots, \varphi_{im}^t)$，其值决定量子位的观测概率 $|\alpha_i^t|^2$ 或 $|\beta_i^t|^2(i=1,2,\cdots,m)$，$\begin{pmatrix} \alpha_i \\ \beta_i \end{pmatrix}=\begin{pmatrix} \cos(\varphi) \\ \sin(\varphi) \end{pmatrix}$，通过观察角度 $Q(t)$ 的状态来生成二进制解集 $P(t)$。初始化使所有量子染色体的每个量子位的观察角度 $\varphi_{ij}^0=\pi/4$，其中 $i=1, 2, \cdots, N, j=1, 2, \cdots, m$。概率幅都初始化为 $1/\sqrt{2}$，它表示在 $t=0$ 代，每条染色体以相同的概率 $1/\sqrt{2^m}$ 处于所有可能状态的线性叠加态之中，即 $|\psi_{q_j}^0\rangle=\sum_{k=1}^{2^m} \frac{1}{\sqrt{2^m}} |s_k\rangle$。其中，$s_k$ 是由二进制串 $(x_1, x_2, \cdots, x_m)$ 描述的第 k 个状态。

③ 计算 $P(t)$ 中每个解的适应度，存储最优解。

④ 开始进入迭代。

⑤ 量子旋转门操作。

量子旋转门操作是以当前最优解为引导的旋转角度作为量子染色体变异的表现，通过观测最优个体和当前个体相应量子位所处状态，并比较它们的适应度值，来确定其旋转角度的变化方向和大小。量子门可根据实际问题具体设计，令 $U(\Delta\theta) = \begin{bmatrix} \cos(\Delta\theta) & -\sin(\Delta\theta) \\ \sin(\Delta\theta) & \cos(\Delta\theta) \end{bmatrix}$ 表示量子旋转门，设 φ 为原量子位的幅角，旋转后的角度调整操作为：

$$\begin{pmatrix} \alpha'_i \\ \beta'_i \end{pmatrix} = \begin{pmatrix} \cos(\Delta\theta) & -\sin(\Delta\theta) \\ \sin(\Delta\theta) & \cos(\Delta\theta) \end{pmatrix} \begin{pmatrix} \alpha_i \\ \beta_i \end{pmatrix} = \begin{pmatrix} \cos(\varphi+\Delta\theta) \\ \sin(\varphi+\Delta\theta) \end{pmatrix}$$

式中，$\begin{pmatrix} \alpha_i \\ \beta_i \end{pmatrix} = \begin{pmatrix} \cos(\varphi) \\ \sin(\varphi) \end{pmatrix}$，为染色体中第 i 个量子位，且 $\alpha_i^2 + \beta_i^2 = 1$，$\Delta\theta$ 为旋转角度。

⑥ 通过量子非门进行变异操作，更新 $P(t)$。

为避免陷入早熟和局部极值，在此基础上进一步采用量子非门实现染色体变异操作，这样能够保持种群多样性和避免选择压力。

⑦ 通过观察角度 $Q(t)$ 的状态来生成二进制解集 $P(t)$，即对于每一个比特位，产生一个 $[0, 1]$ 之间的随机数 r。比较 r 与观测概率 $|\alpha'_i|^2$ 的大小，如果 $r < |\alpha'_i|^2$，则令该比特位值为 1；否则，令其为 0。

⑧ 计算 $P(t)$ 的适应度值，最后选择 $P(t)$ 中的当前最优解，若该最优解优于目前存储的最优解，则用该最优解替换存储的最优解，更新全局最优解。

⑨ 判断是否达到最大迭代次数，如果是，则跳出循环，输出最优解；否则，转到步骤⑤，继续执行。

算法可用图 10-3 所示的量子遗传算法流程图更为直观地描述。

3. 量子遗传算法的构成要素

1）量子染色体

量子遗传算法（QGA）是在遗传算法（GA）的框架中引入量子计算的方法而形成的新型智能算法，与遗传算法类似，也是一种概率搜索算法，拥有可不断迭代进化的种群，并以染色体作为信息载体。种群中的每条染色体构成了算法的基础，因此染色体的构造也是应用此类算法的首要问题。

传统进化算法的染色体往往直接利用问题参数的实际值本身来进行优化计算，并采用二进制编码、十进制编码、符号编码等编码形式（如遗传算法多采用二进制编码），将问题的解空间转换成所能处理的搜索空间，来构造每个染色体的基因结构。

而量子染色体与传统进化算法不同，它不直接包含问题解，而是引入量子计算中的量子位，采用基于量子位的编码方式构造量子染色体，以概率幅的形式来表示某种状态的信息。一个量子位可由其概率幅定义为 $\begin{bmatrix} \alpha \\ \beta \end{bmatrix}$，同理，$m$ 个量子位可定义为 $\begin{bmatrix} \alpha_1 & \alpha_2 & \cdots & \alpha_m \\ \beta_1 & \beta_2 & \cdots & \beta_m \end{bmatrix}$，其中 $|\alpha_i|^2 + |\beta_i|^2 = 1$，$i = 1, 2, \cdots, m$。因此，染色体种群中第 t 代的个体 X_j^t 可表示为 $X_j^t = \begin{bmatrix} \alpha_1^t & \alpha_2^t & \cdots & \alpha_m^t \\ \beta_1^t & \beta_2^t & \cdots & \beta_m^t \end{bmatrix}$（$j = 1, 2, \cdots, N$），其中 N 为种群大小，t 为进化代数。

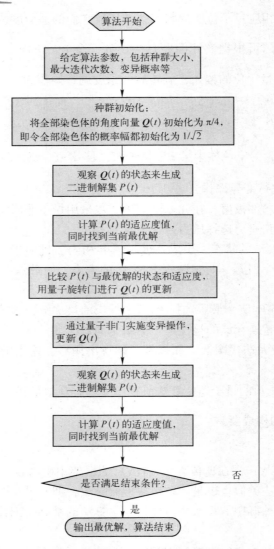

图 10-3 量子遗传算法流程图

　　量子比特具有叠加性，因此通过量子位的概率幅产生新个体使得每一个比特位上的状态不再是固定的信息，一个染色体不再仅对应于一个确定的状态，而变成了携带着不同叠加态的信息。由于这种性质，使得基于量子染色体编码的进化算法比传统进化算法具有更好的种群多样性。经过多次迭代，当某一个量子比特上的概率幅 $|\alpha|^2$ 或 $|\beta|^2$ 趋近于 0 或 1 时，这种不确定性产生的多样性将逐渐消失，最终坍缩到一个确定状态，从而使算法最终收敛。这就表明量子染色体同时具有探索和开发两种能力。

　　2）量子旋转门

　　如前所述，在量子理论中，各个量子状态之间的转移变换主要是通过量子门实现的。而量子门对量子比特的概率幅角度进行旋转，同样可以实现量子状态的改变。因此，在量子遗传算法中，使用量子旋转门来实现量子染色体的变异操作。同时，由于在角度旋转时考虑了最优个体的信息，因此，在最优个体信息的指导下，可以使种群更好地趋向最优解，从而加快了算法收敛。在 0、1 编码的问题中，令 $\boldsymbol{U}(\Delta\theta)=\begin{bmatrix}\cos(\Delta\theta) & -\sin(\Delta\theta)\\ \sin(\Delta\theta) & \cos(\Delta\theta)\end{bmatrix}$ 表示量子旋转门，旋转变异的角度 θ 可由表 10-5 得到。

表 10-5　变异角 θ（二值编码）

旋转角度				旋转角度符号 $s(\alpha_i\beta_i)$			
x_i	x_i^{best}	$f(\boldsymbol{X}) \geqslant f(\boldsymbol{X}^{\text{best}})$	$\Delta\theta_i$	$\alpha_i\beta_i>0$	$\alpha_i\beta_i<0$	$\alpha_i=0$	$\beta_i=0$
0	0	假	0	0	0	0	0
0	0	真	0	0	0	0	0
0	1	假	0	0	0	0	0
0	1	真	0.05π	-1	$+1$	±1	0
1	0	假	0.01π	-1	$+1$	±1	0
1	0	真	0.025π	$+1$	-1	0	±1
1	1	假	0.005π	$+1$	-1	0	±1
1	1	真	0.025π	$+1$	-1	0	±1

表中，x_i 为当前量子染色体的第 i 位，x_i^{best} 为当前最优染色体的第 i 位，均为观测态；$f(\boldsymbol{X})$ 为适应度函数，$\Delta\theta_i$ 为旋转角度的大小，控制算法收敛的速度，取值太小将造成收敛速度过慢，取值太大则可能会使结果发散，或"早熟"收敛到局部最优解，$\Delta\theta_i$ 取值可固定也可自适应地调整大小；α_i、β_i 为当前染色体第 i 位量子位的概率幅；$s(\alpha_i\beta_i)$ 为旋转角度的方向，保证算法的收敛。

为什么这种旋转量子门能够保证算法很快收敛到具有更高适应度的染色体呢？下面画一个直观的图来说明量子旋转门的构造。

如当 $x_i=0$，$x_i^{\text{best}}=1$，$f(\boldsymbol{X})>f(\boldsymbol{X}_i^{\text{best}})$ 时，为使当前解收敛到一个具有更高适应度的染色体，应增大当前解取 0 的概率，即要使 $|\alpha_i'|^2$ 变大，如果（$\alpha_i\beta_i$）在第一、三象限，θ 应向顺时针方向旋转 0.05π；如果（$\alpha_i\beta_i$）在第二、四象限，θ 应向逆时针方向旋转 0.05π，量子旋转门示意图如图 10-4 所示。上面所述的旋转变换仅是量子变换中的一种，针对不同的问题可以采用不同的量子变换，也可以根据需要设计自己的幺正变换。对于非二进制编码问题，则要构造不同的观察方式，而变异角度的产生与此类似，这里不再详细讨论。

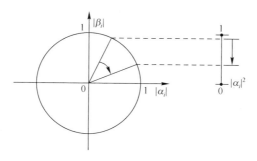

图 10-4　量子旋转门示意图

3）量子非门变异

采用量子非门实现染色体变异，首先从种群中随机选择出需要实施变异操作的量子染色体，并在这些量子染色体的若干量子比特上实施变异操作。假设 $\begin{bmatrix} \alpha_i \\ \beta_i \end{bmatrix}$ 为该染色体的第 i 个量子位，使用量子非门实施变异操作的过程可描述为：

$$\begin{bmatrix} 0 & 1 \\ 1 & 0 \end{bmatrix} \begin{bmatrix} \alpha_i \\ \beta_i \end{bmatrix} = \begin{bmatrix} \beta_i \\ \alpha_i \end{bmatrix}$$

由上式可以看出，量子非门实施的变异操作，实质上是量子位的两个概率幅互换，由于更改了该量子比特态叠加的状态，使其由原来倾向于坍缩到状态"1"变为倾向于坍缩到状态"0"，或者相反，因此起到了变异的作用。显然，该变异操作对染色体的所有叠加态具有相同的作用。

从另一个角度看，这种变异同样是对量子位幅角的一种旋转：如设某一量子位幅角为 q，则变异后的幅角为 $(\pi/2)-q$，即幅角正向旋转了 $\pi/2$。这种旋转不与当前最佳染色体比较，一律正向旋转，有助于增加种群的多样性，降低"早熟"收敛的概率。

4. 量子遗传算法群体智能搜索策略分析

1）个体行为及个体之间信息交互方法分析

量子遗传算法基于量子态矢量表示个体信息。由于每一个量子染色体可以表示多个量子态的叠加，因此，采用量子位编码的进化算法比传统进化算法具有更好的种群多样性，即使选用一个较小规模的量子群体，也不影响算法的性能。

对于量子遗传算法，尽管传统的交叉、变异算子也能改变量子染色体中线性叠加态的观测概率，但由于量子染色体的叠加态本身带来了更为丰富的种群多样性，并且若使用的交叉概率和变异概率较高时，量子遗传算法的性能反而会显著下降。因此在量子遗传算法中不需要传统的交叉、变异等遗传算子，对量子染色体采用量子旋转门、量子非门实现染色体变异操作。

在量子遗传算法中，进化操作是通过量子门来实现的。在量子理论中，各个状态间的转移是通过量子门变换矩阵来实现的。量子旋转门操作是以当前最优解为引导的旋转角度作为量子染色体变异的表现，通过观测最优个体和当前个体相应量子比特所处状态，以及比较它们的适应度值，来确定其旋转角度的变化方向和大小的。由于旋转角度与量子染色体各比特位的概率幅相关联，从而实现了量子染色体各比特位的变异产生新的个体。由于量子旋转门驱动的搜索过程是最优个体信息的驱动向最优解逼近的过程，引导了种群进化的方向，使得种群以大概率向着优良区域进化，同时加快算法的收敛速度。为避免陷入"早熟"和局部极值，在此基础上进一步采用量子非门实现染色体变异操作，这样能保持种群多样性和避免选择压力。

2）群体进化分析

进化算法对个体进行交叉和变异产生新个体，并通过选择算子依据适应度值选择优秀个体，组成下一代的种群，从而实现群体更新。各种进化算子完成了种群的多样性扩充，规定了进化的方向，体现了"适者生存"的生物进化机制。

而在量子遗传算法中，不使用传统遗传算子的交叉、选择算子，仅通过量子旋转门、量子非门进行群体更新，也不执行择优选择的操作，而是通过最优个体信息的引入，使得每一个量子染色体都向着最优解所对应的幅角进行旋转，从而更新种群，令种群整体趋向更优。量子遗传算法具有较高的搜索效率、广泛的适应性和迅速的收敛性。

　　每个量子位都是由其自身及当前最优解所决定的，这种机制看起来可能由于每个个体都趋向最优个体，使得种群多样性下降，种群分布密度偏高，从而容易导致"早熟"，陷入局部最优，但是由于量子染色体的叠加性带来的不确定性，产生了十分丰富的种群多样性，降低了算法"早熟"的可能。

10.4　量子遗传算法仿生计算在聚类分析中的应用

　　量子遗传算法出现得相对较晚，研究尚处于起步阶段，但量子遗传算法近几年来已成为新兴的研究热点，很多人对算法进行了研究改进，现在流行的进化算法种类很多，与量子进化计算结合就产生了混合量子进化算法，如免疫量子进化算法、量子克隆进化算法、量子模拟退火算法、量子粒子群进化算法等。为了更好地将量子遗传算法应用到实际的优化问题中，探索新的量子遗传算法是非常有必要的。本节以图像中不同物体的聚类分析为例，介绍用量子遗传算法解决聚类问题的实现方法。

1. 构造个体

　　对待聚类的 10 个样品编号，如图 10-5 所示，编号在每个样品的右上角，不同的样品编号不同，而且编号始终固定。

图 10-5　待聚类样品的编号

　　采用符号编码，位串长度 L 取 10 位，基因代表样品所属的类号（1～4），基因位的序号代表样品的编号，基因位的序号是固定的，也就是说某个样品在染色体中的位置是固定的，而每个样品所属的类别随时在变化。如果基因位为 n，则其对应第 n 个样品，而第 n 个基因位所指向的基因值代表第 n 个样品的归属类号。

每个个体包含一种分类方案。假设初始某个个体的染色体编码为（3，4，2，1，3，1，2，2，1，3），其含义为：第 3、7、8 个样品被分到第 2 类；第 1、5、10 个样品被分到第 3 类；第 4、6、9 个样品被分到第 1 类；第 2 个样品独自分到第 4 类。由于是随机初始化，这时还处于假设分类情况，不是最优解，初始某个个体的染色体编码见表 10-6。

表 10-6　初始某个个体的染色体编码

基因值（分类号）	3	4	2	1	3	1	2	2	1	3
基因位	1	2	3	4	5	6	7	8	9	10
样品编号	1	2	3	4	5	6	7	8	9	10

量子遗传算法找到的最优解如图 10-6 所示。量子遗传算法找到的最优染色体编码见表 10-7。通过样品值与基因值对照比较，会发现相同的数据被归为一类，分到相同的类号，而且全部正确。

图 10-6　量子遗传算法找到的最优解

表 10-7　量子遗传算法找到的最优染色体编码

基因值（分类号）	3	2	2	2	1	4	1	4	1	2
基因位	1	2	3	4	5	6	7	8	9	10
样品编号	1	2	3	4	5	6	7	8	9	10

2. 量子比特的构造

每个量子染色体是由若干个比特位构成的。每个量子比特有如下属性：相位角 $m\_pop(i).fai$，二进制编码值 $m\_pop(i).p$，相位角正（余）弦值 $m\_pop(i).q$。例如，假设有某个量子染色体，其构造见表 10-8。

表 10-8　量子遗传算法量子染色体编码

基因位	1		2		3		4		⋯
量子位	1	2	3	4	5	6	7	8	⋯
基因值 string	3（类）		2（类）		4（类）		1（类）		
量子位值 p	1	0	0	1	1	1	0	0	
相位角（初始值）fai	π/4	π/4	π/4	π/4	π/4	π/4	π/4	π/4	
余弦值 $q(1,:)$ 正弦值 $q(2,:)$	Cos(fai) Sin(fai)	Cos(fai) Sin(fai)	Cos(fai) Sin(fai)	Cos(fai) Sin(fai)	Cos(fai) Sin(fai)	Cos(fai) Sin(fai)	Cos(fai) Sin(fai)	Cos(fai) Sin(fai)	

3. 计算适应度

函数 Calfitness( ) 的结果为适应度值 m_pop(i).fitness，代表每个个体优劣的程度。其计算过程类似于遗传算法中适应度值的计算方法。计算公式如下：

$$\text{m\_pop}(i).\text{fitness} = \sum_{i=1}^{\text{centerNum}} \sum_{j=1}^{n_i} \| \boldsymbol{X}_j^{(i)} - \boldsymbol{C}_i \|^2 = \sum_{i=1}^{\text{centerNum}} D_i$$

式中，centerNum 为聚类类别总数，n_i 为属于第 i 类的样品总数，$\boldsymbol{X}_j^{(i)}$ 为属于第 i 类的第 j 个样品的特征值，$\boldsymbol{C}_i$ 为第 i 个类中心，其计算公式为 $\boldsymbol{C}_i = \dfrac{1}{n_i} \sum\limits_{k=1}^{n_i} \boldsymbol{X}_k^{(i)}$。

m_pop(i).fitness 越大，说明这种分类方法的误差越小，即其适应度值越大。

4. 量子旋转门

量子染色体是通过量子旋转门实现变异的，具体实现方法如下。

首先依据表 10-5，构造变异角查询表。

然后依据当前解的位值情况，以及当前解与最优解的适应度值情况，从表中查询，确定变异角的值 $\Delta\theta$。

最后将确定好的变异角与量子染色体相应比特位上的相位角相加，即 m_pop(i).fai(j)= m_pop(i).fai(j)+$\Delta\theta$，使相位角发生旋转改变，从而量子染色体发生变异。

5. 量子位值的确定

由于量子染色体具有叠加性，每个量子染色体可同时处于不同的不确定的量子态上。那么，如何从不确定的叠加态中确定其某一时刻的确定态呢？具体实现方法如下。

首先，依据某个染色体的每个量子位的相位角求得其弦值，设定 m_pop(i).q(1,j)= cos(m_pop(i).fai)，m_pop(i).q(2,j) = sin(m_pop(i).fai)。其关系为 (m_pop(i).q(1,j))^2+(m_pop(i).q(2,j))^2=1。

令 (m_pop(i).q(1,j))^2 作为该位取值为 1 的概率，而 (m_pop(i).q(2,j))^2 作为取值为 0 的概率。循环每一位，产生一个 [0，1] 的随机数 rand(i,j)，如果 rand(i,j) < (m_pop(i).q(1,j))^2，则该位取值为 1；否则，取值为 0。这样就可以确定该量子染色体的基因值。

6. 量子变异

使用量子非门变异，实质上还是使用量子旋转门，区别在于旋转角度是确定的，即正向旋转 90°。然后依据上面介绍的量子染色体相位角旋转的方法进行旋转。

7. 终止条件

经过多次的迭代，算法逐渐收敛，当达到规定的最大迭代次数时，迭代进化终止。

8. 实现步骤

① 设置相关参数。

初始化种群规模 popSize，从对话框得到用户输入的最大迭代次数 MaxIter 和聚类中心数 centerNum。

② 获得所有样品个数及特征。

③ 群体初始化，构造量子染色体。每个量子染色体包含以下属性：m_pop.fitness，适应度值；m_pop.string，染色体的基因值；m_pop.p，二进制编码值；m_pop.fai，相位角；m_pop.q，相位角的弦值。其中量子染色体各量子位的相位角均初始化为 45°，即 $\frac{\pi}{4}$。

④ 依据相位角 m_pop.fai，得到相位角弦值 m_pop.q，m_pop.$q(1,:)$ 为 cos（m_pop.fai），m_pop.$(2,:)$ 为 sin(m_pop.fai)。

⑤ 对每个量子染色体的每个量子位产生一个 [0，1] 的随机数 rand(i,j)，比较 rand(i,j) 与 m_pop(i).$q(1,j)$ 的平方值，如果 rand(i,j)<（m_pop(i).$q(1,j)$)^2，则令 m_pop(i).$p(1,j)$ 值为 1；否则，m_pop(i).$p(1,j)$ 值为 0。

⑥ 将二进制染色体解码，获得十进制的解值 m_pop(i).string。

⑦ 个体更新。

➤ 量子旋转门：在量子染色体每个量子位上的相位角上加一个变异角，m_pop(i).fai(j)= m_pop(i).fai(j)+$\Delta\theta$，使相位角发生旋转，从而使概率幅发生改变，最终改变位值（变异角值可依据表 10-5 得到）。

➤ 量子非门：依据变异概率，对量子染色体部分量子比特的相位角进行 $\frac{\pi}{2}$ 的旋转。

⑧ 依据步骤④～⑥的方法，得到更新后的解值 m_pop(i).string。

⑨ 计算适应度值 m_pop(i).fitness，并调用 FindBest() 函数记录最佳个体。

⑩ 若已经达到最大迭代次数，则退出循环，将总的最优个体的染色体解码，返回各个样品的类别号；否则，回到第⑦步"个体更新"继续运行。

量子遗传算法执行流程图如图 10-7 所示。

9. 编程代码

```
%%%%%%%%%%%%%%%%%%%%%%%%%%%%%%%%%%%%%%%%%
%函数名称:C_QGA()
```

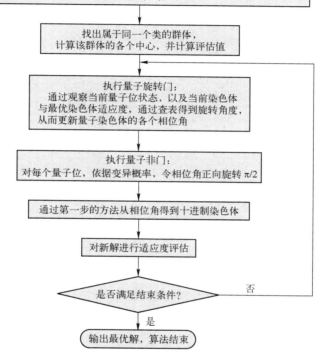

图 10-7　量子遗传算法执行流程图

%参数:m_pattern,样品特征库;patternNum,样品数目

%返回值:m_pattern,样品特征库

%函数功能:按照遗传算法对全体样品进行聚类

%%%%%%%%%%%%%%%%%%%%%%%%%%%%%%%%%%%%

function [m_pattern] = C_QGA(m_pattern,patternNum)

popSize = 100;%种群大小

pm = 0.05;

%初始化种群结构

disType = DisSelDlg();%获得距离计算类型

[centerNum MaxGeneration] = InputClassDlg();%获得类中心数和最大迭代次数

%计算二进制码长

flag = 1;

num = 1;

```
while flag
    if centerNum>2^num
        num=num+1;
    else
        flag=0;
    end
end
%初始化染色体
for i=1:popSize
    m_pop(i).string=zeros(1,patternNum);%个体位串
    m_pop(i).p=zeros(1,patternNum * num);%用于存储二进制编码
    m_pop(i).fai=pi/4 * ones(1,patternNum * num);%相位角
    m_pop(i).q=zeros(2,patternNum * num);
    m_pop(i).fitness=0;%适应度
end
for i=1:popSize
    for j=1:patternNum * num
        m_pop(i).q(1,j)=cos(m_pop(i).fai(1,j));    %q(1,:)为 cos 值
        m_pop(i).q(2,j)=sin(m_pop(i).fai(1,j));    %q(2,:)为 sin 值
    end
end
%初始化全局最优、最差个体
cBest=m_pop(1);%其中 cBest 的 index 属性记录最优个体出现在第几代

%由随机初始化的相位计算该位是 0(1)的概率,即相位的余弦值(正弦值)
for i=1:popSize
    for j=1:patternNum * num
        r=rand;
        if r>0.5    %初始化时概率都是 0.5,依据概率初始化群体
            m_pop(i).p(1,j)=1;
        else
            m_pop(i).p(1,j)=0;
        end
    end
    for j=1:patternNum%解码
        s=0;
        for k=1:num
            s=s+m_pop(i).p(1,(j-1) * num+k) * 2^(num-k);
        end
        m_pop(i).string(1,j)=s+1;
        if m_pop(i).string(1,j)>centerNum    %控制其值不超过最大类号
            m_pop(i).string(1,j)=ceil(rand * centerNum);
        end
    end
```

```
            end
    end
%对当前群体进行评估
m_pop = CalFitness( m_pop , popSize , patternNum , centerNum , m_pattern , disType ) ;
                        %计算个体的评估值
%量子门查询表
table = [        0        0    0    0        0;...
                 0        0    0    0        0;...
                 0        0    0    0        0;...
            0.05 * pi    -1    1    round( rand * 2-1) 0;...
            0.01 * pi    -1    1    round( rand * 2-1) 0;...
            0.025 * pi    1   -1    0        round( rand * 2-1) ;...
            0.005 * pi    1   -1    0        round( rand * 2-1) ;...
            0.025 * pi    1   -1    0        round( rand * 2-1) ;
            ];
%迭代计算
for iter = 2 : MaxGeneration
    %用量子旋转门
    for i = 1 : popSize
        delta_sita = 0;
        for j = 1 : patternNum * num
            s = 0;
            if m_pop(i). p( 1 ,j) = = 0&&cBest. p( 1 ,j) = = 0
                if m_pop(i). fitness<cBest. fitness
                    delta_sita = table( 1 ,1) ;
                else
                    delta_sita = table( 2 ,1) ;
                end
            elseif m_pop(i). p( 1 ,j) = = 0&&cBest. p( 1 ,j) = = 1
                if m_pop(i). fitness<cBest. fitness
                    delta_sita = table( 3 ,1) ;
                else
                    delta_sita = table( 4 ,1) ;
                    if m_pop(i). q( 1 ,j) * m_pop(i). q( 1 ,j)>0
                        s = table( 4 ,2) ;
                    elseif m_pop(i). q( 1 ,j) * m_pop(i). q( 1 ,j)<0
                        s = table( 4 ,3) ;
                    elseif m_pop(i). q( 1 ,j) = = 0
                        s = table( 4 ,4) ;
                    elseif m_pop(i). q( 2 ,j) = = 0
                        s = table( 4 ,5) ;
                    end
                end
```

```
        elseif m_pop(i). p(1,j) = = 1&&cBest. p(1,j) = = 0
            if m_pop(i). fitness<cBest. fitness
                delta_sita=table(5,1);
                if m_pop(i). q(1,j) * m_pop(i). q(1,j)>0
                    s=table(5,2);
                elseif m_pop(i). q(1,j) * m_pop(i). q(1,j)<0
                    s=table(5,3);
                elseif m_pop(i). q(1,j) = = 0
                    s=table(5,4);
                elseif m_pop(i). q(2,j) = = 0
                    s=table(5,5);
                end
            else
                delta_sita=table(6,1);
                if m_pop(i). q(1,j) * m_pop(i). q(1,j)>0
                    s=table(6,2);
                elseif m_pop(i). q(1,j) * m_pop(i). q(1,j)<0
                    s=table(6,3);
                elseif m_pop(i). q(1,j) = = 0
                    s=table(6,4);
                elseif m_pop(i). q(2,j) = = 0
                    s=table(6,5);
                end
            end
        elseif m_pop(i). p(1,j) = = 1&&cBest. p(1,j) = = 1
            if m_pop(i). fitness<cBest. fitness
                delta_sita=table(7,1);
                if m_pop(i). q(1,j) * m_pop(i). q(1,j)>0
                    s=table(7,2);
                elseif m_pop(i). q(1,j) * m_pop(i). q(1,j)<0
                    s=table(7,3);
                elseif m_pop(i). q(1,j) = = 0
                    s=table(7,4);
                elseif m_pop(i). q(2,j) = = 0
                    s=table(7,5);
                end
            else
                delta_sita=table(8,1);
                if m_pop(i). q(1,j) * m_pop(i). q(1,j)>0
                    s=table(8,2);
                elseif m_pop(i). q(1,j) * m_pop(i). q(1,j)<0
                    s=table(8,3);
                elseif m_pop(i). q(1,j) = = 0
```

```
                        s = table(8,4);
                elseif m_pop(i).q(2,j) = = 0
                        s = table(8,5);
                    end
                end
            end
            newpop = m_pop(i);
            newpop.fai(1,j) = m_pop(i).fai(1,j)+s * delta_sita;
            if rand<pm
                newpop.fai(1,j) = newpop.fai(1,j)+pi/2;
            end
            newpop.q(1,j) = cos(newpop.fai(1,j));
            newpop.q(2,j) = sin(newpop.fai(1,j));
            m_pop(i).q = newpop.q;
        end

        for j = 1:patternNum * num
            r = rand;
            if r>m_pop(i).q(1,j) * m_pop(i).q(1,j)
                m_pop(i).p(1,j) = 1;
            else
                m_pop(i).p(1,j) = 0;
            end
        end
        for j = 1:patternNum
            s = 0;
            for k = 1:num
                s = s+m_pop(i).p(1,(j-1) * num+k) * 2^(num-k);
            end
            m_pop(i).string(1,j) = s+1;
            if m_pop(i).string(1,j)>centerNum
                m_pop(i).string(1,j) = fix(rand * centerNum)+1;
            end
        end
    end
    %对当前群体进行评估
    m_pop = CalFitness(m_pop,popSize,patternNum,centerNum,m_pattern,disType);
                %计算个体的评估值
    cBest = FindBest(m_pop,popSize,cBest,iter);%寻找最优个体,更新总的最优个体
end
for i = 1:patternNum
    m_pattern(i).category = cBest.string(1,i);
end
```

```matlab
%显示结果
str=['最优解出现在第'num2str(cBest.index) '代'];
msgbox(str,'modal');
%%%%%%%%%%%%%%%%%%%%%%%%%%%%%%%%%%%%%%%%
%函数名称:CalFitness()
%参数:m_pop,种群结构;popSize,种群规模;patternNum,样品数目;
%      enterNum,类中心数;m_pattern,样品特征库;disType,距离类型
%返回值:m_pop,种群结构
%函数功能:计算个体的评估值
%%%%%%%%%%%%%%%%%%%%%%%%%%%%%%%%%%%%%%%%
function [m_pop]=CalFitness(m_pop,popSize,patternNum,centerNum,m_pattern,disType)
global Nwidth;
for i=1:popSize
    for j=1:centerNum%初始化聚类中心
        m_center(j).index=i;
        m_center(j).feature=zeros(Nwidth,Nwidth);
        m_center(j).patternNum=0;
    end
    %计算聚类中心
    for j=1:patternNum
        m_center(m_pop(i).string(1,j)).feature=m_center(m_pop(i).string(1,j)).feature+m_pattern(j).feature;
        m_center(m_pop(i).string(1,j)).patternNum=m_center(m_pop(i).string(1,j)).patternNum+1;
    end
    d=0;
    for j=1:centerNum
        if(m_center(j).patternNum~=0)
            m_center(j).feature=m_center(j).feature/m_center(j).patternNum;
        else
            d=d+1;
        end
    end
    m_pop(i).fitness=0;
    %计算个体评估值
    for j=1:patternNum
        m_pop(i).fitness=m_pop(i).fitness+GetDistance(m_center(m_pop(i).string(1,j)),m_pattern(j),disType)^2;
    end
    m_pop(i).fitness=1/(m_pop(i).fitness+d);
end
%%%%%%%%%%%%%%%%%%%%%%%%%%%%%%%%%%%%%%%%
%函数名称:FindBest()
```

```
%参数:m_pop,种群结构;popSize,种群规模;
%        cBest,最优个体;cWorst,最差个体;generation,当前代数
%返回值:cBest,最优个体;cWorst,最差个体
%函数功能:寻找最优个体,更新总的最优个体
%%%%%%%%%%%%%%%%%%%%%%%%%%%%%%%%%%%%%%%%%
function [ cBest ] = FindBest( m_pop,popSize,cBest,generation )
%初始化局部最优个体
best = m_pop( 1 );
for i = 2:popSize
    if( m_pop( i ). fitness>best. fitness )
        best = m_pop( i );
    end
end
if( generation = = 1 )
    cBest = best;
    cBest. index = 1;
else
    if( best. fitness>cBest. fitness )
        cBest = best;
        cBest. index = generation;
    end
end
```

10. 效果图

量子遗传算法聚类结果与最优解出现的代数如图 10-8 所示。

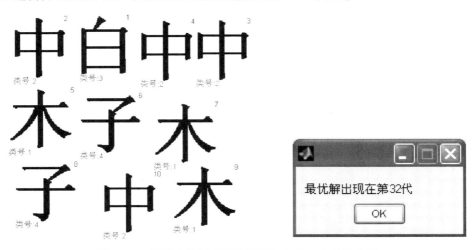

图 10-8　量子遗传算法聚类结果与最优解出现的代数

本章小结

　　量子计算已在量子算法、量子通信、量子密码术等方面取得了巨大成功，同时也为其他科学技术带来了创造性的方法，现在已成为当今世界各国紧密跟踪的研究热点和前沿学科之一。量子进化算法（QEA）是将量子计算与进化计算相结合的一种崭新的优化方法。本章介绍了量子力学的基本理论，包括微观粒子系统的状态描述、量子特性、微观系统态的演化、量子力学的测量理论等；并介绍了将量子计算与传统进化算法进行组合，产生混合量子进化算法的实现方法；着重介绍了将量子计算与遗传算法进行组合，形成量子遗传算法的实现方法，以及将其应用到聚类问题的实现方法。

习题

1. 试比较经典物理与量子物理之间的异同。
2. 概述量子位的相关特性。
3. 简述量子遗传算法的基本原理。
4. 试比较量子遗传算法与传统遗传算法在实现方法和性能上的差异。

第 11 章　禁忌搜索算法聚类分析

本章要点：

☑ 禁忌搜索算法的基本原理
☑ 禁忌搜索的关键参数和相关操作
☑ 基于禁忌搜索算法的聚类分析

11.1　禁忌搜索算法的基本原理

工程领域内存在大量的优化问题，对于优化算法的研究一直是计算机领域内的一个热点问题。优化算法主要分为全局优化算法和局部邻域搜索算法。全局优化算法不依赖问题的性质，按一定规则搜索解空间，直到搜索到最优解或近似最优解，属于智能随机算法，其代表有遗传算法、模拟退火算法、粒子群算法等。

局部邻域搜索是基于贪婪思想持续地在当前解的邻域中进行搜索，通常可描述为：从一个初始解出发，利用邻域函数持续地在当前解的邻域中搜索比它好的解，若能够找到这样的解，则将其作为新的当前解，然后重复上述过程；否则，结束搜索过程，并以当前解作为最终解。局部搜索算法性能依赖于邻域结构和初始解，若邻域函数设计不当或初值选取不合适，则算法最终的性能会很差。局部邻域搜索算法依赖对问题性质的认识，易陷入局部极小而无法保证全局优化性，但是该算法属于启发式搜索，容易理解，通用且易实现。同时，贪婪思想无疑将使算法丧失全局优化能力，即算法在搜索过程中无法避免陷入局部极小。因此，若不在搜索策略上进行改进，实现全局优化，那么局部搜索算法采用的邻域函数必须是"完全的"，即邻域函数将导致解的完全枚举。而这在大多数情况下无法实现，且穷举的方法对于大规模问题来说在搜索时间上是不允许的。为了实现全局优化，可尝试的途径有：扩大邻域搜索结构、多点并行搜索，如进化计算、变结构邻域搜索等。

禁忌搜索（Tabu Search 或 Taboo Search，TS）算法是对局部邻域搜索的一种扩展，搜索过程中采用禁忌准则，即不考虑处于禁忌状态的解，标记对应已搜索的局部最优解的一些对象，在进一步的迭代搜索中尽量避开这些对象（而不是绝对禁止循环），避免迂回搜索，从而保证对不同的有效搜索途径的探索，是一种局部极小突跳的全局逐步寻优算法。TS 算法是对人类智力过程的一种模拟，是人工智能的一种体现。TS 算法在函数全局优化、组合优化、生产调度、机器学习等领域取得了很大的成功。

1. 禁忌搜索算法基本原理

禁忌搜索算法的基本思想是：给定一个初始解（随机的），作为当前最优解，给定一个状态"best so far"，作为全局最优解。给定初始解的一个邻域，然后在此初始解的邻域中确定若干解作为算法的候选解；利用适配值函数评价这些候选解，选出最佳候选解；若最佳候选解所对应的目标值优于"best so far"状态，则忽视它的禁忌特性，并且用这个最佳候选解替代当前解和"best so far"状态，并将相应的解加入到禁忌表中，同时修改禁忌表中各个解的任期；若候选解达不到以上条件，则在候选解里面选择非禁忌的最佳状态作为新的当前解，并且不管它与当前解的优劣，将相应的解加入到禁忌表中，同时修改禁忌表中各对象的任期；最后，重复上述搜索过程，直至满足停止准则。

简单的禁忌搜索算法是在邻域搜索的基础上，通过引入一个灵活的存储结构和相应的禁忌准则来避免迂回搜索，存储结构存放禁忌表中，记录已经历的一些禁忌操作，并利用藐视准则来奖励赦免一些被禁忌的优良状态，进而保证多样化的有效探索以最终实现全局优化。

简单禁忌搜索的算法步骤可描述如下：

（1）给定算法参数，包括候选解的选取个数，禁忌表长度等。

（2）随机产生初始解 x，置禁忌表为空。

（3）判断算法终止条件是否满足，若是，则结束算法并输出优化结果；否则，继续以下步骤。

（4）利用当前解的邻域函数产生其所有（或若干）邻域解，并从中确定若干候选解。

（5）对候选解判断藐视准则是否满足，若成立，则用满足藐视准则的最佳状态 y 替代 x 成为新的当前解，并用与 y 对应的禁忌对象替换最早进入禁忌表的禁忌对象，同时用 y 替换"best so far"状态，然后转步骤（7）；否则，继续以下步骤。

（6）判断候选解对应的各对象的禁忌属性，选择候选解集中非禁忌对象对应的最佳状态作为新的当前解，同时用与之对应的禁忌对象替换最早进入禁忌表的禁忌对象元素。

（7）转步骤（3）。

该算法可用图 11-1 所示的流程图更为直观地描述。

需要指出的是，上述算法仅是一种简单的禁忌搜索框架，邻域函数、禁忌对象、禁忌表和藐视准则，构成了禁忌搜索算法的关键。对各关键环节复杂和多样化的设计则可构造出各种禁忌搜索算法。

2. 禁忌搜索算法的优缺点

由于禁忌搜索算法具有灵活的记忆功能和藐视准则，并且在搜索过程中可以接受劣解，所以具有较强的"爬山"能力，搜索时能够跳出局部最优解，转向解空间的其他区域，从而增加获得更好的全局最优解的概率，所以禁忌搜索算法是一种局部搜索能力很强的全局迭代寻优算法。

区别于传统的优化算法，禁忌搜索算法的主要特点是搜索过程中可以接受劣解，因此具有较强的"爬山"能力，新解不是在当前解的邻域中随机产生的，而是优于"best so far"的解，或是非禁忌的最佳解，因此选取优良解的概率远远大于其他解。

迄今为止，尽管禁忌搜索算法在许多领域得到了成功应用。禁忌搜索也有明显不足，对

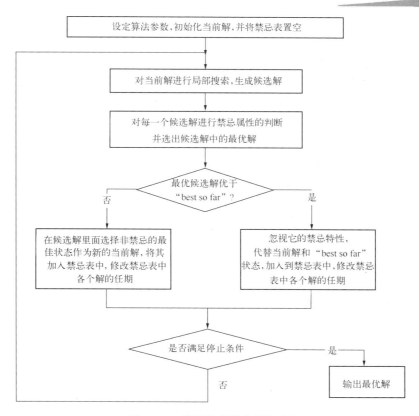

图 11-1   禁忌搜索算法基本流程

初始解的依赖性较强，好的初始解有助于搜索很快达到最优解，而较坏的初始解往往会使搜索很难或不能达到最优解，因此先验知识指导下的初始解更容易让算法找到最优解。并且迭代搜索过程是串行的，仅是单一状态的移动，而非并行搜索。

11.2   禁忌搜索的关键参数和相关操作

这里主要从实现技术上介绍禁忌搜索算法最基本的操作和参数的常用设计原则和方法，包括适配值函数、邻域函数、禁忌表和禁忌对象的设置、禁忌长度、候选解集、藐视准则、禁忌频率和终止准则等。

1. 适配值函数

类似于遗传算法，禁忌搜索的适配值函数也用于对搜索状态的评价，进而结合禁忌准则和藐视准则来选取新的当前状态。显然，目标函数直接作为适配值函数是比较容易理解的做法。当然，目标函数的任何变形都可作为适配值函数。若目标函数的计算比较困难或耗时较多，如一些复杂工业过程的目标函数值需要一次仿真才能获得，此时可以将反映问题目标的某些特征值作为适配值，进而改善算法的时间性能。当然，选取何种特征值要视具体问题而定，但必须保证特征值的最佳性与目标函数的最优性一致。

2. 邻域函数

邻域函数沿用局部邻域搜索的思想，用于实现邻域搜索。邻域函数是优化中的一个重要概念，其作用就是指导如何由一个（组）解来产生一个（组）新的解。邻域函数的设计往往依赖于问题的特性和解的表达方式，应结合具体问题进行分析。

3. 候选解集

候选解集则通常是当前状态的邻域解集的一个子集。候选解集的大小是影响 TS 算法性能的关键参数。候选解通常在当前状态的邻域中择优选取，但选取过多将造成较大的计算量，而选取过少则容易造成早熟收敛。然而，要做到整个邻域的择优往往需要大量的计算，因此可以确定性或随机性地在部分邻域解中选取候选解，具体数据大小则可视问题特性和对算法的要求而定。

4. 禁忌准则

标记对应已搜索的局部最优解的一些对象，将这些已经搜索过的对象设定为禁忌状态，在进一步的迭代搜索中不考虑处于禁忌状态的解，尽量避开这些对象（而不是绝对禁止循环），避免迂回搜索，从而保证对不同的有效搜索途径的探索，是一种局部极小突跳的全局逐步寻优算法。

5. 藐视准则

藐视准则是对优良状态的奖励，它是对禁忌策略的一种放松。在禁忌搜索算法中，若存在优于"best so far"状态的禁忌候选解，则将最优禁忌候选解从禁忌表中解禁；或者可能会出现的候选解全部被禁忌，此时藐视准则将使最优禁忌候选解从禁忌表中解禁，以实现更高效的优化性能。在此给出藐视准则的几种常用方式。

（1）基于适配值的准则。若某个禁忌候选解的适配值优于"best so far"状态，则解禁此候选解为当前状态和新的"best so far"状态；也可以将搜索空间分成若干个子区域，若某个禁忌候选解的适配值优于它所在区域的"best so far"状态，则解禁此候选解为当前状态和相应区域的新"best so far"状态。该准则可直观理解为算法搜索到了一个更好的解。

（2）基于最小错误的准则。若候选解均被禁忌，且不存在优于"best so far"状态的候选解，则对候选解中最优的候选解进行解禁，以继续搜索。该准则可直观理解为对算法死锁的简单处理。

（3）基于搜索方向的准则。若禁忌对象上次使得适配值有所改善，被禁忌并加入禁忌表，但是目前该禁忌对象对应的候选解的适配值优于当前解，则对该禁忌对象解禁。该准则可直观理解为算法正按有效的搜索途径进行。

（4）基于影响力的准则。在搜索过程中不同对象的变化对适配值的影响有所不同，有的很大，有的较小，而这种影响力可作为一种属性与禁忌长度和适配值来共同构造藐视准则。直观的理解是，解禁一个影响力大的禁忌对象，有助于在以后的搜索中得到更好的解。需要指出的是，影响力仅是一个标量指标，可以表征适配值的下降，也可以表征适配值的上升。

譬如，若候选解均差于"best so far"状态，而某个禁忌对象的影响力指标很高，且很快将被解禁，则立刻解禁该对象以期待更好的状态。显然，这种准则需要引入一个标定影响力大小的度量和一个与禁忌任期相关的阈值，这无疑增加了算法操作的复杂性。同时，这些指标最好是动态变化的，以适应搜索进程和性能的变化。

6. 禁忌表和禁忌对象的设置

禁忌对象就是被置入禁忌表中的那些变化元素，而禁忌的目的则是为了尽量避免迂回搜索而多探索一些有效的搜索途径。禁忌表和禁忌对象的设置体现了算法避免迂回搜索的特点。禁忌对象通常可选取状态本身、状态分量或适配值的变化等。以状态本身或其变化作为禁忌对象是最为简单、最容易理解的途径。具体而言，当状态由 x 变化至状态 y 时，将状态 y（或 x 到 y 的变化）视为禁忌对象，从而在一定条件下禁止了 y（或 x 到 y 的变化）的再度出现。

7. 禁忌长度

所谓禁忌长度，即禁忌对象在不考虑藐视准则的情况下不允许被选取的最大次数（也可视为对象在禁忌表中的任期），对象只有当其任期为 0 时才被解禁。在算法的构造和计算过程中，一方面要求计算量和存储量尽量少，这就要求禁忌长度尽量小；但是，禁忌长度过短将造成搜索的循环。禁忌长度的大小是影响 TS 算法性能的关键参数。禁忌长度的选取与问题特性、研究者的经验有关，它决定了算法的计算复杂性。

禁忌长度可以是定长不变的，如将禁忌长度固定为某个数，或者固定为与问题规模相关的一个量。另一方面，禁忌长度也可以是动态变化的，如根据搜索性能和问题特性设定禁忌长度的变化区间 $[t_{min}, t_{max}]$，而禁忌长度则可按某种原则或公式在其区间内变化。当然，禁忌长度的区间大小也可随搜索性能的变化而动态变化。

当算法的性能动态下降较大时，说明当前解附近极小解形成的"波谷"较深，算法当前的搜索能力比较强，从而可设置较大的禁忌长度来延续当前的搜索行为，并避免陷入局部极小。研究表明，禁忌长度的动态设置方式比静态方式具有更好的性能，且鲁棒性强，更为合理高效的设置方式还有待进一步研究。

8. 禁忌频率

记忆禁忌频率（或次数）是对禁忌属性的一种补充，可放宽选择决策对象的范围。譬如，如果某个适配值频繁出现，则可以推测算法陷入某种循环或某个极小点，或者说现有算法参数难以有助于发掘更好的状态，进而应当对算法结构或参数进行修改。在实际求解时，可以根据问题和算法的需要，记忆某个状态出现的频率，也可以是某些对换等对象或适配值等出现的信息，而这些信息可以是静态的，也可以是动态的。

静态的频率信息主要包括状态、适配值或对换等对象在优化过程中出现的频率（如对象在计算中出现的次数，出现次数与总迭代步数的比，某两个状态间循环的次数等），其计算相对简单。显然，这些信息有助于了解某些对象的特性，以及相应循环出现的次数等。

动态的频率信息主要记录从某些状态、适配值或对换等对象转移到另一些状态、适配值或对换等对象的变化趋势，如记录某个状态序列的变化。显然，对动态频率信息的记录比较复杂，而它所提供的信息量也较多。常用的方法如下：

（1）记录某个序列的长度，即序列中的元素个数，而在记录某些关键点的序列中，可以按这些关键点的序列长度的变化来进行计算。

（2）记录由序列中的某个元素出发后再回到该元素的迭代次数。

（3）记录某个序列的平均适配值，或者是相应各元素的适配值的变化。

（4）记录某个序列出现的频率等。

上述频率信息有助于加强禁忌搜索的能力和效率，并且有助于对禁忌搜索算法参数的控制，或者可基于此对相应的对象实施惩罚。譬如，若某个对象频繁出现，则可以增加禁忌长度来避免循环；若某个序列的适配值变化较小，则可以增加对该序列所有对象的禁忌长度，反之则缩小禁忌长度；若最佳适配值长时间维持下去，则可以终止搜索进程而认为该适配值已是最优值。

9. 终止准则

与模拟退火、遗传算法一样，禁忌搜索也需要一个终止准则来结束算法的搜索进程，而严格实现理论上的收敛条件，即在禁忌长度充分大的条件下实现状态空间的遍历，这显然是不切合实际的，因此实际设计算法时通常采用近似的收敛准则。常用方法如下：

（1）给定最大迭代步数。此方法简单易操作，但难以保证优化质量。

（2）设定某个对象的最大禁忌频率。即若某个状态、适配值或对换等对象的禁忌频率超过某一阈值，则终止算法，其中也包括最佳适配值连续若干次迭代并保持不变的情况。

11.3　基于禁忌搜索算法的聚类分析

1. 问题的提出

本节以图像中不同物体聚类分析为例，介绍用禁忌搜索算法解决聚类问题的实现方法。

一幅图像中含有多个物体，在图像中进行聚类分析需要对不同的物体分割标识，等聚类的样品数字如图 11-2 所示，手写了 10 个待分类样品，要分成 3 类，如何让计算机自动将这 10 个物体归类呢？禁忌搜索算法在解决这种聚类问题上表现非常出色，它不仅运算速度快，而且准确率高。

2. 解的编码形式

对图 11-2 中的 10 个样品进行编号。待测样品的编号如图 11-3 所示，在每个样品的右上角，不同的样品编号不同，而且编号始终固定。

采用符号编码，位串长度 L 取 10 位，分类号代表样品所属的类号（1~3），样品编号是固定的，也就是说某个样品在每个解中的位置是固定的，而每个样品所属的类别随时在变化。如果编号为 n，则其对应第 n 个样品，而第 n 个位所指向的值代表第 n 个样品的归属类号。

每个解包含一种分类方案。设初始解的编码为：2，3，2，1，3，3，2，3，1，3。这时处于假设分类情况，不是最优解，其含义为：第 1、3、7 个样品被分到第 2 类；第 2、5、6、8、10 个样品被分到第 3 类；第 4、9 个样品被分到第 1 类；初始解见表 11-1。

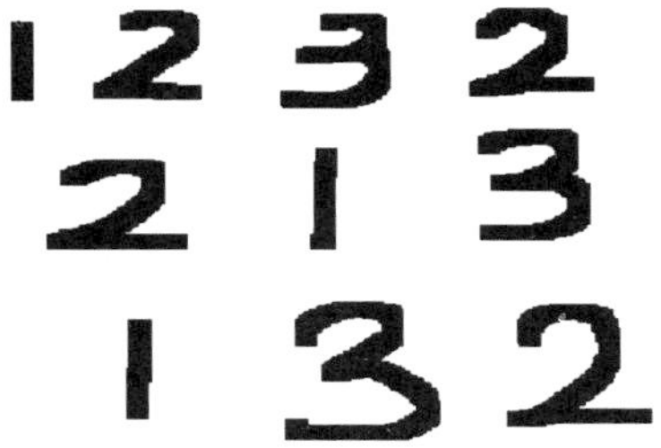

图 11-2　待聚类的样品数字 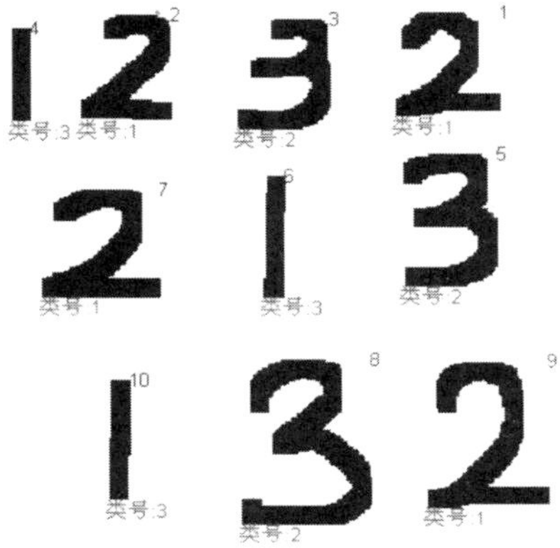　　　　图 11-3　待测样品的编号

表 11-1　初始解

样品值	2	2	3	1	3	1	2	3	2	1
分类号	2	3	2	1	3	3	2	3	1	3
样品编号	1	2	3	4	5	6	7	8	9	10

　　禁忌搜索算法最终找到的最优解见图 11-3，类号在每个样品的左下角。禁忌搜索算法找到的最优解编码如表 11-2 所示。通过样品值与基因值比较对照，就会发现相同的数据被归为一类，分到相同的类号，而且全部正确。

表 11-2　禁忌搜索算法找到的最优解编码

样品值	(2)	(2)	(3)	(1)	(3)	(1)	(2)	(3)	(2)	(1)
分类号	1	1	2	3	2	3	1	2	1	3
样品编号	1	2	3	4	5	6	7	8	9	10

3. 设定适配值函数

　　适配值函数 CalObjfitness( ) 结果为评估值，代表每个解的优劣程度。初始解中的评估值 m_solution. fitness 计算步骤如下：

　　① 通过人工干预获得聚类类别总数，centerNum 为聚类类别总数（ $2 \leqslant \text{centerNum} \leqslant N-1$ ，N 是总的样品个数）。

　　② 找出解中相同类号的样品，$\boldsymbol{X}^{(i)}$ 表示属于第 i 个类的样品。

　　③ 统计每一个类的样品个数 n，n_i 是第 i 个类别的个数，样品总数为：$N = \sum\limits_{i=1}^{\text{centerNum}} n_i$ 。

　　④ 计算同一个类的中心 $\boldsymbol{C}$，$\boldsymbol{C}_i$ 是第 i 个类中心，

$$\boldsymbol{C}_i = \frac{1}{n_i} \sum_{k=1}^{n_i} \boldsymbol{X}_k^{(i)} ,（i=1,2,\cdots,\text{centerNum}）;$$

　　⑤ 同一个类内计算每一个样品到中心的距离，并将它们累加求和。

　　采用 K-均值模型作为聚类模型。计算公式如下：

$$D_i = \sum_{j=1}^{n_i} \parallel \boldsymbol{X}_j^{(i)} - \boldsymbol{C}_i \parallel^2 \tag{11-1}$$

显然，当聚类类别总数的数目 centerNum = N 时，累加和 $\sum D_i$ 为 0。因此，当聚类数目 centerNum 不定时，必须对目标函数进行修正。实际上，式（11-1）仅为类内距离之和，因此，可以使用类内距离与类间距离之和作为目标函数，即：

$$D = \min\left[w * \sum_{i=1}^{centerNum} \sum_{j=1}^{n_i} \| \boldsymbol{X}_j^{(i)} - \boldsymbol{C}_i \|^2 + \sum_{i=1}^{centerNum} \sum_{j=i}^{centerNum} \| \boldsymbol{C}_i - \boldsymbol{C}_j \|^2 \right] \qquad (11-2)$$

式中，w 是权重，反映决策者的偏爱；当 w 变大时，聚类总数数目将变大，反之，聚类总数数目将变小。

⑥ 将不同类计算出的 D_i 求和赋给 m_solution. fitness，以 m_solution. fitness 作为评估值。

$$\text{m\_solution. fitness} = \cfrac{1}{\sum\limits_{i=1}^{centerNum} \sum\limits_{j=1}^{n_i} \| \boldsymbol{X}_j^{(i)} - \boldsymbol{C}_i \|^2} = \cfrac{1}{\sum\limits_{i=1}^{centerNum} D_i} \qquad (11-3)$$

m_solution. fitness 越大，说明这种分类方法的误差越小，该解作为最优解的机率也就越大。

4. 邻域函数和局部搜索

由于局部搜索算法是基于贪婪思想利用邻域函数进行搜索的，对邻域函数和初始解有很大的依赖性。因此，必须设置合理的邻域函数。即要求是"完全的"，同时也要考虑到时间和效率的因素。因此，这里采用位变异的方法进行局部搜索，来获得候选解。需要注意的是，如果变异概率系数过小，则解的变化波动性小，说明算法搜索能力比较弱，容易陷入局部极小。反之，如果变异概率系数过大，则解的变化范围大，算法易陷入盲目搜索状态，不利于算法收敛。更为合理高效的设置方式还需要多次调整。

5. 禁忌表

以解的形式本身作为禁忌对象，构造一个禁忌表，每一行存着处于禁忌状态的解。禁忌长度的大小是影响 TS 算法性能的关键参数。这里禁忌长度采用固定长度。当有一个新解需要被禁忌时，用该解代替最早加入禁忌表的解，即一个最早记忆的解被遗忘，从禁忌表中解禁出来。

6. 藐视准则

如果最优候选解的评估值优于全局最优解，且最优候选解处于禁忌状态，则采用藐视准则，用该解代替当前解和全局最优解。反之，如果所有候选解都处于禁忌状态，则用最优候选解代替当前解。

7. 实现步骤

① 设置相关参数。

从对话框中输入各参数，包括类中心数（centerNum），最大迭代次数（MaxIter = 30），选取的候选解的个数（CandidateNum = 40），禁忌表长度（TabuLength = 60）。

② 初始化

在解域中随机找寻一点，即随机初始化各样品的类号。同时构造禁忌表，表长为 Tabu-

Length,并将其置空。

③ 计算初始解对应的评估值 fitness。

④ 在当前解的邻域内找 CandidateNum 个候选解。

设定候选解集总大小 CandidateNum,设定变异概率系数 pm = 0.25。重复 CandidateNum 次,产生候选解。对于当前解的每一位,生成一个 0~1 之间的随机数 rand。当该随机数小于变异概率系数时,让该位随机改变成 1~centerNum 之间的一个数。

⑤ 判断每个候选解的禁忌状态。

对每一个候选解,循环禁忌表中每一行,与该候选解进行比较。如果存在相同的情况,即该候选解已被记录在表中,处于禁忌状态,将该候选解的禁忌标识 bTabu 置为 1;否则,置为 0。

⑥ 从候选解中依据适配度值进行排序,找到最优候选解。

⑦ 如果该解的适配度值高于全局最优解,则忽视它的禁忌特性,用该候选解代替当前解和全局最优解,并加入禁忌表,代替最早进入禁忌表的解。

否则,根据候选解的禁忌状态,若存在非禁忌状态下的候选解,用非禁忌状态下的最优候选解代替当前解,并将其加入禁忌表,代替最早进入禁忌表的解;若不存在非禁忌状态下的候选解,即所有候选解都处于禁忌状态,则用最优候选解代替当前解。

⑧ 比较当前解与全局最优解的评估值,更新全局最优解。

⑨ 检查是否达到停止条件(即达到最大迭代次数)。如果是,则跳出迭代,输出全局最优解。否则转到步骤④,继续迭代。

基于禁忌搜索算法的聚类分析流程图如图 11-4 所示。

8. 编程代码

```
%%%%%%%%%%%%%%%%%%%%%%%%%%%%%%%%%%%%%%
%函数名称:C_TS( )
%参数:m_pattern,样品特征库;patternNum,样品数目
%返回值:m_pattern,样品特征库
%函数功能:按照禁忌搜索算法对全体样品进行聚类
%%%%%%%%%%%%%%%%%%%%%%%%%%%%%%%%%%%%%%
function [ m_pattern ] = C_TS( m_pattern,patternNum )
    disType = DisSelDlg( );%获得距离计算类型
    [ centerNum MaxIter CandidateNum TabuLength pm ] = InputParameterDlg( );%获得参数
%初始化
    m_solution. string = ceil( rand( 1,patternNum ) * centerNum );%当前解位串
    m_solution. fitness = 0;%适应度
    m_solution. index = 1;
    %计算适应度值
    m_solution = CalOneFitness( m_solution,patternNum,centerNum,m_pattern,disType );
    %初始化全局最优个体为当前解
    cBest = m_solution;
    %初始化候选个体
    for i = 1:CandidateNum
```

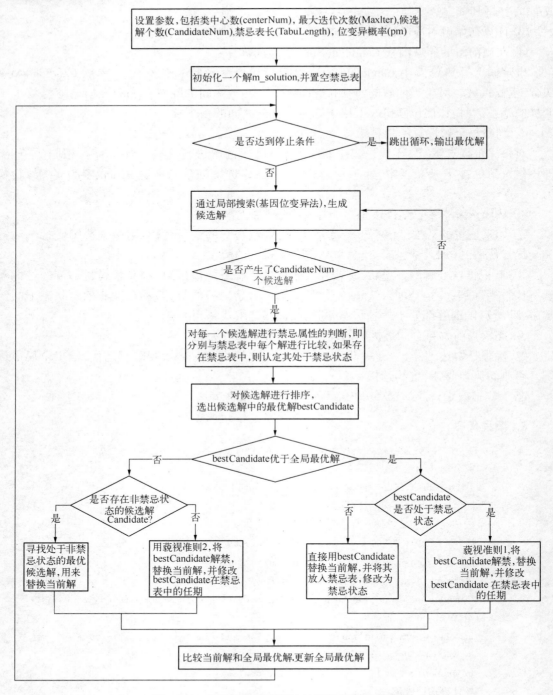

图 11-4　基于禁忌搜索算法的聚类分析流程图

Candidate(i). string = ceil(rand(1,patternNum) * centerNum);%个体位串
Candidate(i). fitness = 0;%适应度
Candidate(i). bTabu = 0;
　　end

```
%禁忌表
TabuList = zeros( TabuLength , patternNum) ;
%迭代计算
for iter = 2 : MaxIter
    %生成候选解
    Candidate = SelectCandidate( m_solution , Candidate , CandidateNum , patternNum , centerNum , pm) ;
        %计算适应度值
        for k = 1 : CandidateNum
            Candidate ( k) = CalOneFitness ( Candidate ( k) , patternNum , centerNum , m_pattern , dis-
Type) ;
        end
        %依据适配值对候选解进行排序
        for k = 1 : CandidateNum - 1
            for l = k + 1 : CandidateNum
                if Candidate( k) . fitness < Candidate( l) . fitness
                    temp = Candidate( k) ;
                    Candidate( k) = Candidate( l) ;
                    Candidate( l) = temp;
                end
            end
        end
    %禁忌属性判断,若在禁忌表中,则让 bTabu 属性值为 1,否则为 0。
        for k = 1 : CandidateNum
            for l = 1 : TabuLength
                if Candidate( k) . string = = TabuList( l, :)
                    Candidate( k) . bTabu = 1 ;
                    break;
                else
                    Candidate( k) . bTabu = 0 ;
                end
            end
        end
    %判断所有候选解是否都在禁忌表中
        bAllTabu = 1 ;
        for k = 1 : CandidateNum
            if Candidate( k) . bTabu = = 0
                bAllTabu = 0 ;
                break;
            end
        end
        bestCandidate = Candidate( 1) ;
        %如果该最优候选解优于全局最优解,则忽视它的禁忌特性,替换当前解和全局最优解,
并将该状态压入禁忌表
```

```
if bestCandidate. fitness>cBest. fitness
    m_solution = bestCandidate;
    for l = 1:TabuLength -1
        TabuList(l,:) = TabuList(l+1,:);
    end
    TabuList(TabuLength ,:) = bestCandidate. string;
else
    %判断是否所有候选解都处于禁忌状态
        if bAllTabu == 0        %如果不是,则用非禁忌的最优候选解代替当前解
            for k = 1:CandidateNum
                if Candidate(k). bTabu == 0
                    m_solution = Candidate(k);
                    for l = 1:TabuLength -1
                        TabuList(l,:) = TabuList(l+1,:);
                    end
                    TabuList(TabuLength ,:) = Candidate(k). string;
                    break;
                end
            end
        else                    %如果是,则用最优候选解代替当前解
            m_solution = bestCandidate;
            for l = 1:TabuLength -1
                TabuList(l,:) = TabuList(l+1,:);
            end
            TabuList(TabuLength ,:) = bestCandidate. string;
        end
    end
    if m_solution. fitness>cBest. fitness %更新全局最优解
        cBest = m_solution;
        cBest. index = iter;
    end
end
for i = 1:patternNum
    m_pattern(i). category = cBest. string(1,i);
end
%显示结果
str = ['最优解出现在第'num2str(cBest. index) ' 代'];
msgbox(str,'modal ');
%%%%%%%%%%%%%%%%%%%%%%%%%%%%%%%%%%%%%%%
%函数名称:CalObjfitness()
%参数:m_solution,要计算评估值的解结构;patternNum,样品数目;
%    centerNum,类中心数;m_pattern,样品特征库
%    disType,距离类型
```

%返回值:m_solution,要计算评估值的解结构
%函数功能:计算解的评估值
%%%%%%%%%%%%%%%%%%%%%%%%%%%%%%%%%%%%%

```
function [ m_solution ] = CalOneFitness( m_solution,patternNum,centerNum,m_pattern,disType)
    global Nwidth;
    for j=1:centerNum%初始化聚类中心
        m_center(j).index=i;
        m_center(j).feature=zeros(Nwidth,Nwidth);
        m_center(j).patternNum=0;
    end
    %计算聚类中心
    for j=1:patternNum
        m_center(m_solution.string(1,j)).feature=m_center(m_solution.string(1,j)).feature+m_pattern(j).feature;
        m_center(m_solution.string(1,j)).patternNum= m_center(m_solution.string(1,j)).patternNum+1;
    end
    d=0;
    for j=1:centerNum
        if(m_center(j).patternNum~=0)
            m_center(j).feature=m_center(j).feature/m_center(j).patternNum;
        else
            d=d+1;
        end
    end
    m_solution.fitness=0;
    %计算个体评估值
    for j=1:patternNum
        m_solution.fitness=m_solution.fitness+GetDistance(m_center(m_solution.string(1,j)),m_pattern(j),disType)^2;
    end
    m_solution.fitness=1/(m_solution.fitness+d);
```

%%%%%%%%%%%%%%%%%%%%%%%%%%%%%%%%%%%%%
%函数名称:SelectCandidate( )
%参数:m_solution,当前解结构;Candidate,临域解结构;CandidateNum,选取候选解个数;
%　　　patternNum,样品数目;centerNum,类中心数
%返回值:Candidate,候选解结构
%函数功能:从临域中选择候选解
%%%%%%%%%%%%%%%%%%%%%%%%%%%%%%%%%%%%%

```
function [ Candidate ] = SelectCandidate( m_solution,Candidate,CandidateNum,patternNum,centerNum,pm)
    for i=1:CandidateNum
        Candidate(i).string=m_solution.string;
```

```
        for j = 1:patternNum
            if rand<pm %位变异概率
                    Candidate(i).string(1,j) = ceil(centerNum * rand);
            end
        end
    end
%%%%%%%%%%%%%%%%%%%%%%%%%%%%%%%%%%%%
%函数名称:InputParameterDlg( )
%返回值:centerNum,聚类中心数;MaxIter,最大迭代次数;
%         CandidateNum,候选解个数;TabuLength,禁忌表长度
%函数功能:用户输入参数
%%%%%%%%%%%%%%%%%%%%%%%%%%%%%%%%%%%%
function [ centerNum MaxIter CandidateNum TabuLength pm ] = InputParameterDlg( )
    str = {'聚类中心数:','最大迭代次数','候选解个数','禁忌表规模','位变异概率'};
    def = {'','30','40','60','0.25'};
    T = inputdlg(str,'参数输入对话框',1,def);
    centerNum = str2num(T{1,1});
    MaxIter = str2num(T{2,1});
    CandidateNum = str2num(T{3,1});
    TabuLength  = str2num(T{4,1});
    pm  = str2num(T{5,1});
```

9. 效果图

这里给读者提供一个基于手写数字的聚类结果图。从结果上可以看出,禁忌搜索算法应用于数字聚类分析效果很好,如图11-5所示。

（a）距离选择对话框

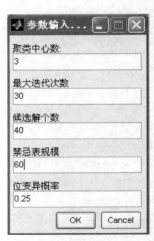

（b）参数输入对话框

图11-5　禁忌搜索算法应用于数字聚类分析

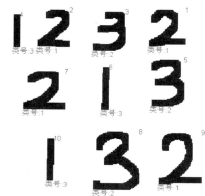

（c）待聚类的样品 （d）输出聚类结果

（e）显示最优解出现在第几次迭代中

图 11-5 禁忌搜索算法应用于数字聚类分析（续）

本章小结

求解聚类问题的算法很多。本章介绍了禁忌搜索算法基本原理,禁忌搜索算法的关键参数和相关操作,着重介绍了禁忌搜索算法用于聚类分析的实现方法和步骤。

基于模拟退火思想改进的禁忌搜索算法属于启发式方法,是对局部邻域搜索扩展后的一种全局逐步寻优算法,在单个解基础上,产生新解,模拟退火算法每次产生一个新的候选解。而禁忌搜索算法在单个解的基础上产生多个新的候选解,模拟退火算法对新产生的候选解进行评价,若优于当前解,则直接采用;而禁忌搜索算法采用禁忌准则,即不考虑处于禁忌状态的解,避免迂回搜索,从而保证对不同的有效搜索途径的探索。

书中介绍的群体智能搜索算法,包括基于进化计算的遗传算法、蚁群算法等,它们属于全局优化算法,采用全局分布随机产生多个初始解,利用进化算子或群体配合机制,使不同解之间产生信息交互,从而达到寻优目的。这些算法各有特点,请读者仔细思考它们的寻优机制。

习题

1. 简述禁忌搜索算法的基本原理。
2. 叙述基于模拟退火思想改进的 K-均值聚类算法和禁忌搜索算法的异同。
3. 叙述禁忌搜索算法在聚类问题中的实现方法。

参 考 文 献

［1］ E. Kita，H. Tanie. Topology and shape optimization of continuum structures using GA and BEM ［J］. Structural Optimization, 1999, 17 （2-3）.

［2］ Stephanie Forrest，Melanie Mitchell. What Makes a Problem Hard for a Genetic Algorithm? Some Anomalous Results and Their Explanation ［J］. Machine Learning, 1993, 13 （2-3）.

［3］ Ossadnik W. AHP-based synergy allocation to partners in a merger. European Joumal ofOperational Research, 1996, （88）: 42-49.

［4］ Mitsuo Gen，Runwei Cheng. Genetic Algorithms and Engineering Optimization. Wiley Series in Engineering Design Automation. New York: John Wiley & Sons, 2000.

［5］ S. Li，D. Jia，G Zhuang，A. Kittcl. Sccurity Considerations for Workflow Systems ［C］. Network Operations and Management Symposium. 2000: 34-49.

［6］ H. Lee，S. -S. Kim. Integration of Process Planning and Scheduling Using Simulation Based Genetic Algorithms ［J］. International Journal of Advanced Manufacturing Technology, 2001, 18 （8）.

［7］ S. L. Mok，C. K. Kwong，W. S. Lau. A Hybrid Neural Network and Genetic Algorithm Approach to the Determination of Initial Process Parameters for Injection Moulding ［J］. International Journal of Advanced Manufacturing Technology, 2001, 18 （6）.

［8］ Kenneth A. deJong，William M. Spears，Diana F. Gordon. Using Genetic Algorithms for Concept Learning ［J］. Machine Learning, 1993, 13 （2-3）.

［9］ Kazuhiro Ohkura，Yoshiyuki Matsumura，Kanji Ueda. Robust Evolution Strategies ［J］. Applied Intelligence, 2001, 15 （3）.

［10］ H. Kurtulus Ozcan，Erdem Bilgili，Ulku Sahin，O. Nuri Ucan，Cuma Bayat. Modeling of trophospheric ozone concentrations using genetically trained multi-level cellular neural networks ［J］. Advances in Atmospheric Sciences, 2007, 24 （5）.

［11］ Villalobos A M，Coello C，Hernández-Lerma O. Convergence analysis of a multiobjective artificial immune system algorithm ［C］. Proceedings of the 3rd International Conference on Artificial Immune Systems. 2004: 226-235.

［12］ Debashis Ghosh，Terrence R. Barette，Dan Rhodes，Arul M. Chinnaiyan. Statistical issues and methods for meta-analysis of microarray data: a case study in prostate cancer ［J］. Functional & Integrative Genomics, 2003, 3 （4）.

［13］ Ruo-Chen Liu，Li-Cheng Jiao，Hai-Feng Du. Clonal Strategy Algorithm Based on the Immune Memory ［J］. Journal of Computer Science and Technology, 2005, 20 （5）.

［14］ Z. H. Hu. A multi-objective immune algorithm based on a multiple-affinity model. European Journal of Operational Research, 2010, 202 （1）: 60-72.

［15］ SureshV，Chandhuri D. Dynamic scheduling-A survey of research. Int J of Prod Econ ［J］, 1993, 32 （1）: 53-63.

［16］ Church L，U zsoy R. Analysis of periodic and event-driven rescheduling policies indynamic shops ［J］. International Journal of Computer Integrated Manufacturing, 1992, 5 （3）: 153-163.

［17］ Nelson R T, Holloway C A, Wong R M. Centralized scheduling and priority implementation heuristics for a dynamic job shop model with due dates and variable processing time ［J］. AIIE Transactions, 1977, 19: 96-102.

［18］ Andrea Rossi, Gino Dini. Dynamic scheduling of FMS using a real-time genetic algorithm ［J］. IntJ. Prod. Res., 2000, 38 (1): 1-20.

［19］ Jackson J R. Simulation research on job shop production. Naval Res Log Quart, 1957, 4 (3): 287-295.

［20］ Gen M, Tsujimura Y, Kubota E. Solving job-shop scheduling problems using genetic algorithm. In: Proc. of the 16th Int. Conf. on Computer and Industrial Engineering, Ashikaga, Japan, 1994, 576-579.

［21］ Paulo M F, Alexandre M, Pablo M. A memetic algorithm for the total tardiness single machine scheduling problem. European Journal of Operational Research, 2001, 132 (1): 224-242.

［22］ Berretta R, Rodrigues L F. A memetic algorithm for a multistage capacitated lot-sizing problem ［J］. International Journal of Production Economics, 2004, 87 (1): 67-81.

［23］ Lima C M R R, Goldbarg M C, Goldbarg E F G. A Memetic Algorithm for the Hetero geneous Fleet Vehicle Routing Problem ［J］. Electronic Notes in Discrete Mathematics, 2004, 18 (23): 171-176.

［24］ Quintero A, Pierre S. Sequential and multi-population memetic algorithms for assigning cells to switches in mobile networks ［J］. Computer Networks, 2003, 43 (3): 247-261.

［25］ Klau G W, Ljubic I, et al. Genetic and Evolutionary Computation-GECCO 2004. Heidelberg: Springer Berlin, 2004: 1304-1315.

［26］ Nora S, Christian S, Andreas Z. A Memetic Clustering Algorithm for the Functional Partition of Genes Based on the Gene Ontology. In: Proc of the 2004 IEEE Symposium on Computational Intelligence in Bioinformatics and Computational Biology. San Diego, USA, 2004: 252-259.

［27］ Peter M. Analysis of gene expression profiles: an application of memetic algorithms to the minimum sum-of-squares clustering problem. BioSystems, 2003, 72 (1-2): 99-109.

［28］ Lee J, Fanjiang Y Y. A Software Engineering Approach to University Timetabling. In: Proc of Int Symposium on Multimedia Software Engineering. Taipei, Taiwan, 2000: 124-131.

［29］ Trelea I C. The particle swarm optimization algorithm: Convergence analysis and parameter selection ［J］. Information Processing Letters, 2003, 85 (6): 317-325.

［30］ van den Bergh F, An analysis of particle swarm optimizers ［D］. Pretoria: Faculty of Natural and Agricultural, Pretoria University, 2002.

［31］ Shi Y, Eberhert R. Empirical study of particle swarm optimization ［C］. Int Conf on Evolutionary Computation. Washington: IEEE, 1999: 1945-1950.

［32］ David B Fogel, Hans-Georg Beyer. A note on the empirical evaluation of intermediate recombination ［J］. Evolutionary Computation, 1996, 3 (4): 491-495.

［33］ EUSUFFM M, LANSEY K E. Optimization of Water Distribution Network Design Using Shuffled Frog Leaping Algorithm ［J］. Journal of WaterResources Planning and Management, 2003, 129 (3): 210-225.

［34］ Guo Tao, Michalewicz Z. Evolutionary Algorithms for the TSP ［C］. Procof the 5th Parallel Problem Solving from Nature Conf, 1998: 803-812.

［35］ CHEN Y M, LIN C T. A particle swarm optimization approach to optimize compon ent placement in printed circuit board assembly ［J］. Int JAdvManuf Technol, 2007, 35 (5-6): 610-620.

［36］ LOH T S, BUKKAPATNAM S T S, MEDEIROS D, et al. A genet ic algorithm for sequential part assignment f or PCB assembly ［J］. Com puter & Industrial Engineering, 2001, 40 (4): 293-307.

［37］ LIN Weiqing, ZHU Guangyu. A genetic optimization approach to optimize the multi head surface mount placement machine ［C］ (International Conference on Int elligent Robotics and Applications, Lecture Notes in Artificial Intelligence: Part）. Berlin: Spring Press, 2008: 1003-1012.

［38］ Budi Santosa Mirsa Kencana Ningrum, Cat Swarm Optimization Clustering［J］, 2009 International Conference of Soft Computing and Pattern Recognition, 2009, pp. 54-59.

［39］ Pei-Wei Tsai, Jeng-Shyang Pan, Shyi-Ming Chen, Bin-Yih Liao, Szu-Ping Hao, PARALLEL CAT SWARM OPTIMIZATION［J］, Proceedings of the Seventh International Conference on Machine Learning and Cybernetics, 2008. 7, pp. 3328-3333.

［40］ Goldberg, D. E.: Genetic Algorithm in Search. Optimization and Machine Learning. Addison-Wesley Publishing Company（1989）.

［41］ Eberhart, R., Kennedy, J.: A new optimizer using particle swarm theory. Sixth International Symposium on Micro Machine and Human Science（1995）39-43.

［42］ Chang, J. F., Chu, S. C., Roddick, J. F., Pan, J. S.: A Parallel Particle Swarm Optimization Algorithm with Communication Strategies. Journal of Information Science and Engineering 21（4）（2005）809-818.

［43］ Chu, S. C., Roddick, J. F., Pan, J. S.: Ant colony system with communication strategies. Information Sciences 167（2004）63-76.

［44］ Kirkpatrick, S., Gelatt, Jr. C. D., Vecchi, M. P.: Optimization by simulated annealing. Science（1983）671-680.

［45］ Huang, H. C., Pan, J. S., Lu, Z. M., Sun, S. H., Hang, H. M.: Vector quantization based on generic simulated annealing. Signal Processing 81（7）（2001）1513-1523.

［46］ A. Abraham, S. Das, S. Roy: Swarm Intelligence Algorithms for Data Clustering. Soft Computing for Knowledge Discovery and Data Mining, 2008: 279-313.

［47］ S. C. Chu, and P. W. Tsai, Computational Intelligence Based on the behavior of Cat［J］, International Journal of Innovative Computing, Information and Control, 3（1）, 2007, pp. 163-173.

［48］ S. C. Chu, P. W. Tsai, and J. S. Pan, Cat Swarm Optimization［J］, LNAI 4099, 3（1）, Berlin Heidelberg: Springer-Verlag, 2006, pp. 854-858.

［49］ X. Chui, T. E. Potok, and P. Palathingal, Document Clustering using Particle Swarm Optimization［J］, IEEE, 05, 2005, pp. 185-191.

［50］ I. D. Couzin, J. Krause, R. James, G. D. Ruxton, and N. R. Franks,（2002）. Collective Memory and Spatial Sorting in Animal Groups［J］, Journal of Theoretical Biology, 218, 2002, pp. 1-11.

［51］ M. Dorigo and L. M. Gambardella, Ant Colony System: A Cooperative Learning Approach to the Traveling Salesman Problem［J］. IEEE Transaction on Evolutionary Computation, 1（1）, 1997, pp. 53-66.

［52］ C. Grosan, A. Abraham, and M. Chis, Swarm Intelligence in Data Mining. Studies in Computational Intelligence, 34, 2006, pp. 1-20.

［53］ J. Kennedy and R. C. Eberhart（1995）. Particle Swarm Optimization［J］, Proc. IEEE International Conference on Neural Networks, Perth, Australia, IEEE Service Center, Piscataway, NJ, Vol. IV, 1995, pp. 1942-1948.

［54］ W. J. Tang, Q. H. Wu, Bacterial Foraging Algorithm For Dynamic Environments［J］, IEEE Congress on Evolutionary Computation, 2006. 7. pp. 1324-1330.

［55］ S. Mishra, Bacterial Foraging Technique-Based Optimized Active Power Filter for Load Compensation［J］, IEEE TRANSACTIONS ON POWER DELIVERY, 2007. 1, pp. 457-465.

［56］ Yichuan Shao, Hanning Chen, Cooperative Bacterial Foraging Optimization［J］, 2009 International Conference on Future BioMedical Information Engineering, 2009, pp. 486-488.

［57］ Yichuan Shao, Hanning Chen, The Optimization of Cooperative Bacterial Foraging［J］, World Congress on Software Engineering, 2009, pp. 519-523.

［58］ Kramer K A, Stubberud S C. Tracking of multiple target types with a single neural extended kalman filter ［J］. Intelligent Systems, 2006 (1) .

［59］ Khairnar Dilip Gopichand, Merchant S N, etc. Nonlinear Target Identification and Tracking Using UKF ［J］. Granular Computing, 2007 (1) .

［60］ Gordan N, Salmond D, Smith A. Novel approach to nonlinear/non-Gaussian Bayesian state estimation ［J］. 1993 (1) .

［61］ Amaud D, Simon G, Chistophe A. On sequential Monte Carlo sampling methods for Bayesian filtering ［J］. Statistics and Computing, 2000 (10) .

［62］ Freitas J F G, Niranjan M, Gee A H, etal. Sequential Monte Carlo Methods to Train Neural Network Models ［J］. Neural Computation, 2000 (4) .

［63］ K. Murphy and S. Russell. Rao-Blackwellised particle filtering for dynamic Bayesian networks ［C］. New York: sequential Monte Carlo methods in practice, 2001.

［64］ Cheng C, Rashid A, Ashfaq K. Multiple Object Tracking with Kernel Particle Filter ［C］. 2005 (1) .

［65］ Nason G P, Silverman B W. The Stationary Wavelet Transform and Some Statistical Application ［M］. Berlin, Germany: Springer Verlag, 1995: 281-299.

［66］ Pennec E L, Mallat S. Sparse Geometric Image Representaions with Bandelets ［J］. IEEE Transactions on Image Processing, 2005, 14 (4): 423-438.

［67］ Chang S G, Yu Bin, Vetterli M. Adaptive Wavelet Thresholding for Image Denoising and Compressiong ［J］. IEEE Transactions on Image Processing, 2000, 9 (9): 1532-1546.

［68］ Donoho D L. De-noising by Soft-thresholding ［J］. IEEE Transactions on Information Theory, 1995, 41 (3): 613-627.

［69］ Shawn R Jeffery, Minos Garofalakis, Michael J Franklin. Adaptive cleaning for RFID data streams ［C］, 2006: 163-174.

［70］ F. Kang, J. Li, and Q. Xu, "Structural inverse analysis by hybrid simplex artificial bee colony algorithms," Comput. Struct. , Vol. 87, pp. 861-870, July 2009.

［71］ D. Karaboga and B. Basturk. "A powerful and efficient algorithm for numerical function optimization: artificial bee colony (ABC) algorithm ," J. Global Optim, Vol. 39, pp. 459-471, 2007.

［72］ D. Karaboga and B. Basturk. "On the performance of artificial bee colony (ABC) algorithm," Appl. Soft Comput. , Vol. 8, pp. 687-697, 2008.

［73］ D. Karaboga and B. Akay, "A comparative study of artificial bee colony algorithm," Appl. Math. Comput. , vol. 214, pp. 108-132, Aug. 2009.

［74］ D. Karaboga, "An idea based on bee swarm for numerical optimization, " Tech. Rep. TR-06, Erciyes University, Engineering Faculty, Computer Engineering Department, 2005.

［75］ L. M. Hvattum and F. Glover, "Finding local optima of high dimensional functions using direct search methods," Eur. J. Oper. Res. , vol. 195, pp. 31-45, May 2009.

［76］ L. Bao and J. C. Zeng, "Comparison and analysis of the selection mechanism in the artificial bee colony algorithm," Ninth International Conference on Hybrid Intelligent Systems, pp. 411-416, 2009.

［77］ V. Torczon, "On the convergence of pattern search algorithms," SIAMJ. Optim. , vol. 7, pp. 1-25, 1997.

［78］ R. Hooke and T. A. Jeeves, "Direct search solution of numerical and statistical problems", Journal of the ACM, vol. 8, pp. 212-229, Mar. 1961.

［79］ Pei-Wei Tsai, Jeng-Shyang Pan, Bin-Yih Liao, Shu-Chuan Chu, "ENHANCED ARTIFICIAL BEE COLONY OPTIMIZATION", International Journal of Innovative Computing, Information and Control, 2009. 12, pp. 1-ISII08-247.

［80］ Haiyan Quan，Xinling Shi，"On the Analysis of Performance of the Improved Artificial-Bee-Colony Algorithm"，Fourth International Conference on Natural Computation，pp. 654–657.

［81］ Eiben A E，Arts E H，Van Hee K M. Global Convergence of Genetic Algorithms：An Infinite Markov Chain Analysis［A］. Parallel Problem Solving from Nature［C］. Heidelberg，Berlin：Springer-Verlag，1991：4–12.

［82］ Rudolph G. Convergence Analysis of Canonical Genetic Algorithms［J］. IEEE Trans. on Neural Networks，1994，5（1）：96–101.

［83］ Peter W. Shor. Progress in Quantum Algorithms［J］. Quantum Information Processing，2004，3（1–5）.

［84］ Junan Yang，Bin Li，Zhenquan Zhuang. Research of Quantum Genetic Algorithm and its application in blind source separation［J］. Journal of Electronics（China），2003，20（1）.

［85］ Lijuan Sun，Jian Guo，Kai Lu，Ruchuan Wang. Topology control based on quantum genetic algorithm in sensor networks［J］. Frontiers of Electrical and Electronic Engineering in China，2007，2（3）.

［86］ Jin-tang Yang，Jian-yi Kong，He-gen Xiong，Guo-zhang Jiang，Gong-fa Li. Optimization of controlled mechanism based on generalized inverse method［J］. Frontiers of Mechanical Engineering in China，2006，1（3）.

［87］ DONG Dao-yi，CHEN Zong-hai，Clustering Recognition of Quantum States Based on Quantum Module Distance［J］，A cta Sinica Quantum Optica，2003，pp. 144–148.

［88］ 杨淑莹. 模式识别与智能计算——MATLAB 技术实现［M］. 北京：电子工业出版社，2008. 1.

［89］ 杨淑莹. 模式识别与智能计算——MATLAB 技术实现（第 2 版）［M］. 北京：电子工业出版社，2011.

［90］ 杨淑莹. 图像模式识别 VC++技术实现［M］. 北京：清华大学出版社，2005.

［91］ 杨淑莹. VC++图像处理程序设计（第 2 版）［M］. 北京：清华大学出版社，2005.

［92］ 杨淑莹，吴涛，张迎，等. 基于模拟退火的粒子滤波在目标跟踪中的应用［J］. 光电子，激光. 2011，22（8）：1236–1240.

［93］ 杨淑莹，何丕廉. 基于遗传算法的多目标识别实时系统设计［J］. 模式识别与人工智能，2006，19（3）：325–330.

［94］ 杨淑莹. FCCU 分流塔产品质量预测系统的设计［J］. 哈尔滨工业大学学报，2005，34（4）：5012–5016.

［95］ 杨淑莹，王厚雪，章慎锋，等. 序列图像中运动目标聚类识别技术研究［J］. 天津师范大学学报自然科学版. 2005，25（3）：51–53.

［96］ 杨淑莹，任翠池，张成，等. 基于机器视觉的齿轮产品外观缺陷检测［J］. 天津大学学报，2007，40（9）：1111–1114.

［97］ Shuying Yang，Zhang Cheng. Tracking unknown moving targets on omnidirectional vision［J］. Vision Research. 2009，2.

［98］ 杨淑莹，韩学东. 基于视觉的自引导车实时跟踪系统研究［J］，哈尔滨工业大学学报，2004，36（11）：1471–1546.

［99］ 洪俊，杨淑莹，任翠池. 基于图像分割的伪并行免疫遗传算法聚类设计［J］. 天津理工大学学报，2006，22（5）：83–85.

［100］ 杨淑莹，王厚雪，章慎锋. 基于 BP 神经网络的手写字符识别［J］. 天津理工大学学报，2006：82–84.

［101］ 杨淑莹，王厚雪，章慎锋. 基于图像分割的伪并行免疫遗传算法聚类设计［J］. 天津理工大学学报，2006：85–87.

［102］ 牛廷伟，杨淑莹，王丽贤. 基于禁忌搜索的图像聚类新方法［J］. 天津理工大学学报，2011，27：5–6.

[103] 马勤，黄文娟，王立群，等．一种遗传算法优化的无味粒子滤波方法［J］．天津理工大学学报，2009，25：5.

[104] 黄文娟，马勤，王立群，等．一种粒子群优化扩展卡尔曼粒子滤波算法［J］．天津理工大学学报，2009，25：5.

[105] 王立群，杨淑莹，安博．基于蚁群算法的多字符聚类识别［J］．天津理工大学学报，2008，24：5.

[106] 章慎锋，杨淑莹，王厚雪．基于 Bayes 决策的手写体数字识别［J］．天津理工大学学报，2006，22：1.

[107] 杨淑莹，章慎锋，王厚雪．一种特定问题多目标识别系统的设计［J］．河北工业大学学报，2005，34：3.

[108] 王光彪，杨淑莹，等．基于猫群算法的图像分类研究［J］．天津理工大学学报，2011，27：5-6.

[109] 贾紫娟，杨淑莹，王光彪．基于差分进化算法的图像聚类研究［J］．天津师范大学学报（自然科学版）．2012，32：2.

[110] 冯帆，王博凯，杨淑莹．基于细菌觅食优化算法的图像聚类方法研究［J］．天津师范大学学报（自然科学版），2012，32：2.

[111] 张忠华，杨淑莹．基于遗传算法的图像聚类设计［J］．测控技术，2010，29（2）．

[112] 王丽贤，牛廷伟，杨淑莹．基于 AR 信号处理和 KⅡ模型的嗅觉识别算法［J］．天津理工大学学报，2011，27：5-6.

[113] 安博，杨淑莹，王立群．基于改进 Hopfield 神经网络的手写字符识别［J］．天津理工大学学报，2009，25：4.

[114] 杨淑莹，郭翠梨．模糊推理与神经网络在催化裂化分馏塔装置中的应用［J］．石油化工自动化，2004.

[115] 王博凯，杨淑莹，王光彪，等．基于混合蛙跳算法的聚类问题研究［J］．天津理工大学学报，2012，28：1.

[116] 王光彪，杨淑莹，冯帆，等．基于人工蜂群算法的手写数字聚类研究［J］．2011，1（2）：33-38.

[117] 李晓磊．一种新型的智能优化方法——人工鱼群算法［D］．浙江大学博士论文．

[118] 王培崇，钱旭，等．差分进化计算研究综述［J］．计算机工程与应用，2009：13-16.

[119] 黄天辰，韩国栋．进化计算及应用［J］．四川兵工学报，2009，3：119-121.

[120] 谢金星．进化计算简要综述［J］．控制与决策．1997，1：1-7.

[121] 焦李成，保铮．进化计算与遗传算法［J］．系统工程与电子技术，1995：20-26.

[122] 徐红．进化计算在 Matlab 中的实现方法［J］．自动化技术，2007：112-116.

[123] 阮飞鹏，王冬利．遗传算法在聚类分析中的应用［J］．中国水运，2007：241-242.

[124] 张化祥，陆晶．基于 Q 学习的适应性进化规划算法［J］．自动化学报，2008，7：819-822.

[125] 周方俊．王向军．张民．基于 t 分布变异的进化规划［J］．电子学报，2008，4：667-671.

[126] 王战权，唐春安．进化规划和进化策略中变异算子的改进研究［J］．华东冶金学院学报，1999，10：295-300.

[127] 林丹，李敏强．进化规划和进化策略中变异算子的若干研究［J］．天津大学学报，2000，9：627-630.

[128] 王云成，方伟武．进化规划与进化策略的变异算子［J］．运筹学学报，2008，3：84-92.

[129] 张民，王向军，等．进化规划中的变异与收敛［J］．海军工程大学学报，2007，2：48-52.

[130] 张成，李影，等．基于适应度分组的进化策略［J］．系统仿真学报，2007，11：5081-5083.

[131] 冯萍，谷文祥，曲爽．浅析遗传算法与进化策略［J］．长春大学学报，2005，4：25-27.

[132] 周东生，李斌．一种新的进化策略及其全局收敛性［J］．大连理工大学学报，2007，1：146-151.

[133] 张明，周永权．遗传规划和进化策略混合算法及应用 [J]．计算机工程与应用，2007：79-82．

[134] 陈锐，邹书蓉，等．改进遗传算法及其在聚类分析上的应用 [J]．西南民族大学学报，2009，11：1176-1179．

[135] 董俊磊，杨进．基于自适应遗传算法的 K 均值混合聚类算法 [J]．价值工程，2010：223-224．

[136] 杨晓燕，李水仙，周武夷．一种改进的遗传算法及其应用 [J]．丽水学院学报，2010，10：38-41．

[137] 李乐，陈鸿昶．一种改进的遗传算法在聚类分析中的应用 [J]．通信技术，2009：263-265．

[138] 闫仁武，商好值．一种基于遗传算法的模糊 C 均值算法 [J]．科学技术与工程，2010，10：7037-7039．

[139] 王丽萍，董江辉．带有一种新的算子的进化规划算法的收敛性分析 [J]．科学技术与工程，2009，3：1428-1431．

[140] 赵锐，陈云华．一种改进的双群进化规划算法 [J]．计算机工程，2010.9：21-23．

[141] 曾毅，曾碧，等．一种自调整的进化规划算法 [J]．计算机工程与应用，2010，46（20）：50-52．

[142] 高玮．遗传算法与进化规划的比较研究 [J]．通讯和计算机，2005，8：10-15．

[143] 王湘中，喻寿益．基于单基因变异算子的进化策略 [J]．控制理论与应用，2009，8：934-936．

[144] 王战权，赵朝义，等．进化策略中变异算子的改进研究 [J]．计算机仿真，1999，7：8-11．

[145] 王战权，赵朝义．进化策略中基于柯西分布的变异算子改进探讨 [J]．系统工程，1999，7：49-54．

[146] 于晓东，董红斌．一种改进的进化策略研究 [J]．微电子学与计算机，2009，2：58-61．

[147] 潘中良，陈翎．张光昭．一种基于计划策略的图像分割方法 [J]．激光与红外，2007，6：583-586．

[148] 杨淑莹，王厚雪，章慎锋．基于图像分割的伪并行免疫遗传算法聚类设计 [J]．天津理工大学学报，2006，10：85-87．

[149] 朱燕飞，李春华，等．ANFIS 建模的人工免疫聚类算法应用研究 [J]．哈尔滨工业大学学报，2006，3：495-498．

[150] 左兴权，李士勇．采用免疫进化算法优化设计径向基函数模糊神经网络控制器 [J]．控制理论与应用，2004，8：521-525．

[151] 耿利川．吴云东．基于 aiNet 人工免疫网络的摇杆图像检索 [J]．计算机工程与应用，2010：226-228．

[152] 郝晓丽，谢克明．基于动态粒度的并行人工免疫聚类算法 [J]．计算机工程，2007，12：194-196．

[153] 魏娜，朱参世．基于多粒度免疫聚类的分类器设计 [J]．计算机工程与应用，2007：104-107．

[154] 郑建刚，王行愚．基于改进免疫遗传算法的神经网络及其在股票预测中的应用 [J]．华东理工大学学报，2006，11：1342-1345．

[155] 许仕珍，吴云东．基于进化人工免疫网络的遥感影像分类算法 [J]．测绘工程，2009，2：22-25．

[156] 李鸿儒，王晓楠．基于免疫进化策略的神经网络优化方法 [J]．东北大学学报，2008，1：794-797．

[157] 谢铮桂，韦玉科，等．基于免疫聚类的 RBF 神经网络研究 [J]．计算机工程与设计，2008，7：3439-3443．

[158] 钟将，吴开贵，等．基于免疫聚类的入侵检测研究 [J]．计算机科学，2005：95-98．

[159] 沈晶，顾国昌．基于免疫聚类的自动分层强化学习方法研究 [J]．哈尔滨工程大学学报，2007，4：423-428．

[160] 朱志勇．基于免疫聚类算法的离群数据挖掘 [J]．系统工程，2009，3：123-126．

[161] 马秀丽，刘芳．基于免疫克隆算法的协同神经网络参数优化 [J]．红外与毫米波学报，2007，2：

38-42.

[162] 陈科, 许家珀. 基于免疫算法和神经网络的新型抗体网络 [J]. 电子科技大学学报, 2006, 10: 804-806.

[163] 洪霞, 穆志纯. 基于免疫遗传算法的前向神经网络设计 [J]. 计算机工程, 2006, 8: 179-183.

[164] 黄学宇, 魏娜. 基于人工免疫聚类的异常检测算法 [J]. 计算机工程, 2010, 1: 166-169.

[165] 梁雪芳, 别荣芳. 基于人工免疫网络的 K-平均聚类算法的研究 [J]. 北京师范大学学报, 2009, 4: 152-155.

[166] 宫保新, 周希朗. 结合免疫聚类和免疫进化规划的 RBF 网络设计方法 [J]. 上海交通大学学报, 2003, 11: 126-128.

[167] 吕岗, 陈小平. 免疫进化神经网络中交叉策略的改进 [J]. 计算机工程与应用, 2005: 49-50.

[168] 朱思峰, 刘芳. 免疫聚类算法在基因表达数据分析中的应用 [J]. 北京邮电大学学报, 2010, 4: 54-57.

[169] 潘吴, 郑明. 免疫粒子群算法在神经网络训练中的应用 [J]. 计算机工程与应用. 2009, 45 (34): 50-52.

[170] 刘双印. 免疫人工鱼群神经网络的经济预测模型 [J]. 计算机工程与应用, 2009, 45 (29): 226-229.

[171] 洪露, 穆志纯. 免疫遗传算法在 BP 神经网络中的应用 [J]. 北京科技大学学报, 2006, 10: 997-1000.

[172] 杨佳, 许强. 人工免疫的神经网络预报方法及其应用 [J]. 重庆大学学报, 2008, 10: 1391-1394.

[173] 范志宏, 苏一丹. 人工免疫聚类在 Web 自适应导航中的研究 [J]. 软件时空, 2008: 226-228.

[174] 张军, 刘克胜. 一种基于免疫调剂和共生进化的神经网络优化设计方法 [J]. 计算机研究与发展, 2000, 8: 924-930.

[175] 徐雪松, 章兢, 贺庆. 一种基于免疫聚类竞争的关联规则挖掘算法 [J]. 计算机工程与应用, 2007, 43 (16): 16-19.

[176] 刘若辰, 钮满春, 焦李成. 一种新的人工免疫网络算法及其在复杂数据分类中的应用 [J]. 电子与信息学报, 2010, 3: 515-521.

[177] 张建林, 付春娟, 于淑花. 自适应人工免疫网络在协同过滤推荐中的应用 [J]. 计算机工程与设计, 2010: 1042-1044.

[178] 高知新, 李铁克, 苏志雄. Memetic 算法在板坯排序中的应用 [J]. 计算机工程与应用, 2009, 45 (19): 192-194.

[179] 李青, 林南南. Memetic 算法在带时间窗的车辆路径问题中的应用 [J]. 大连轻工业学院学报, 2006, 12: 290-293.

[180] 张雁, 党群, 黄永宜. 带预估选择的 Memetic 算法求解多星测控资源调度问题 [J]. 西安交通大学学报, 2009, 10: 37-41.

[181] 王洪峰, 汪定伟, 黄敏. 动态环境中的 Memetic 算法 [J]. 控制理论与应用, 2010, 8: 1060-1068.

[182] 屈爱平. 货架分配问题的 Memetic 求解 [J]. 长江大学学报, 2009, 9: 109-110.

[183] 徐肖豪, 张鹏, 黄俊祥. 基于 Memetic 算法的机场停机位分配问题研究 [J]. 交通运输工程与信息学报, 2007, 12: 10-17.

[184] 陈杰, 陈晨, 张娟, 辛斌. 基于 Memetic 算法的要地防空优化部署方法 [J]. 自动化学报, 2010, 2: 242-248.

[185] 张键欣, 童朝南. 通过多种群协进化 Memetic 算法求解 TSP [J]. 信息与控制, 2009, 6: 376-380.

[186] 杨维，李歧强. 粒子群优化算法综述 [J]. 中国工程科学., 2004, (05).

[187] 赵文红，张红斌. 一种改进的粒子群优化算法 [J]. 河北科技大学学报, 2006, (04).

[188] 黄祎，孙德宝，秦元庆. 基于粒子群算法的移动机器人路径规划 [J]. 兵工自动化, 2006.

[189] 张立岩，张世民，秦敏. 基于改进粒子群算法排课问题研究 [J]. 河北科技大学学报, 2011, 6：265-268.

[190] 于志奇. 粒子群优化算法的改进 [J]. 太原师范学院学报, 2011, 6：74-76.

[191] 代军，李国，徐晨，等. 一种新的粒子群优化算法 [J]. 计算机工程, 2010, 36 (5)：192-194.

[192] 段其昌，黄大伟，等. 带扩展记忆的粒子群优化算法仿真分析 [J]. 控制与决策, 2011, 7：1087-1090.

[193] 时贵英，吴雅娟，倪红梅. 一种改进的粒子群优化算法 [J]. 长春理工大学学报, 2011, 6：135-137.

[194] 张艳琼. 改进的云自适应粒子群优化算法 [J]. 计算机应用研究, 2010, 9：3250-3252.

[195] 郭文忠，陈国龙，等. 基于粒子群优化的分类规则挖掘方法及其应用 [J]. 集美大学学报（自然科学版），2008, 4：34-38.

[196] 尉小环，高慧敏，李峰. 微粒群算法在软件测试数据生成中的应用 [J]. 太原科技大学学报, 2009, 8, 30 (4)：294-296.

[197] 段玉红，高岳林. 基于蚁群信息机制的粒子群算法 [J]. 计算机工程与应用, 2008, 44 (31)：81-83.

[198] 张选平，杜玉平，秦国强，等. 一种动态改变惯性权的自适应粒子群算法 [J]. 西安交通大学学报, 2005：1039-1042.

[199] 刘建华，樊晓平，翟志华. 一种惯性权重动态调整的新型粒子群算法 [J]. 计算机工程与应用, 2007, 43 (7)：68-70.

[200] 于雪晶，麻肖妃，夏斌. 动态粒子群优化算法 [J]. 计算机工程, 2010, 36 (4)：193-194.

[201] 朱光宇，林蔚清. 基于改进混合蛙跳算法的贴片机贴装顺序优化 [J]. 中国工程机械学报, 2008, 12：428-432.

[202] 陈功贵，李智欢，等. 含风电场电力系统动态优化潮流的混合蛙跳算法 [J]. 电力系统自动化, 2009, 2：25-29.

[203] 汪丽娜，陈晓宏，等. 混合蛙跳算法和投影寻踪模型的洪水分类研究 [J]. 水电能源科学, 2009, 4：62-64.

[204] 骆剑平，陈泯融. 混合蛙跳算法及其改进算法的运动轨迹及收敛性分析 [J]. 信号处理, 2010, 9：1428-1433.

[205] 王园媛，司畅. 混合蛙跳算法求解 TSP 问题 [J]. 福建电脑, 2009：76-77.

[206] 杨祖元，徐姣，等. 基于 SFLA-FCM 聚类的城市交通状态判别研究 [J]. 计算机应用研究, 2010, 5：1743-1745.

[207] 郑仕链，楼才义，杨小牛. 基于改进蛙跳算法的认知无线电 [J]. 物理学报, 2010, 5：3611-3617.

[208] 轩宗怡，张翠军. 基于混合蛙跳算法的背包问题求解 [J]. 科学技术与工程, 2009, 8：4363-4365.

[209] 吴华丽，汪玉春，等. 基于混合蛙跳算法的成品油管网优化设计 [J]. 石油工程建设, 2008, 2：14-46.

[210] 彭振，赵知劲，等. 基于混合蛙跳算法的认知无线电频谱分配 [J]. 计算机工程, 2010, 3：210-217.

[211] 栾垚琛，盛建伦. 基于粒子群算法的混合蛙跳算法 [J]. 计算机与现代化, 2009, 11：39-42.

[212]　岳克强，赵知劲．基于神经网络离散混合蛙跳算法的多用户检测 [J]．计算机工程，2009，10：184-186.

[213]　赵鹏军，刘三阳．求解复杂函数优化问题的蛙跳算法 [J]．计算机应用研究，2009，7：2435-2437.

[214]　韩毅，蔡建鹏，等．随机蛙跳算法的研究进展 [J]．计算机科学，2010，7：16-19.

[215]　王亚敏，潘全科，张振领．一种基于离散蛙跳算法的旅行商问题求解方法 [J]．聊城大学学报（自然科学版），2009，3：81-85.

[216]　李英海，周建中，等．一种基于阈值选择策略的改进混合蛙跳算法 [J]．计算机工程与应用，2007，43（35）：19-21.

[217]　麦雄发，李玲．混合 PSO 的快速细菌觅食算法 [J]．广西师范学院学报，2010，12：91-94.

[218]　王文耀，涂海宁，等．基于细菌觅食算法车间调度系统的研究 [J]．设计与研究，2009：7-11.

[219]　储颖，邵子博，等．细菌觅食算法在图像压缩中的应用 [J]．深圳大学学报，2008，4：153-157.

[220]　黄华娟，周永权．基于变异算子的人工鱼群混合算法 [J]．计算机工程与应用，2009，45（33）：28-29.

[221]　楚晓丽，朱英，石俊涛．基于改进人工鱼群算法的图像边缘检测 [J]．计算机系统应用，2010：173-176.

[222]　苏锦旗，吴慧欣，薛惠锋．基于人工鱼群算法的聚类挖掘 [J]．计算机仿真，2009.2：147-150.

[223]　曲良东，何登旭．基于自适应高斯变异的人工鱼群算法 [J]．计算机工程，2009，8：182-189.

[224]　马炫，刘庆．求解多背包问题的人工鱼群算法 [J]．计算机应用，2010，2：469-471.

[225]　黄华娟，周永权，韦杏琼，等．求解矩阵特征值的混合人工鱼群算法 [J]．计算机工程与应用，2010：56-59.

[226]　何登旭，曲良东．人工鱼群聚类分析算法 [J]．计算机应用研究，2009，10：3666-3668.

[227]　王联国，施秋红．人工鱼群算法的参数分析 [J]．计算机工程，2010，12：169-171.

[228]　陈广州，汪家权，李传军，等．一种改进的人工鱼群算法及其应用 [J]．系统工程，2009，12：105-110.

[229]　刘白，周永权．一种基于人工鱼群的混合聚类算法 [J]．计算机工程与应用，2008：136-138.

[230]　曲良东，何登旭．自适应柯西变异人工鱼群算法及其应用 [J]．微电子学与计算机，2010，10：74-78.

[231]　贾瑞玉，王会颖．基于改进蚁群算法的聚类分析 [J]．计算机应用与软件，2010，12：97-100.

[232]　左洪浩，熊范纶．基于时间模型的蚁群算法 [J]．模式识别与人工智能，2006，4：215-219.

[233]　张丽，刘希玉，李章泉．基于蚁群算法的聚类优化 [J]．计算机工程，2010，5：190-192.

[234]　马世霞，刘丹，贾世杰．基于蚁群算法的文本聚类算法 [J]．计算机工程，2010，4：206-207.

[235]　张云，冯博琴，麻首强，等．蚁群-遗传融合的文本聚类算法 [J]．西安交通大学学报，2007，41（10）：1146-1150.

[236]　叶小勇，雷勇．蚁群算法在全局最优路径寻优中的应用 [J]．系统仿真学报，2007，19（24）：5643-5647.

[237]　吴斌，史忠植．一种基于蚁群算法的 TSP 问题分段求解算法 [J]．计算机学报，2001，24（12）：1328-1333.

[238]　王合义，丁建立，唐万生．基于蚁群优化的路由算法 [J]．计算机应用，2008，28（1）：7-13.

[239]　程灏．多蜂群进化遗传算法 [J]．自动化技术，2009：142-418.

[240]　杨进，马良．蜂群算法在带时间窗的车辆路径问题中的应用 [J]．计算机应用研究，2009，11：4048-4050.

[241]　杨进，马良．蜂群优化算法在车辆路径问题中的应用 [J]．计算机工程与应用，2010：214-216.

[242] 康飞，李俊杰，许青，张运花. 改进人工蜂群算法及其在反演分析中的应用 [J]. 水力能源科学，2009，2：126-129.

[243] 丁海军，冯庆娴. 基于 boltmann 选择策略的人工蜂群算法 [J]. 计算机工程与应用，2009，45（31）：53-55.

[244] 周祖德，刘东. 基于多代理和蜂群算法的车间调度系统研究 [J]. 武汉理工大学学报，2009，2：82-86.

[245] 吴晶晶. 基于蜂群算法的作业车间调度优化 [J]. 郑州轻工业学院学报，2007，12：51-53.

[246] 胡中华，赵敏，撒鹏飞. 基于人工蜂群算法的 JSP 的仿真与研究 [J]. 机械科学与技术，2009，7：851-856.

[247] 胡中华，赵敏. 基于人工蜂群算法的 TSP 仿真 [J]. 北京理工大学学报，2009，11：976-982.

[248] 罗钧，樊鹏程. 基于遗传交叉因子的改进蜂群优化算法 [J]. 计算机应用研究，2009，10：3716-3717.

[249] 钟普查，鲍皖苏，范得军，徐浩. 背包问题的量子计算算法 [J]. 计算机工程与应用，2009，45（20）：63-64.

[250] 赵正天，赵小强，李玮，段晓燕. 分类属性数据量子聚类算法的改进 [J]. 计算机应用与软件，2010，12：101-104.

[251] 谭万禹，王建忠，孟祥萍. 基于量子计算的多 Agent 协作学习算法 [J]. 计算机工程与应用，2008，44（26）：62-64.

[252] 缑水平，焦李成，田小林. 基于量子进化规划核聚类算法的图像分割 [J]. 计算机科学，2008：213-215.

[253] 李志华，王士同，王瑞伟，徐华. 基于量子聚类的异常入侵检测研究 [J]. 计算机应用与软件，2010，3：283-285.

[254] 唐槐璐，须文波，龙海峡. 基于量子行为的微粒群优化算法的数据聚类 [J]. 计算机应用研究，2007，11：49-51.

[255] 蒋勇，谭怀亮，李光文. 基于量子遗传算法的 XML 聚类方法 [J]. 计算机应用，2011，2：446-449.

[256] 周正威，涂涛，龚明，等. 量子计算的进展与展望 [J]. 物理学进展，2009，6：126-162.

[257] 李继容. 量子计算的研究与应用 [J]. 软件时空，2006：275-277.

[258] 钟诚，陈国良. 量子计算及其应用 [J]. 广西大学学报，2002，3：83-86.

[259] 龙桂鲁. 量子计算算法介绍 [J]. 量子计算和量子信息专题，2010，10：803-808.

[260] 苏晓琴，郭光灿. 量子通信与量子计算 [J]. 量子电子学报，2004，12：706-717.

[261] 高倩倩，须文波，孙俊. 量子行为粒子群算法在基因聚类中的应用 [J]. 计算机工程与应用，2010：152-155.

[262] 李志华，王士同. 一种改进的量子聚类算法 [J]. 数据采集与处理，2008，3：211-214.

[263] 李盼池，李士勇. 一种量子自组织特征映射网络模型及聚类算法 [J]. 量子电子学报，2007，7：465-468.

[264] 李志华，王士同. 异构属性数据的量子聚类方法研究 [J]. 计算机工程与应用，2009：63-66.

反侵权盗版声明